U0182688

Python
Game Development

张有菊 / 编著

Python
游戏开发
从入门到精通

机械工业出版社
CHINA MACHINE PRESS

本书循序渐进地讲解了使用 Python 语言开发游戏程序的核心知识，并通过具体实例的实现过程演练了游戏开发的方法和流程。全书共 12 章，主要内容有使用 Python 内置函数开发游戏，Pygame 游戏开发基础，字体、图形图像和多媒体，Sprite 和碰撞检测，使用 AI 技术，当 Python 遇到 Cocos2d，Cocos2d 进阶，Cocos2d 高级应用，使用 PyOpenGL 开发 3D 游戏，使用 Panda3D 开发 3D 游戏，综合实战——AI 人机对战版五子棋游戏（Pygame 实现），综合实战——水果连连看游戏（Cocos2d 实现）。本书简洁而不失技术深度，内容丰富全面。以极简的文字介绍了复杂的案例，是学习 Python 游戏开发的实用教程。

本书适合已经了解 Python 语言基础语法、希望进一步提高自己 Python 开发水平的读者阅读，还可以作为大中专院校相关专业和培训学校师生的学习用书。

图书在版编目（CIP）数据

Python 游戏开发从入门到精通 / 张有菊编著. —北京：机械工业出版社，2021.5

（Python 开发从入门到精通系列）

ISBN 978-7-111-68106-9

Ⅰ. ①P…　Ⅱ. ①张…　Ⅲ. ①游戏程序—程序设计　Ⅳ. ①TP317.6

中国版本图书馆 CIP 数据核字（2021）第 076109 号

机械工业出版社（北京市百万庄大街 22 号　邮政编码　100037）
策划编辑：李晓波　　责任编辑：李晓波
责任校对：张艳霞　　责任印制：郜　敏

河北宝昌佳彩印刷有限公司印刷

2021 年 6 月第 1 版·第 1 次印刷

184mm×260mm·19.5 印张·482 千字

0001—1900 册

标准书号：ISBN 978-7-111-68106-9

定价：119.00 元

电话服务　　　　　　　　　　网络服务

客服电话：010-88361066　　　机　工　官　网：www.cmpbook.com

　　　　　010-88379833　　　机　工　官　博：weibo.com/cmp1952

　　　　　010-68326294　　　金　书　网：www.golden-book.com

封底无防伪标均为盗版　　　机工教育服务网：www.cmpedu.com

前言

在国内声势浩大的手游潮席卷下，游戏行业成了当下的香饽饽。无论是即将毕业的大学生，还是正在观望的人们，都对游戏行业相当看好，希望有朝一日能成为其中的一员。

选择一本合适的书

对于一名游戏开发的初学者来说，究竟如何学习才能提高自己的游戏开发水平？最好的答案就是买一本合适的游戏开发书籍进行学习。但是，许多游戏开发书籍的大多数篇幅都是基础知识讲解，多偏重于理论，读者读了以后面对实战项目时还是无从下手。另一方面，Python 游戏开发类图书也是十分稀缺，让有志于从事 Python 游戏开发的初学者们十分迷茫。如何购买一本合适的 Python 游戏开发书？如何从理论知识平稳过渡到项目实战？为此，我们特意编写了本书，本书将是广大 Python 游戏开发学习者的福音，它将带领读者走向 Python 游戏开发之路。

本书面向有一定 Python 基础的读者，传授使用 Python 语言开发游戏的知识。本书主要讲解了实现 Python 游戏开发所必须具备的知识和技巧，这些知识能够帮助开发者迅速开发出需要的游戏，提高他们的开发效率。

本书的特色

1. 讲解细致，快速入门

本书详细讲解了 Python 游戏开发所需要的开发技术，循序渐进地讲解了这些技术的使用方法和技巧，帮助读者快速掌握 Python 游戏开发技术。

2. 内容专业、全面、深入

本书不仅讲解了基础的 Pygame，还详细讲解了 Cocos2d、PyOpenGL 和 Panda3D 游戏开发技术，从二维游戏到三维游戏，深入讲解了使用 Python 开发各种类型游戏的方法。

3. 实例驱动教学

本书采用理论加实例的教学方式，通过引入这些实例实现了对知识点的横向切入和纵向比较，让读者有更多的实战演练机会，并且可以从不同的角度展现同一个知识点的用法，真正实现了拔高的教学效果。

4. 帮助读者快速解决学习过程中的问题

无论是书中的疑惑，还是在学习中的问题，群主和管理员都会在第一时间为读者解答问题，这就是我们对读者的承诺。

5. QQ 群+网站论坛实现教学互动，形成互帮互学的朋友圈

为了方便给读者答疑，本书提供了网站论坛、QQ 群等技术支持，并且在线与读者互动。

让读者在互帮互学中形成一个良好的学习编程的氛围。

本书的 QQ 群号是：683761238。

本书的读者对象

Python 初学者和自学者。

Python 开发工程师。

专业游戏开发人员。

研发工程师。

大专院校相关专业师生。

致谢

本书在编写过程中，得到了机械工业出版社的大力支持，正是各位编辑的求实、耐心和效率，才使得本书能够顺利出版。另外，也十分感谢家人给予我的巨大支持。由于编者水平有限，书中难免会有纰漏之处，诚请读者提出宝贵的意见或建议，以便修订并使之更臻完善。编者 QQ：150649826。

最后，感谢您购买本书，希望本书能成为您编程路上的领航者，祝您阅读愉快。

编　者

目录

V

第1章
使用 Python 内置函数开发游戏

在现实应用中，可以使用 Python 语言的内置函数来编写游戏程序。这类游戏程序可以在屏幕上显示文本，并且让用户通过键盘输入文本。在本章的内容中，将详细介绍使用 Python 语言的内置函数编写游戏程序的知识，为读者学习后面的知识打下基础。

1.1 猜数游戏

1.1 猜数游戏

在本节的内容中，详细介绍实现一个简单猜数游戏的方法。在介绍具体的实现过程之前，首先讲解实现本游戏所需要的语法技术，并介绍这些技术的使用方法。

1.1.1 使用条件语句

在 Python 语言中有 3 种 if 语句，分别是 if、if...else 和 if...elif...else 语句，在接下来的内容中主要讲解前两种语句。

（1）if 语句

简单的 if 语句的语法格式如下所示。

```
if 判断条件：
    执行语句……
```

在上述格式中，当"判断条件"非零时表示条件成立，此时会执行 if 后面的语句，而执行内容可以是多行，使用缩进来区分表示同一范围。当"判断条件"为假时，会跳过 if 后面的缩进语句，"判断条件"可以是任意类型的表达式。例如在下面的代码中，使用 if 语句获取输入整数的绝对值。

```
x = input('请输入一个整数:')      #提示输入一个整数
x = int(x)                        #将输入的字符串转换为整数
if x < 0:                         #如果 x 小于 0
```

```
    x = -x                            #如果 x 小于 0，则将 x 取负值
print(x)                              #输出 x 的值
```

上述代码的功能是，提示用户输入一个整数，然后输出该整数的绝对值。其中"x = -x"是 if 语句中的条件成立时选择执行的语句。执行后提示用户输入一个整数，假设用户输入-10，则输出其绝对值 10。

```
请输入一个整数:-10
10
```

（2）if...else 语句

在 Python 语言中，使用 if...else 语句的语法格式如下所示。

```
if 判断条件:
    statement1…
else:
    statement2…
```

在上述格式中，如果满足判断条件则执行 statement1（执行语句 1），如果不满足则执行 statement2（执行语句 2）。例如下面的实例演示了使用 if...else 语句的过程。

```
x = input('请输入一个整数：')        #提示输入一个整数
x = int(x)                           #将输入的字符串转换为整数
if x < 0:                            #如果 x 小于 0
    print('你输入的是一个负数。')      #当 x 小于 0 时输出的提示信息
else:
    print('你输入的是零或正数。')      #当 x 不小于 0 时输出的提示信息
```

在上述代码中，两个缩进的 print()函数是被选择执行的语句。代码运行后将提示用户输入一个整数，例如输入正整数"12"后得到的结果如下所示。

```
请输入一个整数：12
你输入的是零或正数。
```

1.1.2　使用 for 循环语句

在 Python 程序中，绝大多数的循环结构都是用 for 循环语句来完成的。在 Java 等其他高级语言中，for 循环语句需要用循环控制变量来控制循环。而在 Python 语言的 for 循环语句中，则是通过循环遍历某一序列对象（例如本书后面将要讲解的元组、列表和字典等）的方式构建循环，循环结束的标志是对象被遍历完成。

在 Python 程序中，使用 for 循环语句的语法格式如下所示。

```
for iterating_var in sequence:
    statements(s)
```

上述 for 循环语句的含义是遍历 for 循环语句中的各个对象，每经过一次循环，循环变

量就会得到遍历对象中的一个值。一般情况下，当对象中的值被全部遍历完成时，会自动退出循环。上述格式中各参数的具体说明如下所示。

- iterating_var：表示循环变量。
- sequence：表示遍历对象，通常是元组、列表和字典等。
- statements：表示执行语句。

例如下面的代码演示了使用 for 循环语句的过程。

```
for letter in 'Lifeisshort':          #第一个实例，定义一个字符
    print ('当前字母 :', letter)        #循环输出字符"Lifeisshort"中的各个字母
fruits = ['banana', 'apple',  'mango'] #定义一个数组
for fruit in fruits:
    print ('当前单词 :', fruit)         #循环输出数组"fruits"中的 3 个单词
print ("Good bye!")
```

执行后会输出：

```
当前字母 : L
当前字母 : i
当前字母 : f
当前字母 : e
当前字母 : i
当前字母 : s
当前字母 : s
当前字母 : h
当前字母 : o
当前字母 : r
当前字母 : t
当前单词 : banana
当前单词 : apple
当前单词 : mango
Good bye!
```

1.1.3　具体实现

下面的实例实现了一个简单的猜数游戏，系统会生成一个随机数让用户去猜，并且会给出太大或太小的提示，而且猜对或猜错后会分别给出对应的提示。

实例 1-1	一个简单的猜数游戏
源码路径	daima\1\1-1\guess.py

实例文件 guess.py 的具体实现代码如下所示。

```
import random

guessesTaken = 0

print('你好，你是谁?')
```

3

```
myName = input()

number = random.randint(1, 20)
print('噢, ' + myName + ', 你很年轻啊, 年龄1到20之间? ')

for guessesTaken in range(6):
    print('猜一猜')        #打印输出文本"猜一猜"
    guess = input()
    guess = int(guess)

    if guess < number:
        print('太小!')     #如果猜的数值小于number, 则打印输出文本"太小"

    if guess > number:
        print('太大! ')

    if guess == number:
        break

if guess == number:
    guessesTaken = str(guessesTaken + 1)
    print('厉害 ' + myName + '你猜对了, ' + guessesTaken + '很正确!')

if guess != number:
    number = str(number)
    print('别猜了, 我年龄是: ' + number + '.')
```

在上述代码中,变量 number 调用 random.randint()函数产生一个随机数字,供用户进行猜测,这个随机数字在 1 到 20 之间。变量 guessesTaken 的初始值为 0,将用户猜过的次数保存到这个变量中。在代码中设置条件"guessesTaken <6",这样可以确保循环中的代码只运行 6 次,也就是用户只有 6 次猜数机会,执行后会输出:

```
你好, 你是谁?
aa
噢, aa, 你很年轻啊, 年龄1到20之间?
猜一猜
1
太小!
猜一猜
4
太小!
猜一猜
5
太小!
猜一猜
7
太小!
猜一猜
9
```

4

```
太小!
猜一猜
11
太小!
别猜了，我年龄是 15.
```

1.2　龙的世界

1.2　龙的世界

在本节的内容中，详细介绍实现一个"龙的世界"游戏的方法。在介绍具体的实现过程之前，首先详细讲解实现本游戏需要的语法技术，并介绍这些技术的使用方法。

1.2.1　使用 while 循环语句

在 Python 程序中，while 循环语句用于循环执行某段程序，以重复处理相同任务。在 Python 语言中，虽然绝大多数的循环结构都是用 for 循环语句来完成的，但是 while 循环语句也可以完成 for 循环语句的功能，只不过不如 for 循环语句简单明了。

在 Python 程序中，while 循环语句主要用于构建比较特别的循环。while 循环语句最大的特点是循环次数不确定，当不知道语句块或者语句需要重复多少次时，使用 while 循环语句是最好的选择。当 while 的条件表达式为真时，while 循环语句会重复执行一条语句或者语句块。使用 while 循环语句的基本格式如下所示。

```
while condition
执行语句
```

在上述格式中，当 condition 为真时会循环执行后面的执行语句并循环，一直到条件为假时才退出循环。如果第一次条件表达式为假，那么会忽略 while 循环。如果条件表达式一直为真，会一直执行 while 循环。也就是说，会一直循环执行 while 循环中的执行语句部分，直到当条件不能被满足为假时才退出循环，并执行循环体后面的语句。例如下面演示代码的功能是使用 while 循环输出整数 0 到 5。

```
count = 0                       #设置 count 的初始值为 0
while (count < 6):              #如果 count 小于 6 则执行下面的 while 循环
   print ('The count is:', count)
   count = count + 1            #每次 while 循环 count 值递增 1
print ("Good bye!")
```

执行后会输出：

```
The count is: 0
The count is: 1
The count is: 2
The count is: 3
The count is: 4
The count is: 5
Good bye!
```

1.2.2 使用函数

在 Python 程序中，在使用函数之前必须先定义（声明）函数，然后才能调用它。在使用函数时，只要按照函数定义的形式向函数传递必需的参数，就可以调用函数完成相应的功能或者获得函数返回的处理结果。

在 Python 程序中，使用关键字 def 定义函数，定义函数的语法格式如下所示。

```
def<函数名>（参数列表）：
    <函数语句>
    return<返回值>
```

在上述格式中，参数列表和返回值不是必需的，在 return 后面可以没有返回值，甚至也可以没有 return。如果在 return 后面没有返回值，并且没有 return 语句，这样的函数都会返回 None 值。有些函数可能既不需要传递参数，也没有返回值。

注意：当函数没有参数时，也必须在函数名后加上小括号，在小括号后也必须有冒号"："。

在 Python 程序中，完整的函数是由函数名、参数以及函数实现语句（函数体）组成的。在函数声明中，要使用缩进表示语句属于函数体。如果函数有返回值，那么需要在函数中使用 return 语句返回计算结果。

根据前面的学习，可以总结出定义 Python 函数的语法规则，具体说明如下所示。

- 函数代码块以关键词 def 开头，后接函数标识符名称和小括号()。
- 任何传入的参数和自变量必须放在小括号中，小括号中可以用于定义参数。
- 函数的第一行语句可以选择性地使用文档字符串——用于存放函数说明。
- 函数内容以冒号起始，并且缩进。
- return［表达式］结束函数，选择性地返回一个值给调用方。不带表达式的 return 相当于返回 None。

例如在下面的演示代码中，使用函数输出"人生苦短，Python 是岸！"。

```
def hello() :              #定义函数 hello()
    print("人生苦短，Python是岸！")   #这行属于函数 hello()内的
hello()                    #调用/使用/运行函数 hello()
```

在上述代码中，定义了一个基本的函数 hello()，函数 hello() 的功能是输出文本"人生苦短，Python 是岸！"。执行后会输出：

```
人生苦短，Python 是岸！
```

1.2.3 实现"龙的世界"

在下面的实例中实现了一个"龙的世界"游戏，在"龙的世界"中，龙在洞穴中装满了宝藏。有些龙很友善，愿意与你分享宝藏。而另外一些龙则很凶残，会吃掉闯入它们洞穴的

任何人。玩家站在两个洞前，一个山洞住着友善的龙，另一个山洞住着饥饿的龙。玩家必须从这两个山洞之间选择一个。

实例 1-2	龙的世界
源码路径	daima\1\1-2\dragon.py

实例文件 dragon.py 的具体实现代码如下所示。

```python
import random
import time

def displayIntro():
    print('''这里是龙的世界，龙在洞穴中装满了宝藏。有些龙很友善，愿意与你分享宝藏。而另
外一些龙则很凶残，会吃掉闯入它们洞穴的任何人。玩家站在两个洞前，一个山洞住着友善的龙，另一个山
洞住着饥饿的龙。玩家必须从这两个山洞之间选择一个。''')
    print()

def chooseCave():
    cave = ''
    while cave != '1' and cave != '2':
        print('你选择进入哪个洞穴？(1 or 2)')
        cave = input()

    return cave

def checkCave(chosenCave):
    print('你正在慢慢靠近这个山洞...')
    time.sleep(2)
    print('十分黑暗、阴暗，一片混沌 ...')
    time.sleep(2)
    print('突然一条巨龙跳了出来，它张开了大大的嘴巴 ...')
    print()
    time.sleep(2)

    friendlyCave = random.randint(1, 2)

    if chosenCave == str(friendlyCave):
        print('然后充满微笑地把它的宝藏给你!')
    else:
        print('然后一口把你吃掉!')

playAgain = 'yes'
while playAgain == 'yes' or playAgain == 'y':
    displayIntro()
    caveNumber = chooseCave()
    checkCave(caveNumber)

    print('你还想再玩一次吗？(yes or no)')
    playAgain = input()
```

在上述代码中，函数 chooseCave() 用于询问玩家想要进入哪一个洞，是 1 号洞还是 2 号洞。在具体实现时，使用一条 while 循环语句来请玩家选择一个洞，while 循环语句标志着一个 while 循环的开始。for 循环会循环一定的次数，而 while 循环只要某一个条件为 True 就会一直重复。函数 chooseCave() 需要确定玩家输入的是 1 还是 2，而不是任何其他的内容。这里会有一个循环来持续询问玩家，直到他们输入了两个有效答案中的一个为止，这就是所谓的输入验证（input validation）。执行后会输出：

> 这里是龙的世界，龙在洞穴中装满了宝藏。有些龙很友善，愿意与你分享宝藏。而另外一些龙则很凶残，会吃掉闯入它们洞穴的任何人。玩家站在两个洞前，一个山洞住着友善的龙，另一个山洞住着饥饿的龙。玩家必须从这两个山洞之间选择一个。
>
> 你选择进入哪个洞穴？(1 or 2)
> 1
> 你正在慢慢靠近这个山洞...
> 十分黑暗、阴暗，一片混沌 ...
> 突然一条巨龙跳了出来，它张开了大大的嘴巴 ...
>
> 然后充满微笑地把它的宝藏给你！
> 你还想再玩一次吗？ (yes or no)

1.3　Hangman 游戏

1.3　Hangman 游戏

在本节的内容中，将详细介绍实现一个 Hangman 游戏的方法，并详细讲解实现代码的功能，确保读者能够看懂游戏程序的代码。

1.3.1　项目介绍

实例 1-3	Hangman 游戏
源码路径	daima\1\1-3\hangman.py

Hangman 直译为"上吊的人"，是一个猜单词的双人游戏。由第一个玩家想出一个单词或短语，而第二个玩家猜该单词或短语中的每一个字母。游戏开始时，第一个人抽走单词或短语，只留下相应数量的空白与下画线。第一个玩家一般会画一个绞刑架，当第二个玩家猜出了单词或短语中存在的一个字母时，第一个玩家就将这个字母存在的所有位置都填上。如果第二个玩家猜的字母不在单词或短语中，那么第一个玩家就给绞刑架上要画的小人添上一笔，直到 7 笔过后，游戏结束。例如表 1-1 演示了简单 Hangman 游戏的过程。

表 1-1　简单 Hangman 游戏的过程

1	Word:_ _ _ _ _ _ Misses:		画上绞刑架
2	Word:_ _ _ _ _ _ Misses:e		玩家 1 猜错一个字母，画上小人的头

（续）

3	Word:_ _ _ _ _ _ _ Misses:e, t		猜字母 T，错误
4	Word:_ A _ _ _ A _ Misses:e, t		猜字母 A，正确！小人不变
5	Word:_ A _ _ _ A _ Misses:e, o, t		猜字母 O，错误
6	Word:_ A _ _ _ A _ Misses:e, i, o, t		猜字母 I，错误
7	Word:_ A N _ _ A N Misses:e, i, o, t		猜字母 N，正确！小人不变
8	Word:_ A N _ _ A N Misses:e, i, o, s, t		猜字母 S，错误
9	Word:H A N _ _ A N Misses:e, i, o, s, t		猜字母 H，正确！小人不变
10	Word:H A N _ _ A N Misses:e, i, o, r, s, t		猜字母 R，错误，小人画完

玩家 2 失败，游戏结束

1.3.2　具体实现

实例文件 hangman.py 的具体实现代码如下所示。

```
import random
HANGMAN_PICS = ['''

 +---+
     |
     |
     |

   ===''', '''
 +---+
 O   |
     |
     |

   ===''', '''
 +---+
 O   |
 |   |
     |
   ===''', '''
 +---+
 O   |
/|   |
     |
```

```
        ===''', '''
     +---+
     O   |
    /|\  |
         |
        ===''', '''
     +---+
     O   |
    /|\  |
    /    |
        ===''', '''
     +---+
     O   |
    /|\  |
    / \  |
        ===''']
words = 'dog monkey chick hourse girl boy money'.split()

def getRandomWord(wordList):
    #此函数从传递的字符串列表返回一个随机字符串
    wordIndex = random.randint(0, len(wordList) - 1)
    return wordList[wordIndex]

def displayBoard(missedLetters, correctLetters, secretWord):
    print(HANGMAN_PICS[len(missedLetters)])
    print()

    print('Missed letters:', end=' ')
    for letter in missedLetters:
        print(letter, end=' ')
    print()

    blanks = '_' * len(secretWord)

    for i in range(len(secretWord)): #用正确的猜测字母替换空白
        if secretWord[i] in correctLetters:
            blanks = blanks[:i] + secretWord[i] + blanks[i+1:]

    for letter in blanks: #在每个字母之间用空格显示秘密单词
        print(letter, end=' ')
    print()

def getGuess(alreadyGuessed):
    #返回玩家输入的字母,这个功能确保玩家输入一个字母,而不是其他东西
    while True:
        print('猜一个字母.')
        guess = input()
        guess = guess.lower()
        if len(guess) != 1:
            print('请输入一个字母.')
```

```
        elif guess in alreadyGuessed:
            print('你已经猜到那个字母了，请继续!')
        elif guess not in 'abcdefghijklmnopqrstuvwxyz':
            print('请输入一个字母 ')
        else:
            return guess

def playAgain():
    #如果玩家想继续玩，此函数返回 True；否则，返回 False
    print('你还继续玩吗? (yes or no)')
    return input().lower().startswith('y')


print('H A N G M A N 游 戏')
missedLetters = ''
correctLetters = ''
secretWord = getRandomWord(words)
gameIsDone = False

while True:
    displayBoard(missedLetters, correctLetters, secretWord)

    #让玩家输入一个字母
    guess = getGuess(missedLetters + correctLetters)

    if guess in secretWord:
        correctLetters = correctLetters + guess
        #检查玩家是否赢了
        foundAllLetters = True
        for i in range(len(secretWord)):
            if secretWord[i] not in correctLetters:
                foundAllLetters = False
                break
        if foundAllLetters:
            print('是的，这个字母是"' + secretWord + '"! 我赢了!')
            gameIsDone = True
    else:
        missedLetters = missedLetters + guess

        #检查玩家是否多次猜错
        if len(missedLetters) == len(HANGMAN_PICS) - 1:
            displayBoard(missedLetters, correctLetters, secretWord)
            print('你已经猜不对了!' + str(len(missedLetters)) + ' 次猜错了' +
str(len(correctLetters)) + ' 次猜对了，这个单词是"' + secretWord + '"')
            gameIsDone = True

    #如果游戏完成，询问玩家是否想再玩一次
    if gameIsDone:
        if playAgain():
            missedLetters = ''
```

```
            correctLetters = ''
            gameIsDone = False
            secretWord = getRandomWord(words)
        else:
            break
```

在上述代码中，变量 HANGMAN_PICS 的名称全部是大写的，这是表示常量的编程惯例。常量（constant）是在第一次赋值之后其值就不再变化的变量。Hangman 程序随机地从神秘单词列表中选择一个神秘单词，这个神秘单词保存在 words 中。

函数 getRandomWord() 会接受一个列表参数 wordList，并返回 wordList 列表中的一个神秘单词，而后面的 displayBoard() 函数有如下所示的 3 个参数。

- missedLetters：玩家已经猜过并且不在神秘单词中的字母所组成的字符串。
- correctLetters：玩家已经猜过并且在神秘单词中的字母所组成的字符串。
- secretWord：玩家试图猜测的神秘单词。

另外，变量 guess 包含了玩家猜测的字母。程序需要确保玩家输入了有效的猜测：一个且只有一个小写字母。如果玩家没有这样做，执行会循环回来，再次要求他们输入一个字母。

本实例执行后会输出：

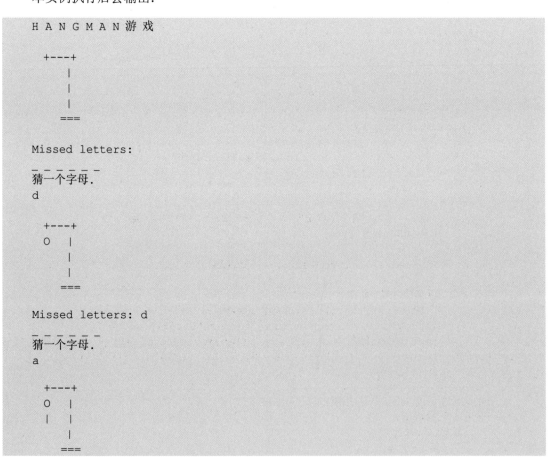

```
Missed letters: d a
_ _ _ _ _ _
猜一个字母.
m

   +---+
   O   |
   |   |
       |
      ===

Missed letters: d a
m _ _ _ _ _
猜一个字母.
c

   +---+
   O   |
  /|   |
       |
      ===

Missed letters: d a c
m _ _ _ _ _
猜一个字母.
h

   +---+
   O   |
  /|\  |
       |
      ===

Missed letters: d a c h
m _ _ _ _ _
猜一个字母.
g

   +---+
   O   |
  /|\  |
  /    |
      ===

Missed letters: d a c h g
m _ _ _ _ _
猜一个字母.
b
```

```
 +---+
 O   |
/|\  |
/ \  |
  ===
```

Missed letters: d a c h g b
m _ _ _ _ _
你已经猜不对了!6 次猜错了 1 次猜对了,这个单词是"monkey"
你还继续玩吗? (yes or no)

1.4 破解恺撒密码

1.4 破解恺撒
密码

在本节的内容中,将详细介绍实现一个破解恺撒密码游戏的方法,并详细讲解实现代码的功能。

1.4.1 实例介绍

实例1-4	破解恺撒密码
源码路径	daima\1\1-4\code.py

恺撒密码是一种代换密码机制,据说恺撒是率先使用加密函的古代将领之一,因此这种加密方法也被称为恺撒密码。恺撒密码作为一种古老的对称加密体制,在古罗马的时候就已经很流行了,它的基本思想是通过把字母移动一定的位数来实现加密和解密。明文中的所有字母都在字母表上向后(或向前)按照一个固定数目进行偏移后被替换成密文。例如,当偏移量是 3 的时候,所有的字母 A 将被替换成 D,B 变成 E,以此类推 X 将变成 A,Y 变成 B,Z 变成 C。由此可见,位数就是恺撒密码加密和解密的密钥。

上面的描述很容易理解,假设对字母表中的每个字母,用它之后的第 3(或者第 n)个字母来代换,那么过程如下所示。

● 明文:a b c d e f g h i j k l m n o p q r s t u v w x y z
● 密文:D E F G H I J K L M N O P Q R S T U V W X Y Z A B C
● 明文:meet me after the toga party
● 密文:PHHW PH DIWHU WKH WRJD SDUWB

1.4.2 具体实现

在下面的实例文件 code.py 中,演示了实现一个破解恺撒密码游戏的过程,具体实现代码如下所示。

```python
letter_list='ABCDEFGHIJKLMNOPQRSTUVWXYZ';

#加密函数
def Encrypt(plaintext,key):
```

```
        ciphertext='';
        for ch in plaintext:    #遍历明文
            if ch.isalpha():
                #明文是否为字母，如果是，判断大小写，分别进行加密
                if ch.isupper():
                    ciphertext+=letter_list[(ord(ch)-65+key) % 26]
                else:
                    ciphertext+=letter_list[(ord(ch)-97+key) % 26].lower()
            else:
                #如果不为字母，直接添加到密文字符里
                ciphertext+=ch
        return ciphertext

#解密函数
def Decrypt(ciphertext,key):
    plaintext='';
    for ch in ciphertext:
        if ch.isalpha():
            if ch.isupper():
                plaintext+=letter_list[(ord(ch)-65-key) % 26]
            else:
                plaintext+=letter_list[(ord(ch)-97-key) % 26].lower()
        else:
            plaintext+=ch
    return plaintext


user_input=input('加密请按 D，解密请按 E：');
while(user_input!='D' and user_input!='E'):
    user_input=input('输入有误，请重新输入：')

key=input('请输入密钥：')
while(int(key.isdigit()==0)):
    key=input('输入有误，密钥为数字，请重新输入：')

if user_input =='D':
    plaintext=input('请输入明文：')
    ciphertext=Encrypt(plaintext,int(key))
    print ('密文为：\n%s' % ciphertext )
else:
    ciphertext=input('请输入密文：')
    plaintext=Decrypt(ciphertext,int(key))
    print ( '明文为:\n%s\n' % ciphertext )
```

执行后会输出：

```
加密请按 D，解密请按 E：d
输入有误，请重新输入：D
请输入密钥：12
请输入明文：I LOVE YOU
```

密文为：
U XAHQ KAG

1.5　Reversi 黑白棋游戏

1.5　Reversi 黑白棋游戏

在本节的内容中，将详细介绍实现 Reversi 黑白棋游戏的方法，并详细讲解实现代码的功能。

1.5.1　笛卡儿坐标系

笛卡儿坐标系是直角坐标系和斜坐标系的统称，将两条数轴互相垂直的笛卡儿坐标系称为笛卡儿直角坐标系，否则称为笛卡儿斜角坐标系。

（1）2D 笛卡儿坐标系

2D 笛卡儿坐标系是指处于同一个平面的坐标系，每个 2D 笛卡儿坐标系都有一个特殊的点，称为原点，是坐标系的中心。每个 2D 笛卡儿坐标系都有两条过原点的直线并向两边无限延伸，称为轴。

在 2D 笛卡儿坐标系中，习惯将水平的轴称为 X 轴，向右为 X 轴的正方向。将垂直的轴称为 Y 轴，向上为 Y 轴正方向。读者可以根据需要来决定坐标轴的指向，也可以决定轴的正方向。

在 2D 笛卡儿坐标系中有 8 种可能的轴的指向，如图 1-1 所示。无论如何选择 X 轴和 Y 轴的方向，总能通过旋转使得 X 轴向右为正，Y 轴向上为正，所以所有的 2D 坐标系都是"等价"的。

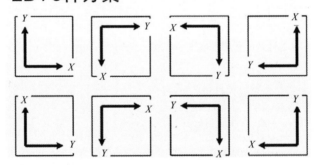

图 1-1　2D 笛卡儿坐标系中有 8 种可能的轴的指向

为了在坐标系中定位点，引入了笛卡儿坐标的概念。在 2D 平面中，两个数（x，y）可以定位一个点，坐标的每个分量都表明了该点与原点之间的距离和方位：每个分量都是到相应轴的有符号距离。有符号距离指的是在某个方向上距离为正，在相反方向上为负。

（2）3D 笛卡儿坐标系

为了表示三维坐标系，在笛卡儿坐标系中引入第三个轴：Z 轴。一般情况下，这三个轴相互垂直，即每个轴垂直于其他两个轴。在 2D 平面中，通常设置 X 轴向右为正，Y 轴向上为正的标准形式，但是在 3D 中没有标准形式。在 3D 中定位一个点需要 3 个数：X、Y 和 Z，分别代表该点到 YZ、XZ 和 XY 平面的有符号距离，如图 1-2 所示。

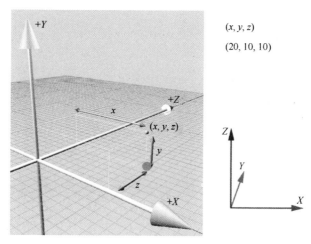

图 1-2　3D 中的定位点

1.5.2　实例介绍

实例 1-5	Reversi 黑白棋
源码路径	daima\1\1-5\Reversi.py

Reversi 黑白棋是一款在棋盘上玩的游戏，将使用带有 X 和 Y 轴坐标的 2D 笛卡儿坐标系实现。有一个 8×8 的游戏板，一方的棋子是黑色，另一方的棋子是白色（在游戏程序中分别使用 O 和 X 来代替这两种颜色）。开始的时候，棋盘界面如图 1-3 所示。

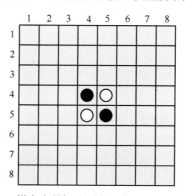

图 1-3　棋盘中最初分别有两个黑子和两个白子

1.5.3　具体实现

实例文件 Reversi.py 的主要实现代码如下所示。

17

```
import random
import sys
WIDTH = 8     #设置棋盘的宽度是8个单元格
HEIGHT = 8    #设置棋盘的高度是8个单元格
def drawBoard(board):
    print('  12345678')
    print(' +--------+')
    for y in range(HEIGHT):
        print('%s|' % (y+1), end='')
        for x in range(WIDTH):
            print(board[x][y], end='')
        print('|%s' % (y+1))
    print(' +--------+')
    print('  12345678')

def getNewBoard():
    board = []
    for i in range(WIDTH):
        board.append([' ', ' ', ' ', ' ', ' ', ' ', ' ', ' '])
    return board

def isValidMove(board, tile, xstart, ystart):
    #如果玩家在空间 X 上移动，则 Y 无效，并返回 False。 如果它是一个有效的移动，则返回一个
空格列表，如果玩家在这里移动的话，它们会变成玩家的列表
    if board[xstart][ystart] != ' ' or not isOnBoard(xstart, ystart):
        return False

    if tile == 'X':
        otherTile = 'O'
    else:
        otherTile = 'X'

    tilesToFlip = []
    for xdirection, ydirection in [[0, 1], [1, 1], [1, 0], [1, -1], [0, -1],
[-1, -1], [-1, 0], [-1, 1]]:
        x, y = xstart, ystart
        x += xdirection #X方向的第1步
        y += ydirection #Y方向的第1步
        while isOnBoard(x, y) and board[x][y] == otherTile:
            #继续在这个 XY 方向前进
            x += xdirection
            y += ydirection
            if isOnBoard(x, y) and board[x][y] == tile:
                #有些东西翻转过来。沿着相反的方向走，直到我们到达原始空间，注意沿途所有的瓦片
                while True:
                    x -= xdirection
                    y -= ydirection
                    if x == xstart and y == ystart:
                        break
                    tilesToFlip.append([x, y])
```

18

```
        if len(tilesToFlip) == 0: #如果没有翻转瓦片，则不是有效的移动
            return False
    return tilesToFlip

def isOnBoard(x, y):
    #如果坐标位于板上，则返回 True
    return x >= 0 and x <= WIDTH - 1 and y >= 0 and y <= HEIGHT - 1

def getBoardWithValidMoves(board, tile):
    #返回一个新的棋盘，标明玩家可以做出的有效动作
    boardCopy = getBoardCopy(board)

    for x, y in getValidMoves(boardCopy, tile):
        boardCopy[x][y] = '.'
    return boardCopy

def getValidMoves(board, tile):
    #返回给定板上给定玩家的有效移动列表[x, y]
    validMoves = []
    for x in range(WIDTH):
        for y in range(HEIGHT):
            if isValidMove(board, tile, x, y) != False:
                validMoves.append([x, y])
    return validMoves

def getScoreOfBoard(board):
    #通过计算瓦片来确定分数。返回带有键 X 和 O 的字典
    xscore = 0
    oscore = 0
    for x in range(WIDTH):
        for y in range(HEIGHT):
            if board[x][y] == 'X':
                xscore += 1
            if board[x][y] == 'O':
                oscore += 1
    return {'X':xscore, 'O':oscore}

def enterPlayerTile():
    #让玩家输入他们想要的瓦片
    #返回一个列表，玩家的瓦片作为第一个项目，计算机的瓦片作为第二个项目
    tile = ''
    while not (tile == 'X' or tile == 'O'):
        print('Do you want to be X or O?')
        tile = input().upper()

    #列表中的第一个元素是玩家的棋子，第二个元素是计算机的棋子
    if tile == 'X':
        return ['X', 'O']
    else:
```

```
        return ['O', 'X']

def whoGoesFirst():
    #随机选择谁先走
    if random.randint(0, 1) == 0:
        return 'computer'
    else:
        return 'player'

def makeMove(board, tile, xstart, ystart):
    #把棋子放在 xstart，ystart 的棋盘上，然后翻转对手的任何棋子
    #如果这是无效移动，则返回 False；如果有效，则返回 True
    tilesToFlip = isValidMove(board, tile, xstart, ystart)

    if tilesToFlip == False:
        return False

    board[xstart][ystart] = tile
    for x, y in tilesToFlip:
        board[x][y] = tile
    return True

def getBoardCopy(board):
    #复制一份棋盘供计算机落子使用
    boardCopy = getNewBoard()

    for x in range(WIDTH):
        for y in range(HEIGHT):
            boardCopy[x][y] = board[x][y]

    return boardCopy

def isOnCorner(x, y):
    #如果位置位于四个角之一，则返回 True
    return (x == 0 or x == WIDTH - 1) and (y == 0 or y == HEIGHT - 1)

def getPlayerMove(board, playerTile):
    #让玩家设置移动
    #返回移动坐标[X, Y]（或返回字符串 hints 或 quit）
    DIGITS1TO8 = '1 2 3 4 5 6 7 8'.split()
    while True:
        print('Enter your move,"quit" to end the game,or "hints" to toggle hints.')
        move = input().lower()
        if move == 'quit' or move == 'hints':
            return move

        if len(move) == 2 and move[0] in DIGITS1TO8 and move[1] in DIGITS1TO8:
            x = int(move[0]) - 1
            y = int(move[1]) - 1
            if isValidMove(board, playerTile, x, y) == False:
```

```
                    continue
                else:
                    break
            else:
                print('That is not a valid move. Enter the column (1-8) and then
the row (1-8).')
                print('For example, 81 will move on the top-right corner.')

    return [x, y]

def getComputerMove(board, computerTile):
    #给定一块棋盘面板和计算机的棋子，确定移动的位置，并将其作为[X, Y]列表返回
    possibleMoves = getValidMoves(board, computerTile)
    random.shuffle(possibleMoves) #随机移动

    #如果有的话，一定要去拐角处
    for x, y in possibleMoves:
        if isOnCorner(x, y):
            return [x, y]

    #找到可能得分最高的动作
    bestScore = -1
    for x, y in possibleMoves:
        boardCopy = getBoardCopy(board)
        makeMove(boardCopy, computerTile, x, y)
        score = getScoreOfBoard(boardCopy)[computerTile]
        if score > bestScore:
            bestMove = [x, y]
            bestScore = score
    return bestMove

def printScore(board, playerTile, computerTile):
    scores = getScoreOfBoard(board)
    print('You: %s points. Computer: %s points.' % (scores[playerTile],
scores[computerTile]))
```

在上述代码中，虽然函数 drawBoard() 会在屏幕上显示一个游戏板数据结构，但是还需要一种创建这些游戏板数据结构的方式。函数 getNewBoard() 创建了一个新的游戏板数据结构，并返回 8 个列表的一列，其中的每一个列表包含了 8 个用单引号括起来的空字符串，它们用来表示没有落子的一个空白游戏板。

当给定了一个游戏板数据结构、玩家的棋子以及玩家落子的 X、Y 坐标后，如果 Reversi 游戏规则允许在该坐标上落子，则 isValidMove() 函数应该返回 True，否则返回 False。对于一次有效的移动，它必须位于游戏板之上，并且还要至少能够反转对手的一个棋子。这个函数使用了游戏板上的几个 X 坐标和 Y 坐标，因此变量 xstart 和变量 ystart 记录了最初移动的 X 坐标和 Y 坐标。

函数 getScoreOfBoard() 使用嵌套 for 循环检查游戏板上的所有 64 个格子（8 行乘以每

行的 8 列，一共是 64 个格子），并且看看哪些棋子在上面（如果有棋子的话）。

执行后会输出：

```
Welcome to Reversegam!
Do you want to be X or O?
X
The computer will go first.
  12345678
 +--------+
1|        |1
2|        |2
3|        |3
4|   XO   |4
5|   OX   |5
6|        |6
7|        |7
8|        |8
 +--------+
  12345678
You: 2 points. Computer: 2 points.
Press Enter to see the computer's move.
  12345678
 +--------+
1|        |1
2|        |2
3|        |3
4|  OOO   |4
5|   OX   |5
6|        |6
7|        |7
8|        |8
 +--------+
  12345678
You: 1 points. Computer: 4 points.
Enter your move, "quit" to end the game, or "hints" to toggle hints.
```

在本项目中，游戏板数据板结构只是一个 Python 列表值，但是，我们需要一种在屏幕上展示它的更好方法。通过使用函数 drawBoard() 根据 board 中的数据结构来打印输出当前游戏板。

函数 isOnBoard() 用于检查 X 坐标和 Y 坐标是否在游戏板之上，以及空格是否为空。通过这个函数确保了坐标 X 和坐标 Y 都在 0 和游戏板的 WIDTH 或 HEIGHT 减去 1 之间。

函数 getValidMoves() 返回了包含两元素列表的一个列表。这些列表保存了给定的 tile 可以在参数 board 中的游戏板数据结构中进行的所有的有效移动的 X、Y 坐标。

在函数 getScoreOfBoard() 中，对于每个 X 棋子，通过代码 "xscore += 1" 将 xscore 值加 1。对于每个 O 棋子，通过代码 "oscore += 1" 将 oscore 值加 1。然后，该函数将 xcore 和 oscore 的值返回到一个字典中。

第 2 章
Pygame 游戏开发基础

Pygame 是 Python 语言中的一个重要模块，也是专门为开发游戏程序而推出的。在本章的内容中，将详细介绍在 Python 语言中使用 Pygame 开发游戏项目的知识和技巧，为读者学习本书后面的知识打下基础。

2.1 安装 Pygame

Pygame 是一款专业的开发 Python 游戏程序的模块框架，这个框架是完全免费的。Pygame 官方网站的下载地址是 http://www.pygame.org/download.shtml，如图 2-1 所示。

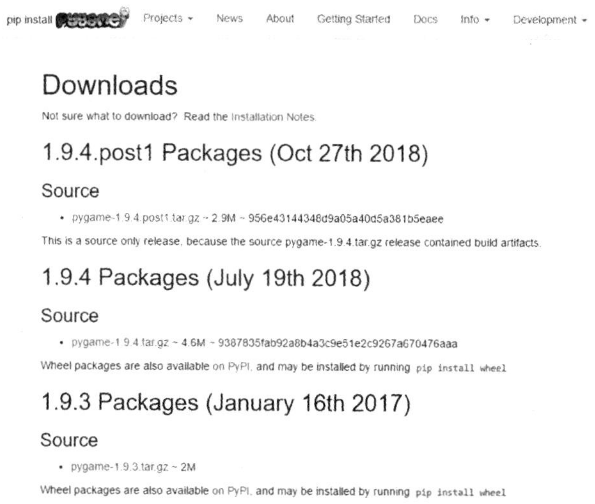

2.1 安装Pygame

pip install pygame   Projects ▾   News   About   Getting Started   Docs   Info ▾   Development ▾

Downloads

Not sure what to download? Read the Installation Notes.

1.9.4.post1 Packages (Oct 27th 2018)

Source

- pygame-1.9.4.post1.tar.gz ~ 2.9M ~ 956e43144348d9a05a40d5a381b5eaee

This is a source only release, because the source pygame-1.9.4.tar.gz release contained build artifacts.

1.9.4 Packages (July 19th 2018)

Source

- pygame-1.9.4.tar.gz ~ 4.6M ~ 9387835fab92a8b4a3c9e51e2c9267a670476aaa

Wheel packages are also available on PyPI, and may be installed by running pip install wheel

1.9.3 Packages (January 16th 2017)

Source

- pygame-1.9.3.tar.gz ~ 2M

Wheel packages are also available on PyPI, and may be installed by running pip install wheel

图 2-1　Pygame 官方网站的下载地址

由图 2-1 可知，在 Windows 系统下，Pygame 的最新版本只能支持 Python 3.2。因为本书是基于 Python 3.7 编写的，所以官方的安装包不能满足我们的需求。幸运的是，读者可以登录国外大学网站来下载编译好的 Python 扩展库，在上面有适用于 Python 3.7 的 Pygame。具体下载地址是 https://www.lfd.uci.edu/~gohlke/pythonlibs/，如图 2-2 所示。

因为笔者使用的是 64 位 Windows 系统，所以单击 "pygame- 1.9.4- cp37- cp37m- win_amd64.whl" 链接下载。下载完成后得到一个名为 "pygame- 1.9.4- cp37- cp37m- win_amd64.whl" 的文件。进行本地安装时需要打开一个 CMD 命令窗口，然后

Pygame, a library for writing games based on the SDL library.
pygame-1.9.4-cp27-cp27m-win32.whl
pygame-1.9.4-cp27-cp27m-win_amd64.whl
pygame-1.9.4-cp34-cp34m-win32.whl
pygame-1.9.4-cp34-cp34m-win_amd64.whl
pygame-1.9.4-cp35-cp35m-win32.whl
pygame-1.9.4-cp35-cp35m-win_amd64.whl
pygame-1.9.4-cp36-cp36m-win32.whl
pygame-1.9.4-cp36-cp36m-win_amd64.whl
pygame-1.9.4-cp37-cp37m-win32.whl
pygame-1.9.4-cp37-cp37m-win_amd64.whl

图 2-2　适用于 Python 3.6 的 Pygame

定位切换到该下载文件所在的文件夹，并使用如下 pip 命令来运行安装。

```
python -m pip install --user pygame- 1.9.4- cp37- cp37m- win_amd64.whl
```

注意：如果读者使用的是 Python 的低版本，并且 Pygame 官网提供了某个 Python 版本的下载文件，就可以直接使用如下 pip 命令或 easy_install 命令进行安装。

```
pip install pygame
easy_install pygame
```

2.2　Pygame 开发基础

2.2　Pygame 开发基础

在成功安装 Pygame 框架后，接下来就可以使用这个框架开发 2D 游戏项目了。

2.2.1　Pygame 框架中的模块

在 Pygame 框架中有很多模块，其中常用模块如表 2-1 所示。

表 2-1　Pygame 框架中的常用模块

模 块 名	功　　能
pygame.cdrom	访问光驱
pygame.cursors	加载光标
pygame.display	访问显示设备
pygame.draw	绘制形状、线和点
pygame.event	管理事件
pygame.font	使用字体
pygame.image	加载和存储图片
pygame.joystick	使用游戏手柄或者类似的东西
pygame.key	读取键盘按键
pygame.mixer	声音
pygame.mouse	鼠标

（续）

模 块 名	功 能
pygame.movie	播放视频
pygame.music	播放音频
pygame.overlay	访问高级视频叠加
pygame.rect	管理矩形区域
pygame.sndarray	操作声音数据
pygame.sprite	操作移动图像
pygame.surface	管理图像和屏幕
pygame.surfarray	管理点阵图像数据
pygame.time	管理时间和帧信息
pygame.transform	缩放和移动图像

2.2.2　开发第一个 Pygame 程序

实例 2-1	开发第一个 Pygame 程序：飞翔的航天飞机
源码路径	daima\2\2-1\123.py

实例文件 123.py 演示了开发第一个 Pygame 程序的过程，具体实现代码如下所示。

```python
background_image_filename = 'bg.jpg'         #设置图像文件名称
mouse_image_filename = 'ship.bmp'
import pygame                                 #导入 pygame 库
from pygame.locals import *                   #导入常用的函数和常量
from sys import exit                          #从 sys 模块导入函数 exit()用于退出程序
pygame.init()                                 #初始化 pygame,为使用硬件做准备
screen = pygame.display.set_mode((640, 480), 0, 32)     #创建了一个窗口
pygame.display.set_caption("Hello, World!")             #设置窗口标题
#下面两行代码加载并转换图像
background = pygame.image.load(background_image_filename).convert()
mouse_cursor = pygame.image.load(mouse_image_filename).convert_alpha()
while True:                                   #游戏主循环
    for event in pygame.event.get():
        if event.type == QUIT:               #接收到退出事件后退出程序
            exit()
    screen.blit(background, (0,0))            #将背景图画上去
    x, y = pygame.mouse.get_pos()            #获得鼠标位置
    #下面两行代码计算光标的左上角位置
    x-= mouse_cursor.get_width() / 2
    y-= mouse_cursor.get_height() / 2
    screen.blit(mouse_cursor, (x, y))        #绘制光标
    #把光标画上去
    pygame.display.update()                  #刷新画面
```

对上述实例代码的具体说明如下所示。

1）set_mode 函数：会返回一个 Surface 对象，代表了在桌面上出现的那个窗口。在三个参数中，第 1 个参数为元组，代表分辨率（必需）；第 2 个参数是一个标志位，具体含义

25

如表 2-2 所示，如果不用什么特性，就指定 0；第 3 个参数为色深。

表 2-2　各标志位的具体含义

标志位	含　义
FULLSCREEN	创建一个全屏窗口
DOUBLEBUF	创建一个"双缓冲"窗口，建议在 HWSURFACE 或者 OPENGL 时使用
HWSURFACE	创建一个硬件加速的窗口，必须和 FULLSCREEN 同时使用
OPENGL	创建一个 OPENGL 渲染的窗口
RESIZABLE	创建一个可以改变大小的窗口
NOFRAME	创建一个没有边框的窗口

2）convert 函数：功能是将图像数据都转化为 Surface 对象，每次加载完图像以后，就应该做这件事。

3）convert_alpha 函数：和 convert 函数相比，保留了 Alpha 通道信息（可以简单理解为透明的部分），这样移动的光标才可以是不规则的形状。

4）游戏的主循环是一个无限循环，直到用户跳出。在这个主循环里做的事情就是不停地画背景和更新光标位置，虽然背景是不动的，但还是需要每次都画它，否则鼠标覆盖过的位置就不能恢复正常了。

Pygame 游戏的主循环是一个 while 循环，它有一个直接为 True 值的条件。这意味着它不会因为该条件求得 False 而退出。程序执行退出的唯一方式是执行一条 break 语句（该语句将执行移动到循环之后的第一行代码）或者调用函数 sys.exit()（它会终止程序）。如果像这样的一个循环位于一个函数中，一条 return 语句也可以退出循环（同时退出函数的执行）。

本书中的游戏，大都带有这样的一些 while True 循环，并且带有一条将该循环称为"main game loop"的注释。游戏循环（game loop，也叫作主循环 main loop）中的代码做如下 3 件事情。

● 处理事件。

● 更新游戏状态。

● 在屏幕上绘制游戏状态。

游戏状态（game state）只不过是针对游戏程序中用到的所有变量的一组值的一种叫法。在很多游戏中，游戏状态包括了记录玩家的生命值和位置、敌人的生命值和位置、在游戏板做出的标记、分数值或者轮到谁在玩等信息的变量的值。任何时候，如玩家受到伤害（这会减少其生命值）、敌人移动到某个地方或者游戏世界中发生某些事情的时候就说明游戏的状态发生了变化。

5）blit 函数：第 1 个参数为一个 Surface 对象，第 2 个参数为左上角位置。画完以后一定记得用 update 更新一下，否则画面会一片漆黑。

执行后的效果如图 2-3 所示。

图 2-3　执行后的效果

2.3　事件处理

2.3　事件处理

事件是一个操作动作，通常来说，是指 Pygame 会接受用户的各种操作（比如按键盘、移动鼠标等）。这些操作会产生对应的事件，例如按键盘事件、移动鼠标事件。事件在软件开发中非常重要，Pygame 把一系列的事件存放在一个队列里，并逐个进行处理。在本节的内容中，将详细讲解 Pygame 事件处理的基本知识。

2.3.1　事件检索

在前面的实例 2-1 中，使用函数 pygame.event.get()处理了所有的事件。如果使用 pygame.event.wait()函数，Pygame 就会等到发生一个事件后才继续下去，而方法 pygame.event.poll()一旦被调用，就会根据当前的情形返回一个真实的事件。在表 2-3 中列出了 Pygame 中常用的事件。

表 2-3　Pygame 中常用的事件

事　　件	产 生 途 径	参　　数
QUIT	用户按下关闭按钮	none
ACTIVEEVENT	Pygame 被激活或者隐藏	gain, state
KEYDOWN	键盘被按下	unicode, key, mod
KEYUP	键盘被放开	key, mod
MOUSEMOTION	鼠标移动	pos, rel, buttons
MOUSEBUTTONDOWN	鼠标按下	pos, button
MOUSEBUTTONUP	鼠标放开	pos, button
JOYAXISMOTION	游戏手柄（Joystick or pad）移动	joy, axis, value
JOYBALLMOTION	游戏球（Joy ball）移动	joy, axis, value
JOYHATMOTION	游戏手柄（Joystick）移动	joy, axis, value

27

（续）

事　件	产 生 途 径	参　数
JOYBUTTONDOWN	游戏手柄按下	joy, button
JOYBUTTONUP	游戏手柄放开	joy, button
VIDEORESIZE	Pygame 窗口缩放	size, w, h
VIDEOEXPOSE	Pygame 窗口部分公开（expose）	none
USEREVENT	触发了一个用户事件	code

（1）pygame.event.Event 对象

在任何时候，当用户按下一个按键或者把鼠标移动到程序的窗口上面等动作时，Pygame库就会创建一个 pygame.event.Event 对象来记录这个动作，这就是事件。我们可以调用函数 pygame.event.get()来获取发生的事件，此函数会返回 pygame.event.Event 对象（简称为 Event 对象）的一个列表。这个 Event 对象的列表包含了自上次调用 pygame.event.get()函数之后所发生的所有事件（如果从来没有调用过 pygame.event.get()，会包括自程序启动以来所发生的所有事件）。例如在下面的演示代码中，第 2 行是一个 for 循环，它会遍历 pygame.event.get()所返回的 Event 对象的列表。在这个 for 循环的每一次迭代中，一个名为 event 的变量将会被赋值为列表中的下一个事件对象。函数 pygame.event.get()所返回的 Event 对象的列表，将会按照事件发生的顺序来排序。如果用户单击鼠标并按下键盘按键，鼠标单击的 Event 对象将会是列表的第一项，键盘按键的 Event 对象将会是第二项。如果没有事件发生，那么函数 pygame.event.get()会返回一个空白的列表。

```
while True: #主游戏循环
    for event in pygame.event.get():
```

（2）pygame.quit()函数

在 Event 对象中有一个名为 type 的成员变量，其功能是告诉对象表示哪一种事件。针对 pygame.locals 模块中每一种可能的类型，Pygame 都有一个常量变量。例如在下面的代码中可以检查 Event 对象的 type 是否等于常量 QUIT。

```
if event.type == QUIT:
    pygame.quit()
    sys.exit()
```

因为在 Pygame 项目中使用了"from pygame.locals import *"形式的 import 语句，所以只要输入 QUIT 就可以了，而不必输入完整形式 pygame.locals.QUIT。如果 Event 对象是一个停止事件，就会调用 pygame.quit()和 sys.exit()函数。函数 pygame.quit()是 pygame.init()函数的相反函数，功能是停止 Pygame 库的工作。在调用函数 sys.exit()终止程序之前，需要先调用函数 pygame.quit()。因为在程序退出之前 Python 会关闭 Pygame，所以这通常不会出现什么问题。但是，在 IDLE 中有一个 bug，如果一个 Pygame 程序在调用 pygame.quit()之前就终止了，将会导致 IDLE 挂起。

2.3.2 处理鼠标事件

在 Pygame 框架中，MOUSEMOTION 事件会在鼠标动作的时候发生，它有如下所示的 3 个参数。

- buttons：一个含有 3 个数字的元组，3 个值分别代表左键、中键和右键，1 就说明按下了。
- pos：位置。
- rel：代表现在距离上次产生鼠标事件时的距离。

和 MOUSEMOTION 类似，常用的鼠标事件还有 MOUSEBUTTONDOWN 和 MOUSEBUTTONUP 两个。这两个事件的参数如下所示。

- button：这个值代表了哪个按键被操作。
- pos：位置。

实例 2-2	使用鼠标拖动游戏场景
源码路径	daima\2\2-2\shubiao.py

实例文件 shubiao.py 的具体实现代码如下所示。

```python
import pygame

#写一个函数判断一个点是否在指定范围内
def is_rect(pos,rect):
    x,y =pos
    rx,ry,rw,rh = rect
    if (rx <= x <=rx+rw)and(ry <= y <= ry +rh):
        return True
    return False


if __name__ == '__main__':
    pygame.init()
    screen = pygame.display.set_mode((600,600))
    screen.fill((255,255,255))
    pygame.display.set_caption('图片拖拽')
    #显示一张图片
    image = pygame.image.load('123.jpg')
    image_x=100
    image_y=100

    screen.blit(image,(image_x,image_y))
    pygame.display.flip()
    #用来存储图片是否可以移动
    is_move =False
    while True:
        for event in pygame.event.get():
            if event.type == pygame.QUIT:
                exit()

            #鼠标按下，让状态变成可以移动
            if event.type == pygame.MOUSEBUTTONDOWN:
                w,h = image.get_size()
                if is_rect(event.pos,(image_x,image_y,w,h)):
```

```
        is_move =True
    #鼠标弹起，让状态变成不可以移动
    if event.type == pygame.MOUSEBUTTONUP:
        is_move =False

    #鼠标移动事件
    if event.type ==pygame.MOUSEMOTION:
        if is_move:
            screen.fill((255,255,255))
            x,y = event.pos
            image_w,image_h=image.get_size()
            #保证鼠标在图片的中心
            image_x=x-image_h/2
            image_y=y-image_w/2
            screen.blit(image,(image_x,image_y))
            pygame.display.update()
```

执行后可以使用鼠标拖动窗体中的游戏场景图，如图 2-4 所示。

2.3.3 处理键盘事件

在 Pygame 框架中，键盘和游戏手柄的事件比较类似，处理键盘的事件为 KEYDOWN 和 KEYUP。KEYDOWN 和 KEYUP 事件的参数描述如下所示。

- key：按下或者放开的键值，是一个数字，因为很少有人可以记住，所以在 Pygame 中可以使用 K_xxx 来表示，比如字母 a 就是 K_a，还有 K_SPACE 和 K_RETURN 等。
- mod：包含了组合键信息，如果 mod & KMOD_CTRL 是真的话，表示用户同时按下了〈Ctrl〉键。类似的还有 KMOD_SHIFT 和 KMOD_ALT。

图 2-4　执行效果

- unicode：代表按下键对应的 Unicode 值。

例如在下面的实例文件 shi.py 中，演示了在 Pygame 框架中处理键盘事件的过程。

实例 2-3	使用键盘移动游戏中的战场场景
源码路径	daima\2\2-3\shi.py

实例文件 shi.py 的具体实现代码如下所示。

```
background_image_filename = 'bg.jpg'          #设置图像文件名称
import pygame                                 #导入 pygame 库
from pygame.locals import *                   #导入常用的函数和常量
from sys import exit                          #从 sys 模块导入函数 exit()用于退出程序

pygame.init()                                 #初始化 pygame，为使用硬件做准备
screen = pygame.display.set_mode((640, 480), 0, 32)   #创建了一个窗口
```

```
#下面 1 行代码加载并转换图像
background = pygame.image.load(background_image_filename).convert()
x, y = 0, 0                                    #设置 x 和 y 的值作为初始位置
move_x, move_y = 0, 0                          #设置水平和纵向两个方向的移动距离
while True:                                    #游戏主循环
    for event in pygame.event.get():
        if event.type == QUIT:                 #接收到退出事件后退出程序
            exit()
        if event.type == KEYDOWN:              #如果键盘有按下
            if event.key == K_LEFT:            #如果按下的是左方向键，把 X 坐标减 1
                move_x = -1
            elif event.key == K_RIGHT:         #如果按下的是右方向键，把 X 坐标加 1
                move_x = 1
            elif event.key == K_UP:            #如果按下的是上方向键，把 Y 坐标减 1
                move_y = -1
            elif event.key == K_DOWN:          #如果按下的是下方向键，把 Y 坐标加 1
                move_y = 1
        elif event.type == KEYUP:              #如果按键放开，不会移动
            move_x = 0
            move_y = 0
    #下面两行计算出新的坐标
    x+= move_x
    y+= move_y
    screen.fill((0,0,0))
    screen.blit(background, (x,y))
    #在新的位置上画图
    pygame.display.update()
```

执行后可以通过键盘中的方向键移动背景图片，效果如图 2-5 所示。此处读者需要注意编码的问题，一定要确保系统和程序文件编码的一致性，否则将会出现中文乱码，本书后面的类似实例也是如此。

图 2-5　执行效果

2.3.4　事件过滤

在现实应用中，并不是所有的事件都是需要处理的。比如，俄罗斯方块游戏就可能无视鼠标操作，在游戏场景切换的时候按什么键都是徒劳的。应该有一个方法来过滤掉一些不感兴趣的事件，这时需要使用 pygame.event.set_blocked（事件名）来完成。如果有好多事件需要过滤，可以传递一个专用列表来实现，比如 pygame.event.set_blocked([KEYDOWN, KEYUP])，如果设置参数 None，那么所有的事件又被打开了。与之相对应的是，使用 pygame.event.set_allowed()函数来设定允许的事件。

在 Pygame 中，和事件过滤相关的功能函数如下所示。

1）pygame.event.set_blocked()：控制哪些事件禁止进入队列。

- set_blocked(type) -> None
- set_blocked(typelist) -> None
- set_blocked(None) -> None

参数指定类型的事件均不允许出现在事件队列中。默认是允许所有事件进入队列的。多次禁止同一类型的事件并不会引发什么问题。如果传入None，则表示允许所有的事件进入队列。

2）pygame.event.set_allowed()：控制哪些事件允许进入队列。

- set_allowed(type) -> None
- set_allowed(typelist) -> None
- set_allowed(None) -> None

参数指定类型的事件均允许出现在事件队列中。默认是允许所有事件进入队列。多次允许同一类型的事件并不会引发什么问题。如果传入None，则表示禁止所有的事件进入队列。

3）pygame.event.get_blocked()：检测某一类型的事件是否被禁止进入队列。

- get_blocked(type) -> bool

如果参数指定类型的事件被禁止进入队列，则返回 True。

2.3.5　产生事件

通常玩家做什么，Pygame 框架只需要产生对应的事件即可。但是有的时候需要模拟出一些有用的事件，比如在录像回放时需要把用户的操作再重现一遍。为了产生事件，必须先造一个出来，然后传递它。

```
my_event = pygame.event.Event(KEYDOWN, key=K_SPACE, mod=0, unicode=u' ')
#也可以像下面这样写
my_event = pygame.event.Event(KEYDOWN, {"key":K_SPACE, "mod":0, "unicode":u' '})
pygame.event.post(my_event)
```

甚至可以产生一个完全自定义的全新事件。

```
CATONKEYBOARD = USEREVENT+1
CATONKEYBOARD = USEREVENT+1
my_event = pygame.event.Event(CATONKEYBOARD, message="Bad cat!")
pygame.event.post(my_event)
```

```
#然后获得它
for event in pygame.event.get():
    if event.type == CATONKEYBOARD:
        print event.message
```

2.4　移动的小蘑菇

2.4　移动的小
蘑菇

在本节的内容中，将详细讲解使用 Pygame 开发一个移动的小蘑菇游
戏的知识。在游戏中将准备两幅素材图，分别用于设置游戏背景和移动的
蘑菇。执行后可以通过键盘中的四个方向键来移动小蘑菇图片。

实例 2-4	移动的小蘑菇
源码路径	daima\2\2-4\ball.py

实例文件 ball.py 的具体实现代码如下所示。

```
import sys
import pygame
from pygame.locals import *

def control_ball(event):
    speed = [x, y] = [0, 0]   #设置相对位移
    speed_offset = 1   #小球的速度

    #如果事件的类型是"键盘输入"，就根据方向键计算出这个方向的速度（默认是从左往右为 1，
从上往下为 1）
    if event.type == KEYDOWN:
        if event.key == pygame.K_LEFT:
            speed[0] -= speed_offset
            print
            event.key

        if event.key == pygame.K_RIGHT:
            speed[0] = speed_offset
            print
            event.key

        if event.key == pygame.K_UP:
            speed[1] -= speed_offset
            print
            event.key

        if event.key == pygame.K_DOWN:
            speed[1] = speed_offset
            print
            event.key
    #如果没有方向键的输入，则速度为 0，小球不动
```

```
        if event.type in (pygame.K_UP, pygame.K_LEFT, pygame.K_RIGHT, pygame.
K_DOWN):
            speed = [0, 0]

        return speed


    #主函数
    def play_ball():
        pygame.init()  #初始化
        window_size = Rect(0, 0, 684, 322)                    #设置窗口的大小

        screen = pygame.display.set_mode(window_size.size)  #设置窗口模式
        pygame.display.set_caption('hello')                #设置窗口标题
        ball_image = pygame.image.load('ball.jpg')         #载入小球图片
        back_image = pygame.image.load('123.jpg')          #载入背景图片
        ball_rect = ball_image.get_rect()                  #获取小球图片所在的区域

        while True:
            #退出事件的处理
            for event in pygame.event.get():
                if event.type == QUIT:
                    sys.exit()

            control_speed = control_ball(event)            #获取到小球的方向
            ball_rect = ball_rect.move(control_speed).clamp(window_size)  #小球按
照方向移动，并且不会移出窗口。

            screen.blit(back_image, (0, 0))  #设置窗口背景，位于（0,0）处，窗口左上角。
            screen.blit(ball_image, ball_rect)  #把小球绘制到背景 surface 上。

            pygame.display.flip()  #更新窗口内容


    if __name__ == '__main__':
        play_ball()
```

执行后的效果如图 2-6 所示。

图 2-6   执行效果

第3章
字体、图形图像和多媒体

在使用 Pygame 开发 Python 游戏的过程中，经常需要实现字体、图形图像和多媒体相关的功能。在本章的内容中，将详细介绍 Pygame 字体、图形图像和多媒体的知识，并通过具体实例来讲解实现这些功能的使用方法和技巧。

3.1 显示模式

在现实应用中，游戏界面通常是一款游戏吸引玩家最直接的因素之一，虽说画面差、娱乐性高的作品也有，但优秀的画面无疑是一张过硬的通行证，可以让作品争取到更多的机会。在本节的内容中，将详细讲解设置 Pygame 显示模式的知识。

3.1.1 设置显示模式

在使用 Pygame 模块时，通过调用 pygame.display 模块中的方法 set_mode()创建一个图形化用户界面（Graphical User Interface，GUI）。模块 display 是 Pygame 的一个模块，尽管模块 Pygame 有其自己的模块。

例如通过下面的代码，设置了游戏界面不是全屏模式显示。

```
screen = pygame.display.set_mode((640, 480), 0, 32)
```

当把第 2 个参数设置为 FULLSCREEN 时，就能得到一个全屏窗口。

```
screen = pygame.display.set_mode((640, 480), FULLSCREEN, 32)
```

在全屏显示模式下，显卡可能就切换了一种模式，可以用如下代码获得当前机器支持的显示模式。

```
>>> import pygame
>>> pygame.init()
>>> pygame.display.list_modes()
```

通过使用方法 pygame.display.set_mode()设置了一个在 Pygame 中运行的窗口，窗口中的内容通过一个坐标系统进行展示，窗口的坐标系统以像素为单位。像素是计算机屏幕上最小的点。屏幕上单个的像素，可以以任何的颜色显示。屏幕上所有的像素，一起工作以显示出你所看到的图片。例如在下面的演示代码中，使用一个元组创建了一个 500 像素宽和 400 像素高的一个窗口。

```
windowSurface = pygame.display.set_mode((500, 400), 0, 32)
```

3.1.2 在全屏显示模式和非全屏显示模式之间进行转换

在下面的实例中，演示了在全屏显示模式和非全屏显示模式之间进行转换的方法。

实例 3-1	在全屏显示模式和非全屏显示模式之间进行转换
源码路径	daima\3\3-1\qie.py

实例文件 qie.py 的具体实现代码如下所示。

```
Fullscreen = False                          #设置默认不是全屏
while True:                                 #游戏主循环
    for event in pygame.event.get():
        if event.type == QUIT:              #接收到退出事件后退出程序
            exit()
    if event.type == KEYDOWN:
        if event.key == K_f:                #设置快捷键是〈F〉
        Fullscreen = not Fullscreen
        if Fullscreen:                      #按下〈F〉键后，在全屏和原始窗口之间进行切换
            screen = pygame.display.set_mode((640, 480), FULLSCREEN, 32) #全屏显示
        else:
            screen = pygame.display.set_mode((640, 480), 0, 32)    #非全屏显示
screen.blit(background, (0,0))
pygame.display.update()                     #刷新画面
```

执行后默认为非全屏显示模式窗口，按下键盘中的〈F〉键后会在窗口和全屏之间进行切换。

3.2 设置字体并显示文本内容

有时需要在游戏窗口中显示文本，此时可以在 Pygame 模块中直接调用系统字体来显示文本内容，或者直接使用 TTF 字体显示文本内容。在本节的内容中，将详细讲解在 Pygame 模块中设置字体并显示文本内容的知识。

3.2 设置字体并显示文本内容

3.2.1 设置字体

为了在 Pygame 模块中使用字体，需要先创建一个 font 对象。对于系统自带的字体来说，可以使用如下代码创建一个 font 对象。

```
my_font = pygame.font.SysFont("arial", 16)
```

在上述代码中，第一个参数是字体名，第二个参数表示大小。一般来说，"Arial"字体在很多系统都是存在的，如果找不到的话，就会使用一个默认的字体，这个默认的字体和每个操作系统相关。也可以使用 pygame.font.get_fonts() 函数来获得当前系统所有可用字体。

另外，还可以通过如下代码使用 TTF。

```
my_font = pygame.font.Font("my_font.ttf", 16)
```

在上述代码中使用了一个叫作"my_font.ttf"的字体，通过上述方法可以把字体文件随游戏一起分发，避免用户机器上没有需要的字体。一旦创建了一个 Font 对象，就可以通过如下代码使用 render 方法来写字，并且可以显示到屏幕中。

```
text_surface = my_font.render("Pygame is cool!", True, (0,0,0), (255, 255, 255))
```

在上述代码中，第一个参数是写的文字；第二个参数是个布尔值，是否开启抗锯齿，如果是 True 的话字体会比较平滑，不过相应的速度会慢；第三个参数是字体的颜色；第四个参数是背景色，如果想没有背景色（也就是透明），可以不加第四个参数。

在 Pygame 程序中，通过如下代码可以获取 Pygame 支持的字体。

```
import pygame
print(pygame.font.get_fonts())
```

执行后会输出下面支持的字体。

```
['arial', 'arialblack', 'calibri', 'cambriacambriamath', 'cambria', 'candara',
'comicsansms', 'consolas', 'constantia', 'corbel', 'couriernew', 'ebrima',
'franklingothicmedium', 'gabriola', 'gadugi', 'georgia', 'impact', 'javanesetext',
'leelawadeeui', 'leelawadeeuisemilight', 'lucidaconsole', 'lucidasans',
'malgungothic', 'malgungothicsemilight', 'microsofthimalaya',
    #
省略好多字体
    #
'teamviewer12', 'century', 'wingdings2', 'wingdings3', 'arialms']
```

建议在使用中文时使用上面支持的字体，只有这样才不会出现中文乱码的情形。

实例 3-2	在"古城遗迹"中显示指定样式的文字
源码路径	daima\3\3-2\zi.py

实例文件 zi.py 演示了在游戏窗口中显示指定样式文字的过程，具体实现代码如下所示。

```
pygame.init()                                          #初始化pygame，为使用硬件做准备
screen = pygame.display.set_mode((640, 480), 0, 32)    #创建一个窗口
font = pygame.font.SysFont("stxihei", 40)              #设置字体和大小
```

```
#设置文本内容和颜色
text_surface = font.render(u"古城遗迹", True, (0, 0, 255))
x = 0                                          #设置显示文本的水平坐标
y = (480 - text_surface.get_height())/2        #设置显示文本的垂直坐标
background = pygame.image.load("bg.jpg").convert()  #加载并转换图像
while True:                                     #游戏主循环
    for event in pygame.event.get():
        if event.type == QUIT:                 #接收到退出事件后退出程序
            exit()
    screen.blit(background, (0, 0))            #将背景图画上去
    x -= 1                                      #文字滚动速度，设置这个数字
    if x < -text_surface.get_width():
        x = 640 - text_surface.get_width()
    screen.blit(text_surface, (x, y))
    pygame.display.update()
```

在上述代码中，设置的字体名字是"stxihei"，是目前 Pygame 支持的字体，执行后的效果如图 3-1 所示。

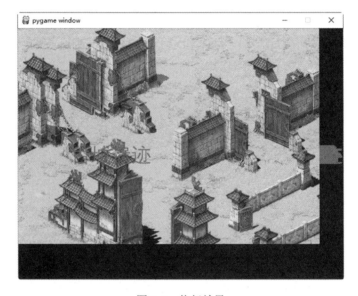

图 3-1　执行效果

3.2.2　使用属性 Rect 设置文本位置

在 Pygame 框架中，使用 pygame.Rect（简称为 Rect）表示特定大小和位置的矩形区域，可以用于设置窗口中对象的位置。开发者可以使用函数 pygame.Rect() 创建一个新的 Rect 对象。注意，函数 pygame.Rect() 和 pygame.Rect 数据类型的名称相同。与数据类型的名称相同并且创建其数据类型的对象或值的函数，叫作构造函数（constructor functions）。函数 pygame.Rect() 的参数是表示左上角的 X 坐标和 Y 坐标的整数，后边跟随着宽度和高度，都是以像素为单位。下面是使用函数 pygame.Rect() 的代码。

```
pygame.Rect(left, top, width, height)
```

当创建 Font 对象后，就已经为其生成了一个 Rect 对象，接下来需要访问 Rect 对象。例如在下面的访问代码中，在 text 上使用 get_rect()方法将该 Rect 赋值给 textRect。

```
textRect = text.get_rect()
textRect.centerx = windowSurface.get_rect().centerx
textRect.centery = windowSurface.get_rect().centery
```

Rect 数据类型有许多属性，用来描述它所表示的矩形。为了设置 textRect 在窗口上的位置，需要将其中心的 x 值和 y 值赋值为窗口上的坐标像素。由于每个 Rect 对象已经有了存储 Rect 中心的 X 坐标和 Y 坐标的属性，分别名为 centerx 和 centery，所以我们需要做的就是赋值这些坐标值。

3.2.3 在游戏窗口中显示闪烁的文字

实例 3-3	在游戏窗口中显示闪烁的文字
源码路径	daima\3\3-3\wenzi.py

实例文件 wenzi.py 的功能是在界面上方显示一个颜色动态变化的英文文本，在下面显示一个静态的中文文本。文件 wenzi.py 的具体实现代码如下所示。

```
import pygame
from random import randint

def static_page(screen):
    #页面上显示静态内容
    #静态文字
    font = pygame.font.SysFont('stxihei',40)
    title = font.render('开发游戏',True,(0,0,0))
    screen.blit(title,(200,200))

def animation_title(screen):
    #字体颜色变化
    font = pygame.font.SysFont('Time', 40)
    title = font.render('happy birthday', True, (randint(0,255), randint
(0,255), randint(0,255)))
    screen.blit(title, (100, 100))

if __name__ == '__main__':
    pygame.init()
    screen = pygame.display.set_mode((600,600))
    screen.fill((255,255,255))

    static_page(screen)

    pygame.display.flip()
```

```
while True:

    #for 里面的代码只有事件发生后才会执行
    for event in pygame.event.get():
        if event.type ==pygame.QUIT:
            exit()

    #在下面写每一针要显示的内容
    """
    程序执行到这个位置，CPU 休息一会再执行，就是阻塞一段时间
    单位：毫秒 （1000ms == 1s）
    """
    pygame.time.delay(150)
    screen.fill((255,255,255))
    static_page(screen)
    animation_title(screen)

    #更新屏幕的内容
    pygame.display.update()
```

执行后的效果如图 3-2 所示。

图 3-2　执行效果

3.3　设置像素和颜色

在 Pygame 模块中，可以很方便地实现对颜色和像素的处理。例如在实例 3-3 中，设置了不同文本的颜色。在本节的内容中，将详细讲解设置像素和颜色的知识。

3.3　设置像素和颜色

3.3.1　颜色介绍

在现实应用中，光线主要有 3 种的颜色：红色、绿色和蓝色。将这 3 种颜色用不同的量组合起来，可以形成任何其他的颜色。在 Pygame 中，使用包含 3 个整数的元组来表示颜色。

- 元组中的第 1 个值，表示颜色中有多少红色。为 0 表示没有红色，而 255 表示红色达到最大值。
- 元组中的第 2 个值表示绿色。
- 元组中的第 3 个值表示蓝色。

用上述 3 个整数表示一种颜色的颜色值，这通常称为 RGB 值（RGB value）。因为可以针对 3 种主要的颜色使用 0～255 之间的任何组合，Pygame 可以绘制 16 777 216 种不同的颜色，即 256×256×256 种颜色。如果试图使用大于 255 的值或者负值，将会得到类似"ValueError: invalid color argument"的一个错误。例如，我们创建元组(0, 0, 0)并且将其存储到一个名为 BLACK 的变量中。没有红色、绿色和蓝色的颜色量，最终的颜色是完全的黑色。黑色就是任何颜色都没有。元组(255, 255, 255)表示红色、绿色和蓝色都达到最大量，最终得到白色。白色是红色、绿色和蓝色的完全组合。元组(255, 0, 0)表示红色达到最大量，而没有绿色和蓝色，因此，最终的颜色是红色。同样道理，元组(0, 255, 0)是绿色，而元组(0, 0, 255)是蓝色。可以组合红色、绿色和蓝色的不同量来形成其他的颜色。在表 3-1 中列出了许多常见的颜色和它们的 RGB 值。

表 3-1　颜色及其 RGB 值

颜色	RGB 值
Black	(0, 0, 0)
Blue	(0, 0, 255)
Gray	(128, 128, 128)
Green	(0, 128, 0)
Lime	(0, 255, 0)
Purple	(128, 0, 128)
Red	(255, 0, 0)
Teal	(0, 128, 128)
White	(255, 255, 255)
Yellow	(255, 255, 0)

在 Python 程序中，可以使用这些颜色中的任何一种，甚至可以组合不同的颜色。在 Pyagame 框架中，除了可以用 3 个整数或 4 个整数的一个元组来设置颜色，还可以使用 pygame.Color 对象设置颜色。通过调用 pygame.Color()构造函数，并且传入 3 个整数或 4 个整数来创建 Color 对象。可以将这个 Color 对象存储到变量中，就像可以将元组存储到变量中一样。

在 Pygame 中的任何绘制函数，如果有一个针对颜色的参数的话，那么可以为其传递元组形式或者 Color 对象形式的颜色。即便二者是不同的数据类型，但如果它们都表示相同的颜色，一个 Color 对象等同于 4 个整数的一个元组（在程序中整数 42 和浮点数 42.0 的颜色值的意义是相同的）。既然知道了如何表示颜色（用 pygame.Color 对象或者是 3 个整数或 4 个整数的一个元组，3 个整数的话，分别表示红色、绿色和蓝色，4 个整数的话，还包括一个可选的 alpha 值）和坐标（表示 X 和 Y 的两个整数的一个元组），让我们来了解一下

pygame. Rect 对象，以便可以开始使用 Pygame 的绘制函数。

3.3.2 设置透明度

在 Python 程序中，可以使用 alpha 值设置颜色的透明度。当在一个 Surface 对象上绘制一个像素时，新的颜色完全替代了那里已经存在的任何颜色。但是，如果使用带有一个 alpha 值的颜色，可以给已经存在的颜色添加一个带有颜色的色调。例如表示绿色的 3 个整数值的元组是(0, 255, 0)。但是如果添加了第 4 个整数作为 alpha 值，可以使其成为一个半透明的绿色(0, 255, 0, 128)。数字 255 表示的 alpha 值是完全不透明的（也就是说，根本没有透明度）。颜色(0, 255, 0)和(0, 255, 0, 255)看上去完全相同。alpha 值为 0，表示该颜色是完全透明的。如果将 alpha 值为 0 的任何一个颜色绘制到一个 Surface 对象上，它没有任何效果，因为这个颜色完全是透明的，且不可见。为了使用透明颜色来进行绘制，必须使用方法 convert_alpha()创建一个 Surface 对象。

实例 3-4	移动的"天魔伞"
源码路径	daima\3\3-4\tou.py

实例文件 tou. py 的具体实现代码如下所示。

```
background_image_filename = '123.jpg'
mouse_image_filename = '456.jpg'           #指定图像文件名称

import pygame                              #导入 pygame 库
from pygame.locals import *               #导入一些常用的函数和常量
from sys import exit                       #向 sys 模块借一个 exit 函数用来退出程序

pygame.init()                             #初始化 pygame,为使用硬件做准备

screen = pygame.display.set_mode((640, 480), 0, 32)#创建了一个窗口
pygame.display.set_caption("Hello, World!")#设置窗口标题

background = pygame.image.load(background_image_filename).convert()
mouse_cursor = pygame.image.load(mouse_image_filename).convert_alpha()#加载
并转换图像

while True:                               #游戏主循环
    for event in pygame.event.get():
        if event.type == QUIT:
            exit()                        #接收到退出事件后退出程序

    screen.blit(background, (0, 0))       #将背景图画上去

    x, y = pygame.mouse.get_pos()         #获得鼠标位置
    x -= mouse_cursor.get_width() / 2
    y -= mouse_cursor.get_height() / 2    #计算光标的左上角位置
    screen.blit(mouse_cursor, (x, y))     #把光标画上去
```

```
pygame.display.update()                           #刷新一下画面
```

在上述代码中设置了一幅背景图片，然后使用一个"天魔伞"图片作为前景图在背景图中移动。为了实现最佳的显示效果，将背景图和前景图设置为不同的分辨率，并且设置了透明度（Alpha 通道），执行后的效果如图 3-3 所示。

图 3-3　执行效果

3.3.3　实现一个三原色颜色滑动条效果

例如在下面的实例文件 xi.py 中，演示了实现一个三原色颜色滑动条效果的过程。

实例 3-5	实现一个三原色颜色滑动条效果
源码路径	daima\3\3-5\xi.py

实例文件 xi.py 的具体实现代码如下所示。

```
def create_scales(height):
#下面三行代码用于创建指定大小的图像对象实例,分别表示红绿蓝三块区域
    red_scale_surface = pygame.surface.Surface((640, height))
    green_scale_surface = pygame.surface.Surface((640, height))
    blue_scale_surface = pygame.surface.Surface((640, height))
    for x in range(640):                          #遍历操作,保证能容纳0~255颜色
        c = int((x/640.)*255.)
        red = (c, 0, 0)                           #红色颜色初始值
        green = (0, c, 0)                         #绿色颜色初始值
        blue = (0, 0, c)                          #蓝色颜色初始值
        line_rect = Rect(x, 0, 1, height)         #绘制矩形区域表示滑动条
        pygame.draw.rect(red_scale_surface, red, line_rect)     #绘制红色矩形区域
        pygame.draw.rect(green_scale_surface, green, line_rect) #绘制绿色矩形区域
        pygame.draw.rect(blue_scale_surface, blue, line_rect)   #绘制蓝色矩形区域
    return red_scale_surface, green_scale_surface, blue_scale_surface
red_scale, green_scale, blue_scale = create_scales(80)
```

```
color = [127, 127, 127]                          #程序运行后的颜色初始值
while True:                                       #游戏主循环
    for event in pygame.event.get():
        if event.type == QUIT:                    #接收到退出事件后退出程序
            exit()
    screen.fill((0, 0, 0))                        #使用纯颜色填充 Surface 对象
    screen.blit(red_scale, (0, 00))               #将红色绘制在图像上
    screen.blit(green_scale, (0, 80))             #将绿色绘制在图像上
    screen.blit(blue_scale, (0, 160))             #将蓝色绘制在图像上
    x, y = pygame.mouse.get_pos()                 #获得鼠标位置
    if pygame.mouse.get_pressed()[0]:             #获得所有按下的键值，会得到一个元组
        for component in range(3):                #遍历元组
            if y > component*80 and y < (component+1)*80:
                color[component] = int((x/639.)*255.)
    #窗体中标题的文字
    pygame.display.set_caption("PyGame Color Test-"+str(tuple(color)))
    for component in range(3):
        pos = ( int((color[component]/255.)*639), component*80+40 )
        pygame.draw.circle(screen,(255, 255,255),pos,20)      #绘制滑动条中的圆形
    pygame.draw.rect(screen, tuple(color),(0,240,640,240))    #获取绘制的矩形区域
    pygame.display.update()                       #刷新画面
```

执行后的效果如图 3-4 所示。

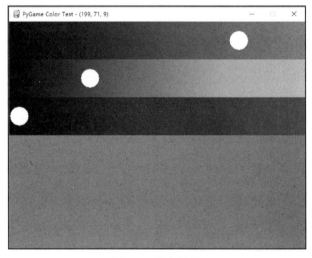

图 3-4　执行效果

3.4　绘制图像

在游戏开发过程中，通常将绘制好的图像作为资源封装到游戏中。对
2D 游戏来说，图像可能就是一些背景和角色等，而 3D 游戏则往往是大量的

3.4　绘制图像

贴图。在目前市面中有很多存储图像的方式（也就是有很多图片格式），比如 JPEG、PNG 等，其中 Pygame 框架支持的格式有 JPEG、PNG、GIF、BMP、PCX、TGA、TIF、LBM、PBM 和 XPM。

3.4.1　使用 Surface 绘制对象

在 Pygame 框架中，使用函数 pygame.image.load() 加载图像，设置一个图像文件名，然后就可以设置一个 Surface 对象了。尽管读入的图像格式各不相同，但是 Surface 对象隐藏了这些不同。开发者可以对一个 Surface 对象进行涂画、变形、复制等各种操作。事实上，屏幕也只是一个 Surface 对象，例如函数 pygame.display.set_mode() 可以返回一个屏幕 Surface 对象。

Surface 对象是表示一个矩形的 2D 图像的对象，可以通过调用 Pygame 绘制函数来改变 Surface 对象的像素，然后再显示到屏幕上。窗口的边框、标题栏和按钮并不是 Surface 对象的一部分。特别是 pygame.display.set_mode() 返回的 Surface 对象叫作显示 Surface（displaySurface）。绘制到显示 Surface 对象上的任何内容，当调用 pygame.display.update() 函数的时候都会显示到窗口上。在一个 Surface 对象上绘制（该对象只存在于计算机内存之中）比把一个 Surface 对象绘制到计算机屏幕上要快，这是因为修改计算机内存比修改显示器上的像素要快很多。

在 Pygame 游戏程序，经常需要把几个不同的内容绘制到一个 Surface 对象中。在游戏循环的本次迭代中，一旦将一个 Surface 对象上的所有内容都绘制到了显示 Surface 对象上（这叫作一帧，就像是暂停的视频上的一幅静止的画面），这个显示 Surface 对象就会绘制到屏幕上。计算机可以很快地绘制帧，并且程序通常会每秒运行 30 帧，即 30 FPS，这叫作帧速率（frame rate）。

在 Pygame 的 Surface 模块中主要包含如下所示的成员。

- pygame.surface.blit：画一个图像到另一个对象。
- pygame.surface.convert：改变图片的像素格式。
- pygame.surface.convert_alpha：改变图像的每个像素的像素格式。
- pygame.surface.copy：通过复制创建一个新的 Surface 对象，虽然这个对象内容相同，但它们是两个不同的 Surface 对象。
- pygame.surface.fill：表面用纯色填充。
- pygame.surface.scroll：用于移动 Surface，不需要再次重建背景来覆盖旧的 Surface。
- pygame.surface.set_colorkey：设置透明色键。
- pygame.surface.get_colorkey：获取当前透明色键。
- pygame.surface.set_alpha：设置为全表面图像的 alpha 值。
- pygame.surface.get_alpha：获取当前表面透明度值。
- pygame.surface.lock：像素访问表面内存锁。
- pygame.surface.unlock：从像素的访问解锁记忆。
- pygame.surface.get_locks：获取表面的锁。
- pygame.surface.get_at：获得单个像素的颜色值。

- pygame.surface.set_at：设置单个像素的颜色值。
- pygame.surface.get_at_mapped：获取一个像素映射的颜色索引号。
- pygame.surface.get_palette：获取 Surface 对象 8 位索引的调色板。
- pygame.surface.get_palette_at：返回给定索引号在调色板中的颜色值。
- pygame.surface.set_palette：设置 Surface 对象 8 位索引的调色板。
- pygame.surface.set_palette_at：设置给定索引号在调色板中的颜色值。
- pygame.surface.map_rgb：将一个 RGBA 颜色转换为映射的颜色值。
- pygame.surface.unmap_rgb：将一个映射的颜色值转换为 Color 对象。
- pygame.surface.set_clip：设置该 Surface 对象的当前剪切区域。
- pygame.surface.get_clip：获取该 Surface 对象的当前剪切区域。
- pygame.surface.subsurface：根据父对象创建一个新的子 Surface 对象。
- pygame.surface.get_parent：获取子 Surface 对象的父对象。
- pygame.surface.get_abs_parent：获取子 Surface 对象的顶层父对象。
- pygame.surface.get_size：获取 Surface 对象的尺寸。
- pygame.surface.get_width：获取 Surface 对象的宽度。
- pygame.surface.get_height：获取 Surface 对象的高度。
- pygame.surface.get_rect：获取 Surface 对象的矩形区域。
- pygame.surface.get_bitsize：获取 Surface 对象像素格式的位深度。
- pygame.surface.get_flags：获取 Surface 对象的附加标志。
- pygame.surface.get_pitch：获取 Surface 对象每行占用的字节数。

实例 3-6	随机在屏幕上绘制点
源码路径	daima\3\3-6\hui.py

实例文件 hui.py 演示了随机在屏幕上绘制点的方法，具体实现代码如下所示。

```
import pygame
from pygame.locals import *
from random import randint                         #导入随机绘制模块
pygame.init()                                      #初始化pygame,为使用硬件做准备
screen = pygame.display.set_mode((640, 480), 0, 32)  #创建一个窗口
while True:                                         #游戏主循环
    for event in pygame.event.get():
        if event.type == QUIT:                     #接收到退出事件后退出程序
            exit()
    #绘制随机点
    rand_col = (randint(0, 255), randint(0, 255), randint(0, 255))
    #screen.lock()
    for _ in range(100):                           #遍历操作
        rand_pos = (randint(0, 639), randint(0, 479))
        screen.set_at(rand_pos, rand_col)          #绘制一个点
    #screen.unlock()
```

```
pygame.display.update()                                    #刷新画面
```

执行后的效果如图 3-5 所示。

图 3-5 执行效果

3.4.2 使用 pygame.draw 绘图

在 Pygame 框架中,使用 pygame.draw 模块中的内置函数可以在屏幕中绘制各种图形,其中常用的内置函数如表 3-2 所示。

表 3-2 pygame.draw 模块常用的内置函数

函　　数	作　　用
rect	绘制矩形
polygon	绘制多边形（3 个及 3 个以上的边）
circle	绘制圆
ellipse	绘制椭圆
arc	绘制圆弧
line	绘制线
lines	绘制一系列的线
aaline	绘制一条平滑的线
aalines	绘制一系列平滑的线

例如在下面的实例代码中,演示了随机在屏幕中绘制各种多边形的过程。

实例 3-7	随机在屏幕中绘制各种多边形
源码路径	daima\3\3-7\tu.py

实例文件 tu.py 的主要代码如下所示。

```
points = []                        #定义变量 points 的初始值
while True:                         #游戏主循环
    for event in pygame.event.get():
        if event.type == QUIT:
            exit()                  #接收到退出事件后退出程序
        if event.type == KEYDOWN:
            #按任意键可以清屏并把点回复到原始状态
            points = []
            screen.fill((255,255,255))
        if event.type == MOUSEBUTTONDOWN:
            screen.fill((255,255,255))
            #画随机矩形
            rc = (randint(0,255), randint(0,255), randint(0,255))
            rp = (randint(0,639), randint(0,479))
            rs = (639-randint(rp[0], 639), 479-randint(rp[1], 479))
            pygame.draw.rect(screen, rc, Rect(rp, rs))
            #画随机圆形
            rc = (randint(0,255), randint(0,255), randint(0,255))
            rp = (randint(0,639), randint(0,479))
            rr = randint(1, 200)
            pygame.draw.circle(screen, rc, rp, rr)
            #获得当前鼠标单击位置
            x, y = pygame.mouse.get_pos()
            points.append((x, y))
            #根据单击位置画弧线
            angle = (x/639.)*pi*2.
            pygame.draw.arc(screen, (0,0,0), (0,0,639,479), 0, angle, 3)
            #根据单击位置画椭圆
            pygame.draw.ellipse(screen, (0, 255, 0), (0, 0, x, y))
            #从左上和右下画两条线连接到单击位置
            pygame.draw.line(screen, (0, 0, 255), (0, 0), (x, y))
            pygame.draw.line(screen, (255, 0, 0), (640, 480), (x, y))
            #画单击轨迹图
            if len(points) > 1:
                pygame.draw.lines(screen, (155, 155, 0), False, points, 2)
            #和轨迹图基本一样，只不过是闭合的，因为会覆盖，所以这里注释了
            #if len(points) >= 3:
            #   pygame.draw.polygon(screen, (0, 155, 155), points, 2)
            #把每个点画得明显一点
            for p in points:
                pygame.draw.circle(screen, (155, 155, 155), p, 3)
    pygame.display.update()
```

运行上述代码程序，在窗口中单击鼠标就能绘制图形，按下键盘中的任意键可以重新开始，执行后的效果如图 3-6 所示。

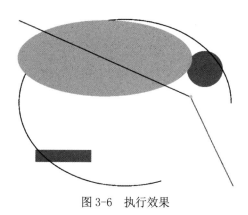

图 3-6　执行效果

3.5　使用动画

在游戏程序中，通过使用动画特效可以提高整个游戏的用户体验。在本节的内容中，将详细讲解在 Pygame 程序中使用动画特效的知识。

3.5　使用动画

3.5.1　Pygame 动画

在 Pygame 框架中，动画是很多幅图像的集合。每一个图像是一帧，一个动画由多个图像帧构成。我们肉眼能够看到的动画好像是某个画面在移动，其实这只是错觉。对于计算机来说，它只是显示了多幅不同的图像，连续播放多幅图像就构成了一个动画。在 Pygame 程序中，可以使用函数 surface.blit(image, (x, y), rect) 的第 3 个参数绘制区域的变化实现动画效果。我们绘制出图像的一部分，然后加上一个简单的循环让绘制区域的位置发生变化，这样就可以实现动画效果了。例如在下面的实例代码中，演示了使用函数 surface.blit() 实现动画效果的过程。

实例 3-8	飞翔的喵星人
源码路径	daima\3\3-8\dong.py

实例文件 dong.py 的主要代码如下所示。

```python
background_image_filename = 'bg.jpg'
import pygame, sys
from pygame.locals import *

pygame.init()

FPS = 30 #设置每秒帧数
fpsClock = pygame.time.Clock()

#设置窗体
DISPLAYSURF = pygame.display.set_mode((714, 300), 0, 32)
pygame.display.set_caption('Animation')
background = pygame.image.load(background_image_filename).convert()
```

```
WHITE = (255, 255, 255)
catImg = pygame.image.load('cat.png')
catx = 10
caty = 10
direction = 'right'

while True: #游戏主循环
    DISPLAYSURF.blit(background, (0, 0))
    if direction == 'right':
        catx += 5
        if catx == 280:
            direction = 'down'
    elif direction == 'down':
        caty += 5
        if caty == 220:
            direction = 'left'
    elif direction == 'left':
        catx -= 5
        if catx == 10:
            direction = 'up'
    elif direction == 'up':
        caty -= 5
        if caty == 10:
            direction = 'right'

    DISPLAYSURF.blit(catImg, (catx, caty))

    for event in pygame.event.get():
        if event.type == QUIT:
            pygame.quit()
            sys.exit()

    pygame.display.update()
    fpsClock.tick(FPS)
```

执行后将实现一个移动喵星人的动画效果，读者可以尝试修改 FPS 的值，以不同的帧速率来运行相同的游戏。如果将其设置为一个较低的值，就会使程序运行得较慢。如果将其设置为一个较高的值，就会让程序运行得较快，执行效果如图 3-7 所示。

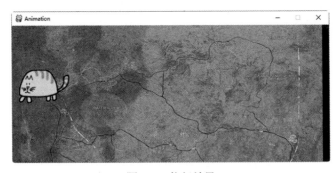

图 3-7　执行效果

3.5.2 帧速率

在计算机应用中，帧速率（frame rate）是指程序每秒绘制图像的数目，用 FPS 或"帧/秒"来表示（在计算机显示器上，FPS 常见的单位是赫兹。很多显示器的帧速率是 60Hz，或者说每秒 60 帧）。在视频游戏中，较低的帧速率会使得游戏看上去很抖动或卡顿。如果游戏包含的代码太多，以至于无法正常将画面绘制到屏幕上，此时 FPS 会下降。

在 Pygame 框架中，可以使用 time.Clock 对象确保程序能够以某一个最大的 FPS 运行。Clock 对象会在游戏循环的每一次迭代上都设置一个小小的暂停，从而确保游戏程序不会运行得太快。如果没有暂停功能，游戏程序可能会按照计算机所能够运行的速度去运行。这对玩家来说往往太快，并且计算机越快，它们运行游戏的速度也就越快。在游戏循环中调用一个 Clock 对象的 tick()方法，可以确保不管计算机有多快，游戏都按照相同的速度运行。例如在实例 3-8 中，调用了一个 Clock 对象的 tick()方法。

在每次游戏循环的最后，调用函数 pygame.display.update()后需要调用 Clock 对象的 tick()方法。根据前一次调用 tick()之后经过的时间来计算需要暂停多长时间（第一次调用 tick()方法的时候，根本没有暂停）。例如在实例 3-8 中，在最后一行代码中调用 tick()，这是游戏循环中的最后一条指令。由此可见，在游戏循环的每一次迭代中，应该在循环的末尾调用 tick()方法一次。通常在调用函数 pygame.display.update()之后进行。

3.5.3 多彩小球动画

例如在下面的实例代码中，演示了实现一个多彩小球动画效果的过程。

实例 3-9	实现一个多彩小球动画效果
源码路径	daima\3\3-9\qiu.py

实例文件 qiu.py 的具体实现流程如下所示。

1）设置背景图片是 bg.jpg，具体实现代码如下所示。

```
background_image_filename = 'bg.jpg'
```

2）通过函数 random_color()设置小球的随机颜色，具体实现代码如下所示。

```
def random_color ():
    return(random.randint(0,255),random.randint(0,255),random.randint(0,255))
```

3）设置小球的位置和移动速度，具体实现代码如下所示。

```
ball_x = 100
ball_y = 100
x_spead = 2
y_spead = 0

ball_x += x_spead
ball_y += y_spead
```

51

4）绘制窗体界面，具体实现代码如下所示。

```
if __name__ == '__main__':
    pygame.init()
    screen = pygame.display.set_mode((701,287))
    background = pygame.image.load(background_image_filename).convert()

    pygame.display.flip()
```

5）在 all_balls 中保存多个小球，每一个球都要包含的值有半径、圆心、颜色、*X* 方向的速度、*Y* 方向的速度，具体实现代码如下所示。

```
all_balls = [
    {'r':random.randint(10,20),
     'pos':(100,100),
     'color': random_color(),
     'x_apeed':random.randint(-3,3),
     'y_apeed': random.randint(-3, 3)
    },
    {'r': random.randint(10, 20),
     'pos': (300, 300),
     'color': random_color(),
     'x_apeed': random.randint(-3, 3),
     'y_apeed': random.randint(-3, 3)
    }
]
```

6）鼠标单击窗体时会绘制一个随机颜色的小球，并且小球是运动的，具体实现代码如下所示。

```
while True:
    for event in pygame.event.get():

        if event.type == pygame.QUIT:
            exit()

        if event.type == pygame.MOUSEBUTTONDOWN:

            #单击一下鼠标创建一个小球
            ball = {
                'r':random.randint(10,25),
                'pos':event.pos,
                'color': random_color(),
                'x_apeed':random.randint(-3,3),
                'y_apeed': random.randint(-3, 3)
            }
            #保存小球
            all_balls.append(ball)
```

7）刷新窗体界面，绘制动画小球运动轨迹，最后更新小球的坐标，具体实现代码如下所示。

```
screen.fill((255,255,255))
screen.blit(background, (0, 0))
for ball_dict in all_balls:
    #读取小球原来的坐标和速度
    x,y=ball_dict['pos']
    x_speed = ball_dict['x_apeed']
    y_speed = ball_dict['y_apeed']
    x += x_speed
    y += y_speed
    if ball_x + 20 >= 600:
        ball_x = 600 - 20
        x_spead *= -1
    if ball_x + 20 <= 0:
        ball_x = 0
        x_spead *= -1
    if ball_y + 20 >= 400:
        ball_y = 400 - 20
        y_spead *= -1
    if ball_y + 20 <= 0:
        ball_y = 0
        y_spead *= -1

    pygame.draw.circle(screen,ball_dict['color'],(x,y),ball_dict['r'])
    #更新小球对应的坐标
    ball_dict['pos'] = x,y

pygame.display.update()
```

执行效果如图 3-8 所示。

图 3-8　执行效果

3.6　为游戏添加音效

在游戏程序中，通过使用声音特效可以提高整个游戏的用户体验。在本节的内容中，将详细讲解在 Pygame 程序中使用声音特效的知识。

3.6.1　Pygame 声音

在 Pygame 框架中可以支持的声音文件格式有 MID、WAV 和 MP3，我们可以从互联网下载

3.6　为游戏添加音效

声音效果，就像下载图像文件一样。它们必须是这 3 种格式之一。如果计算机有一个麦克风，也可以录音，并且在游戏中使用自己的 WAV 文件。

在 Pygame 程序中播放声音的方法非常简单，首先必须通过调用 pygame.mixer.Sound() 构造函数创建一个 pygame.mixer.Sound 对象（简称 Sound 对象），它将接受一个字符串参数，这是声音文件的文件名。要想在 Pygame 中播放声音，需要调用 Sound 对象的 play() 方法。如果想立即停止播放 Sound 对象，需要调用 stop() 方法实现，stop() 方法没有参数。

Pygame 一次只能加载一个作为背景音乐播放的声音文件。要加载一个背景声音文件，需要调用函数 pygame.mixer.music.load()，并且将要加载的声音文件作为一个字符串参数传递，这个文件可以是 WAV、MP3 或 MIDI 格式。

要想在开始把加载的声音文件作为背景音乐播放，可以通过调用函数 pygame.mixer.music.play() 实现，代码如下。

```
pygame.mixer.music.play(-1, 0.0)
```

通过上述代码，当到达声音文件末尾的时候，参数 –1 会使得背景音乐永远循环。如果将其设置为一个整数 0 或者更大，那么背景音乐只能循环指定的次数。参数 0.0 表示从头开始播放声音文件。如果这是一个较大的整数值或浮点值，音乐会开始播放直到声音文件中指定的那么多秒。例如，如果传入 123.5 作为第二个参数，声音文件会从开始处播放到第 123.5 秒的地方。

在 pygame.mixer.music 对象中包含如下所示的方法。

- load()：载入音乐。
- play()：播放音乐。
- rewind()：重新播放。
- stop()：停止播放。
- pause()：暂停播放。
- unpause()：恢复播放。
- fadeout()：淡出。
- set_volumn()：设置音量。
- get_volumn()：获取音量。
- get_busy()：检测音乐流是否正在播放。
- set_pos()：设置开始播放的位置。
- get_pos()：获取已经播放的时间。
- queue()：将音乐文件放入待播放列表中。
- set_endevent()：在音乐播放完毕时发送事件。
- get_endevent()：获取音乐播放完毕时发送的事件类型。

3.6.2 播放不同的声音特效

例如在下面的实例代码中，演示了在游戏窗体界面中播放不同声音特效的过程。

54

实例 3-10	播放不同声音特效
源码路径	daima\3\3-10\yinyue.py

实例文件 yinyue.py 的具体实现流程如下所示。

1）准备好音效文件和背景图片文件。

2）设置背景图片是 bg.jpg，具体实现代码如下所示。

```
background_image_filename = 'bg.jpg'
```

3）初始化混音器模块以加载和播放声音，具体实现代码如下所示。

```
pygame.mixer.init()
```

4）设置加载窗体时播放的音效名和声音，具体实现代码如下所示。

```
pygame.mixer.music.load("fade.ogg")
pygame.mixer.music.set_volume(0.2)
pygame.mixer.music.play()    #开始播放
```

5）设置两个不同的要播放音效，具体实现代码如下所示。

```
bird_sound = pygame.mixer.Sound("loser.wav")
bird_sound.set_volume(0.2)
dog_sound = pygame.mixer.Sound("winner.wav")
dog_sound.set_volume(0.2)
```

6）设置窗体的显示属性，具体实现代码如下所示。

```
bg_size = width, height = 710, 506
screen = pygame.display.set_mode(bg_size)
background = pygame.image.load(background_image_filename).convert()
pygame.display.set_caption("MusicPlayDemo")
```

7）加载不同的图片分别表示播放和暂停按钮，按下空格键表示暂停，再次按空格键播放音乐，具体实现代码如下所示。

```
pause = False

pause_image = pygame.image.load("play.png").convert_alpha()
unpause_image = pygame.image.load("stop.png").convert_alpha()
pause_rect = pause_image.get_rect()
```

8）将按钮显示到屏幕的正中央，具体实现代码如下所示。

```
pause_rect.left, pause_rect.top = (width - pause_rect.width) // 2, \
                        (height - pause_rect.height) // 2

clock = pygame.time.Clock()
```

9）设置按下鼠标左键播放一种声音，按下鼠标右键播放一种声音，具体实现代码如下所示。

```
while True:
    for event in pygame.event.get():
        if event.type == QUIT:
            sys.exit()

        if event.type == MOUSEBUTTONDOWN:
            if event.button == 1:
                #单击鼠标左键播放一种声音
                dog_sound.play()
            if event.button == 3:
                #单击鼠标右键播放一种声音
                bird_sound.play()
```

10）设置通过空格键控制背景音乐的暂停和播放，具体实现代码如下所示。

```
if event.type == KEYDOWN:
    #按下空格键控制背景音乐的暂停和播放
    if event.key == K_SPACE:
        pause = not pause
```

11）根据背景音乐的暂停和播放显示对应的播放按钮图像，具体实现代码如下所示。

```
screen.fill((255, 255, 255))
screen.blit(background, (0, 0))
if pause:
    screen.blit(pause_image, pause_rect)
    pygame.mixer.music.pause()
else:
    screen.blit(unpause_image, pause_rect)
    pygame.mixer.music.unpause()

pygame.display.flip()

clock.tick(30)
```

执行效果如图 3-9 所示。

图 3-9　执行效果

第4章
Sprite 和碰撞检测

Sprite 和碰撞检测是在游戏开发过程中的最为常用的几个模块之一，在本章的内容中，将详细介绍在 Pygame 游戏项目中创建 Sprite 和使用碰撞检测的知识，并通过具体实例来讲解实现这些功能的方法和技巧，为读者进一步学习后面的知识打下基础。

4.1 Sprite 的概念

4.1 Sprite 的
概念

Sprite 的中文原意是"精灵"，不过在不同人的眼中，它所表示的意义不同。比如说在 Cocos2d 游戏中，它可以是一张图片。但是在 Flash 游戏中，Sprite 是一个类似"层"的概念。当然把它定义为层并不是很准确，实际上它是一个含有显示列表的显示对象。显示列表就是一个包含其他显示对象的容器。

Sprite 是 2D 游戏中最常见的显示图像的方式之一，通过创建 Sprite，就可以在场景中添加各种各样的对象，例如各种游戏角色、武器和宠物都是 Sprite。在使用 Pygame 开发 Python 游戏的过程中，也需要在游戏场景中创建 Sprite。

为什么要有 Sprite 这个概念呢？举个例子大家就明白了。在一款 RPG 游戏中（如口袋妖怪），地图上有树林、小河等一系列地图元件。玩过此类游戏的朋友们都知道，如果游戏中的人物走到了地图中央继续前进的话，地图会进行卷轴移动，显示出下部分地图。这个时候如果要把每个地图元件进行移动，操作起来会相当麻烦。因此 Flash 提供的 Sprite 就是为了统一处理一系列显示对象而生的。

经过上面的介绍，大家可能仍然无法理解这么抽象的一个类。那姑且把它视作一个层，我们可以通过 Sprite 向这个层添加显示对象。添加进去的对象所进行的操作都是相对的，比如移动、旋转。

从游戏制作角度来看，所有在游戏中显示的图片，皆可称为 Sprite（精灵），例如 UI 精灵、物品精灵、角色动画精灵。Sprite 通常用来显示一些玩家信息，如生命值、生命数或者得分。一些游戏，特别是早期的游戏，几乎全部由精灵组成。大家可以将精灵认为是一个个小图片，一种可以在屏幕上移动的图形对象，并且可以与其他图形对象交互。精灵图像可

57

以是使用 Pygame 绘制函数绘制的图像，也可以是原来就有的图像文件。

4.2　Pygame 中的 Sprite

4.2　Pygame 中的 Sprite

在 Pygame 中，为了提高开发效率，在 pygame.sprite 模块里面包含了一个名为 Sprite 的类，这是 Pygame 本身自带的一个精灵类。在开发 Pygame 游戏时，只需新建一个类并继承 pygame.sprite 即可。也就是说在使用 pygame.sprite 时并不需要对它实例化，只需要继承它，然后按需写出自己的代码即可。

4.2.1　pygame.sprite 模块中的内置方法和变量

在 pygame.sprite 模块中，包含了如下常用的内置方法。

- 方法 sprite.draw()：是用来绘制帧的，但是这个方法是由精灵来自动调用的，没有办法重写它，因此需要在方法里面做一些工作，例如需要计算单个帧左上角的 x、y 位置值（x 表示列编号、y 表示行编号）。
- 方法 sprite.Group()：可以创建一个精灵组，当在程序中有大量实体的时候，操作这些实体将会是一件相当麻烦的事，那么有没有什么容器可以将这些精灵放在一起统一管理呢？答案就是精灵组。Pygame 使用精灵组来管理精灵的绘制和更新，精灵组是一个简单的容器。
- 方法 sprite.add()：将一个精灵添加到精灵组中。
- 方法 sprite.remove()：从精灵组中删除一个精灵。
- 方法 sprite.kill()：从所有的精灵组中删除这个精灵。
- 方法 sprite.alive()：判断这个精灵是否属于一个精灵组。
- 方法 self.update：使精灵行为生效。

在 pygame.sprite 模块中，包含了如下常用的内置属性。

- 属性 self.image：用于设置显示什么内容。例如 self.image=pygame.Surface([x,y]) 说明该精灵是一个 (x,y) 大小的矩形；self.image=pygame.image.load(filename) 说明该精灵调用显示图片文件 filename。
- 属性 self.image.fill([color])：用于对 self.image 着色，例如下面的代码表示将矩形区域 (x,y) 填充为红色。

```
self.image=pygame.Surface([x,y])
self.image.fill([255,0,0])
```

- 属性 self.rect：用于设置在哪里显示精灵。一般来说，先用 self.rect=self.image.get_rect() 获得 image 矩形大小，然后给 self.rect 设定显示的位置，一般用 self.rect.topleft（topright、bottomleft、bottomright）来设定某一个角的显示位置。另外 self.rect.top、self.rect.bottom、self.rect.right、self.rect.left 分别表示上、下、左、右。

4.2.2　创建第一个精灵

在下面的实例中，演示了使用 pygame.sprite 模块创建第一个精灵的方法。

实例 4-1	创建第一个精灵
源码路径	daima\4\4-2\Sp01.py

实例文件 Sp01.py 的功能是绘制一个宽为 30、高为 30 的矩形精灵，具体实现代码如下所示。

```
import pygame,sys
pygame.init()
class Temp(pygame.sprite.Sprite):
    def __init__ (self,color,initial_position):
        pygame.sprite.Sprite.__init__ (self)
        self.image = pygame.Surface([30,30])
        self.image.fill(color)
        self.rect=self.image.get_rect()
        self.rect.topleft=initial_position
screen=pygame.display.set_mode([640,480])
screen.fill([255,255,255])
b=Temp([255,0,0],[50,100])
screen.blit(b.image,b.rect)
pygame.display.update()
while True:
    for event in pygame.event.get():
        if event.type==pygame.QUIT:
            sys.exit()
```

对上述代码的具体说明如下。

● 通过函数 pygame.sprite.Sprite.__ init__(self) 完成初始化工作。

● 通过 self.image 定义了一个大小是 30 * 30 的一个矩形 surface。

● 通过函数 self.image.fill(color) 填充这
个矩形的颜色。

● 代码行 self.rect=self.image.get_rect()：
获取 self.image 的大小，并通过 self.
rect.topleft=initial_position 确定左
上角显示位置。当然也可以用 topright、
bottomrigh、bottomleft 来分别确定其他
几个角的位置。

● 最后在一个 640 * 480 大小的白色窗体
[50,100] 的位置绘制一个 30 * 30 大小
的红色矩形。

执行后的效果如图 4-1 所示。

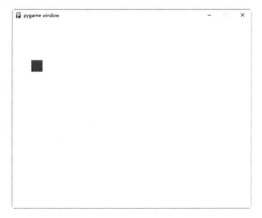

图 4-1　执行效果

59

4.2.3 创建一个"古灯笼"精灵

在下面的实例中，演示了使用 pygame.sprite 模块将一幅图片作为一个精灵的方法。

实例 4-2	创建一个"古灯笼"精灵
源码路径	daima\4\4-2\Sp02.py

实例文件 Sp02.py 的功能是使用 pygame.sprite 将图片"bg.jpg"作为一个精灵，具体实现代码如下所示。

```python
import pygame, sys
pygame.init()

class Car(pygame.sprite.Sprite):
    def __init__(self, filename, initial_position):
        pygame.sprite.Sprite.__init__(self)
        self.image = pygame.image.load(filename)
        self.rect = self.image.get_rect()
        #self.rect.topleft=initial_position
        self.rect.bottomright = initial_position
        print(self.rect.right)

screen = pygame.display.set_mode([640, 480])
screen.fill([255, 255, 255])
fi = 'bg.jpg'
b = Car(fi, [150, 100])
screen.blit(b.image, b.rect)
pygame.display.update()
while True:
    for event in pygame.event.get():
        if event.type == pygame.QUIT:
            sys.exit()
```

执行后的效果如图 4-2 所示。

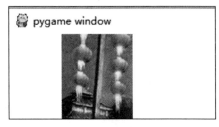

图 4-2 执行效果

4.2.4 创建精灵组：3 辆赛车

实例 4-3	不使用精灵组实现 3 辆赛车
源码路径	daima\4\4-2\Sp03.py

实例文件 Sp03.py 的功能是使用 pygame.sprite 将图片 "ok1.jpg" 作为素材实现了 3
辆赛车精灵，这种方法没有利用精灵组的概念，而是利用了 list 来生成每一个精灵。
Cargroup 用来存储不同位置的 Car，调用方法 screen.blit(carlist.image, carlist.rect)
逐个显示每一个精灵，具体实现代码如下所示。

```
mport pygame, sys
pygame.init()

class Car(pygame.sprite.Sprite):
    def __init__(self, filename, initial_position):
        pygame.sprite.Sprite.__init__(self)
        self.image = pygame.image.load(filename)
        self.rect = self.image.get_rect()
        self.rect.bottomright = initial_position


screen = pygame.display.set_mode([640, 480])
screen.fill([255, 255, 255])
fi = 'ok1.jpg'
locationgroup = ([150, 200], [350, 360], [250, 280])
Cargroup = []
for lo in locationgroup:
    Cargroup.append(Car(fi, lo))
for carlist in Cargroup:
    screen.blit(carlist.image, carlist.rect)
pygame.display.update()
while True:
    for event in pygame.event.get():
        if event.type == pygame.QUIT:
            sys.exit()
```

执行后的效果如图 4-3 所示。

图 4-3　执行效果

61

在实例文件 Sp03.py 中，3 辆赛车精灵被保存在一个列表中，虽然很方便，但是有点不太好用。除了精灵，Pygame 还提供了精灵组，它很适合处理精灵列表，有添加、移除、绘制、更新等方法。在下面的实例中，演示了使用精灵组创建 3 辆赛车的方法。

实例 4-4	使用精灵组创建 3 辆赛车
源码路径	daima\4\4-2\Sp04.py

实例文件 Sp04.py 的功能是使用精灵组创建 3 辆赛车，具体实现代码如下所示。

```python
import pygame,sys
pygame.init()
class Car(pygame.sprite.Sprite):
    def __init__(self,filename,initial_position):
        pygame.sprite.Sprite.__init__(self)
        self.image=pygame.image.load(filename)
        self.rect=self.image.get_rect()
        self.rect.bottomright=initial_position
screen=pygame.display.set_mode([640,480])
screen.fill([255,255,255])
fi='ok1.jpg'
locationgroup=([150,200],[350,360],[250,280])
Cargroup=pygame.sprite.Group()
for lo in locationgroup:
    Cargroup.add(Car(fi,lo))

for carlist in Cargroup.sprites():
    screen.blit(carlist.image,carlist.rect)
pygame.display.update()
while True:
    for event in pygame.event.get():
        if event.type==pygame.QUIT:
            sys.exit()
```

执行后的效果如图 4-3 所示（与实例 4-43 执行效果一样）。

上面的两个例子都是在 3 个位置[150,200]、[350,360]和[250,280]显示 3 辆赛车，不同之处第一个用的是 list，第二个用的是精灵组。差别就在几行代码上，一是 Cargroup=pygame.sprite.Group()定义 Cargroup 为精灵组，二是 Cargroup.add (Car(fi,lo))用 add 代替了 append，三是 for carlist in Cargroup.sprites()这行中逐个显示精灵，这里试了一下，直接用 for carlist in Cargroup 也是可以的。精灵组的代码是高度优化过了，常常比列表还快。插入和删除都是常见的操作，还可以避免内存在循环中反复消耗。

4.2.5　创建移动的精灵组：疯狂赛车游戏

实例 4-5	疯狂赛车游戏
源码路径	daima\4\4-2\Sp05.py

利用精灵组实现动画的方式会显得比较方便，在接下来的实例文件 Sp05.py 中，功能是使用 pygame.sprite 将图片"ok1.jpg"作为素材实现了 3 辆赛车精灵，然后让这 3 辆赛车以不同的速度前行，具体实现代码如下所示。

```python
import pygame,sys
from random import *
pygame.init()
class Car(pygame.sprite.Sprite):
    def __init__(self,filename,initial_position,speed):
        pygame.sprite.Sprite.__init__(self)
        self.image=pygame.image.load(filename)
        self.rect=self.image.get_rect()
        self.rect.topleft=initial_position
        self.speed=speed
    def move(self):
        self.rect=self.rect.move(self.speed)
        if self.rect.bottom < 0:     #当赛车底部到达窗口顶部时，让赛车从下面出来
            self.rect.top=480
screen=pygame.display.set_mode([640,480])
screen.fill([255,255,255])
fi='ok1.jpg'
locationgroup=([150,200],[350,300],[250,200])
Cargroup=pygame.sprite.Group()
for lo in locationgroup:
    speed=[0,choice([-10,-1])]
    Cargroup.add(Car(fi,lo,speed))

while True:
    for event in pygame.event.get():
        if event.type==pygame.QUIT:
            sys.exit()
    pygame.time.delay(20)
    screen.fill([255,255,255])
    for carlist in Cargroup.sprites():
        carlist.move()
        screen.blit(carlist.image,carlist.rect)
    pygame.display.update()
```

利用 random.choice 随机生成[-10,-1]之间的值作为速度让小车从下向上运动，并且当到达顶部时，再从底部出现，执行后的效果如图 4-4 所示。

63

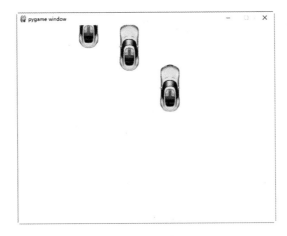

图 4-4　执行效果

实例 4-6	控制赛车的移动
源码路径	daima\4\4-2\Sp06.py

在接下来的实例文件 Sp06.py 中，可以通过左右键控制 3 辆赛车的左右移动，如果按左键赛车会向左移动，当到达最左边时不再移动，如果按右键赛车会向右移动，当到达最右边时，不再移动，具体实现代码如下所示。

```python
import pygame,sys
from random import *
pygame.init()
class Car(pygame.sprite.Sprite):
    def __init__(self,filename,initial_position,speed):
        pygame.sprite.Sprite.__init__(self)
        self.image=pygame.image.load(filename)
        self.rect=self.image.get_rect()
        self.rect.topleft=initial_position
        self.speed=speed
    def move(self):
        self.rect=self.rect.move(self.speed)
        if self.rect.bottom < 0:
            self.rect.top=480
    def moveleft(self):
        self.rect.left=self.rect.left-10
        if self.rect.left<0:
            self.rect.left=0
    def moveright(self):
        self.rect.right=self.rect.right+10
        if self.rect.right>640:
            self.rect.right=640
screen=pygame.display.set_mode([640,480])
screen.fill([255,255,255])
fi='ok1.jpg'
```

```
locationgroup=([150,200],[350,300],[250,200])
Cargroup=pygame.sprite.Group()
for lo in locationgroup:
    speed=[0,choice([-10,-1])]
    Cargroup.add(Car(fi,lo,speed))

while True:
    for event in pygame.event.get():
        if event.type==pygame.QUIT:
            sys.exit()
        elif event.type == pygame.KEYDOWN:
            if event.key==pygame.K_LEFT:
                for carlist in Cargroup.sprites():
                    carlist.moveleft()
                    screen.blit(carlist.image,carlist.rect)
            if event.key==pygame.K_RIGHT:
                for carlist in Cargroup.sprites():
                    carlist.moveright()
                    screen.blit(carlist.image,carlist.rect)
    pygame.time.delay(20)
    screen.fill([255,255,255])
    for carlist in Cargroup.sprites():
        carlist.move()
        screen.blit(carlist.image,carlist.rect)
    pygame.display.update()
```

执行后的效果如图 4-5 所示。

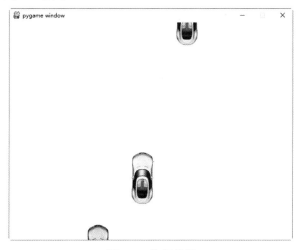

图 4-5　执行效果

4.3　碰撞检测

通过碰撞检测可以判断前面是否有障碍物以及确定两个物体是否发生

4.3　碰撞检测

65

碰撞，然后根据检测的结果做出不同的处理。在本节的内容中，将详细讲解在 Pygame 游戏项目中实现碰撞检测功能的方法和技巧。

4.3.1 游戏中的碰撞检测

在开发游戏项目的过程中，经常需要进行碰撞检测的实现，进行碰撞检测的物体可能有不规则的形状，这些需要进行组合碰撞检测，就是将复杂的物体处理成一个个的基本形状的组合，然后分别进行不同的检测。

（1）矩形和矩形进行碰撞

一般规则的物体碰撞都可以处理成矩形碰撞，具体原理是检测两个矩形是否重叠，假设：

● 矩形 1 的参数是：左上角的坐标是(x1, y1)，宽度是 w1，高度是 h1。
● 矩形 2 的参数是：左上角的坐标是(x2, y2)，宽度是 w2，高度是 h2。

在检测时，数学上可以处理成比较中心点的坐标在 x 和 y 方向上的距离和宽度的关系。即两个矩形中心点在 x 方向的距离的绝对值小于等于矩形宽度和的二分之一，同时 y 方向的距离的绝对值小于等于矩形高度和的二分之一，也就是：

● x 方向：$|(x1 + w1/2) - (x2 + w2/2)| < |(w1 + w2)/2|$
● y 方向：$|(y1 + h1/2) - (y2 + h2/2)| < |(h1 + h2)/2|$

在程序中，只需要将上面的条件转换成代码就可以实现需要的碰撞检测功能。

（2）圆形和圆形的碰撞

圆形和圆形的碰撞应该说是一种最简单的碰撞，因为在数学上对于两个圆形是否发生重叠，有计算两个圆心之间的距离的公式，那么条件就变为：计算两个圆心之间的距离是否小于两个圆的半径和。假设：

● 圆形 1 的圆心坐标是(x1, y1)，半径是 r1。
● 圆形 2 的圆心坐标是(x2, y2)，半径是 r2。

因为在很多语言的绘图系统中没有浮点数，而且浮点数的运算比较慢，所以将条件做一个简单的变换：对于条件的两边都进行平方，这样就去掉了开方的运算步骤。下面是数学表达式：

$$(x1 - x2)^2 + (y1 - y2)^2 < (r1 + r2)^2$$

在程序中，只需要将上面的条件转换成代码就可以实现需要的碰撞检测功能。

实例 4-7	群魔乱舞的小球
源码路径	daima\4\4-3\catRunFast

本实例的实现文件是 peng.py，首先设置了游戏的背景图和小球素材图片，在随机位置生成了若干个以随机速度运动的小球。如果小球运动出左边界则从右边界进入，上下边界同理；如果两个小球相碰撞则都以相反速度运动分开。文件 peng.py 的具体实现代码如下所示。

```python
import pygame
import sys
import math
from pygame.locals import *
from random import *

#面向对象的编程方法，定义一个球的类型
class Ball(pygame.sprite.Sprite):
    def __init__(self, image, position, speed, bg_size):
        #初始化动画精灵
        pygame.sprite.Sprite.__init__(self)
        self.image = pygame.image.load(image).convert_alpha()
        self.rect = self.image.get_rect()
        #将小球放在指定位置
        self.rect.left, self.rect.top = position
        self.speed = speed
        self.width, self.height = bg_size[0], bg_size[1]

    #定义一个移动的方法
    def move(self):
        self.rect = self.rect.move(self.speed)
        #如果小球的左侧出了边界，那么将小球左侧的位置改为右侧的边界
        #这样便实现了从左边进入，右边出来的效果
        if self.rect.right < 0:
            self.rect.left = self.width
        if self.rect.left > self.width:
            self.rect.right = 0
        if self.rect.bottom < 0:
            self.rect.top = self.height
        if self.rect.top > self.height:
            self.rect.bottom = 0

def collide_check(item, target):
    col_balls = []
    for each in target:
        distance = math.sqrt(
            math.pow((item.rect.center[0] - each.rect.center[0]), 2) +
            math.pow((item.rect.center[1] - each.rect.center[1]), 2))
        if distance <= (item.rect.width + each.rect.width) / 2:
            col_balls.append(each)

    return col_balls

def main():
    pygame.init()

    ball_image = 'ball.png'
    bg_image = 'background.png'
    running = True
```

```
#根据背景图片指定游戏界面尺寸
bg_size = width, height = 1024, 500
screen = pygame.display.set_mode(bg_size)
pygame.display.set_caption('Collision Spheres')

background = pygame.image.load(bg_image).convert_alpha()

#用来存放小球对象的列表
balls = []

#创建 6 个位置随机，速度随机的小球
BALL_NUM = 6
for i in range(BALL_NUM):
    position = randint(0, width - 70), randint(0, height - 70)
    speed = [randint(1, 6), randint(1, 6)]
    ball = Ball(ball_image, position, speed, bg_size)
    while collide_check(ball, balls):
        ball.rect.left, ball.rect.top = randint(0, width - 70), randint
(0, height - 70)

    balls.append(ball)

clock = pygame.time.Clock()

while running:
    for event in pygame.event.get():
        if event.type == QUIT:
            sys.exit()

    screen.blit(background, (0, 0))

    for each in balls:
        each.move()
        screen.blit(each.image, each.rect)

    for i in range(BALL_NUM):
        item = balls.pop(i)

        if collide_check(item, balls):
            item.speed[0] = -item.speed[0]
            item.speed[1] = -item.speed[1]

        balls.insert(i, item)

    pygame.display.flip()
    clock.tick(60)

if __name__ == '__main__':
    main()
```

执行效果如图 4-6 所示。

图 4-6　执行效果

4.3.2　Pygame 中的碰撞检测

为了帮助开发者提高开发效率，在 Pygame 中提供了如下两个非常方便的内置方法，可以实现碰撞检测功能。

1）pygame.sprite.groupcollide()：功能是实现两个精灵组中所有的精灵的碰撞检测功能，具体原型如下所示。

```
groupcollide(group1, group2, dokill1, dokill2, collided = None) -> Sprite_
dict
```

如果将参数 dokill 设置为 True，则会自动移除发生碰撞的精灵。参数 collided 用于计算碰撞的回调函数，如果没有指定，则每个精灵必须有一个 rect 属性。

2）pygame.sprite.spritecollide()：功能是判断某个精灵和指定精灵组中的精灵是否发生碰撞，返回精灵组中跟精灵发生碰撞的精灵列表，具体原型如下所示。

```
spritecollide(sprite, group, dokill, collided = None) -> Sprite_list
```

第一个参数 sprite：设置被检测的精灵。

第二个参数 group：设置一个组，由 sprite.Group()生成。

第三个参数 dokill：设置是否从组中删除检测到碰撞的精灵。如果将参数 dokill 设置为 True，则会自动移除精灵组中发生碰撞的精灵。

第四个参数 collided：设置一个回调函数，用于计算碰撞的回调函数。如果没有指定，则每个精灵必须有一个 rect 属性。

注意： 在实现圆形精灵的碰撞检测时，还需要设置函数 spritecollide()的最后一个参数，可以使用 sprite 模块中的函数 collide_circle()检测两个圆之间是否发生碰撞。在使用函数 collide_circle()时，必须在精灵对象中有一个 radius（半径）属性。

实例 4-8	飞机大战游戏
源码路径	daima\4\4-3\plane

在本实例中实现了一个仿微信飞机大战游戏，是使用 Pygame 内置的碰撞检测函数实现的。

1）编写文件 plane_sprites.py，具体实现流程如下。

● 分别设置屏幕大小、刷新帧率、定时器等变量信息，对应代码如下。

```python
#屏幕大小的常量
SCREEN_RECT = pygame.Rect(0, 0, 480, 700)
#刷新的帧率
FRAME_PER_SEC = 60
#创建敌机的定时器常量
CREATE_ENEMY_EVENT = pygame.USEREVENT
#英雄发射子弹事件
HERO_FIRE_EVENT = pygame.USEREVENT + 1
```

● 创建类 GameSprite 实现飞机大战游戏精灵，此类继承于 Pygame 自带的类 Sprite，
对应代码如下。

```python
class GameSprite(pygame.sprite.Sprite):          #创建游戏精灵，继承的是 Pygame 自带
的类 Sprite
    def __init__(self, image_name, speed=1):    #定义一些基本属性

        #调用父类的初始化方法
        super().__init__()

        #定义对象的属性
        self.image = pygame.image.load(image_name)
        self.rect = self.image.get_rect()
        self.speed = speed

    def update(self):

        #在屏幕的垂直方向上移动
        self.rect.y += self.speed
```

● 创建类 Background，实现游戏背景精灵，对应代码如下。

```python
class Background(GameSprite):
    def __init__(self, is_alt=False):

        #调用父类方法，实现精灵的创建(image/rect/speed)
        super().__init__("./images/background.png")

        #判断是否是交替图像，如果是，需要设置初始位置
        if is_alt:
            self.rect.y = -self.rect.height

    def update(self):

        #调用父类的方法实现
        super().update()
```

```
                    #判断是否移出屏幕，如果移出屏幕，将图像设置到屏幕的上方
                    if self.rect.y >= SCREEN_RECT.height:
                        self.rect.y = -self.rect.height
```

● 创建类 Enemy，实现敌机精灵，对应代码如下。

```
class Enemy(GameSprite):
    def __init__(self):

        #调用父类方法，创建敌机精灵，同时指定敌机图片
        super().__init__("./images/enemy1.png")

        #指定敌机的初始随机速度 1 ~ 3
        self.speed = random.randint(3, 5)

        #指定敌机的初始随机位置
        self.rect.bottom = 0

        max_x = SCREEN_RECT.width - self.rect.width
        self.rect.x = random.randint(0, max_x)

    def update(self):

        #调用父类方法，保持垂直方向的飞行
        super().update()

        #判断是否飞出屏幕，如果是，需要从精灵组删除敌机
        if self.rect.y >= SCREEN_RECT.height:
            #print("飞出屏幕，需要从精灵组删除...")
            #kill 方法可以将精灵从所有精灵组中移出，精灵就会被自动销毁
            self.kill()

    def __del__(self):
        #print("敌机被击落 %s" % self.rect)
        pass
```

● 创建类 Hero，实现英雄（我方飞机）精灵，对应代码如下。

```
class Hero(GameSprite):
    def __init__(self):

        #调用父类方法，设置英雄图片，设置初始速度
        super().__init__("./images/me1.png", 0)

        #设置英雄的初始位置
        self.rect.centerx = SCREEN_RECT.centerx
        self.rect.bottom = SCREEN_RECT.bottom - 120

        #创建子弹的精灵组
        self.bullets = pygame.sprite.Group()
```

```
def update(self):

    #英雄在水平方向移动
    self.rect.x += self.speed

    #控制英雄不能离开屏幕
    if self.rect.x < 0:
        self.rect.x = 0
    elif self.rect.right > SCREEN_RECT.right:
        self.rect.right = SCREEN_RECT.right

def fire(self):
    print("发射子弹...")

    for i in (0, 1, 2):
        #创建子弹精灵
        bullet = Bullet()

        #设置精灵的位置
        bullet.rect.bottom = self.rect.y - i * 20
        bullet.rect.centerx = self.rect.centerx

        #将精灵添加到精灵组
        self.bullets.add(bullet)
```

● 创建类 Bullet，实现子弹精灵，对应代码如下。

```
class Bullet(GameSprite):
    def __init__(self):

        #调用父类方法，设置子弹图片，设置初始速度
        super().__init__("./images/bullet1.png", -2)

    def update(self):

        #调用父类方法，让子弹沿垂直方向飞行
        super().update()

        #判断子弹是否飞出屏幕
        if self.rect.bottom < 0:
            self.kill()

    def __del__(self):
        print("子弹被销毁...")
```

2）编写文件 plane_main.py，功能是调用文件 plane_sprites.py 中的精灵类和方法实现游戏功能，其中使用内置碰撞检测方法 groupcollide() 验证子弹是否摧毁敌机，使用内置碰撞检测方法 spritecollide() 验证敌机是否撞毁英雄。文件 plane_main.py 的具体实现代

码如下所示。

```python
class PlaneGame(object):
    """飞机大战主游戏"""

    def __init__(self):
        print("游戏初始化")

        #创建游戏的窗口
        self.screen = pygame.display.set_mode(SCREEN_RECT.size)
        #创建游戏的时钟
        self.clock = pygame.time.Clock()
        #调用私有方法，精灵和精灵组的创建
        self.__create_sprites()

        #设置定时器事件——创建敌机 1s
        pygame.time.set_timer(CREATE_ENEMY_EVENT, 1000)
        pygame.time.set_timer(HERO_FIRE_EVENT, 500)

    def __create_sprites(self):

        #创建背景精灵和精灵组
        bg1 = Background()
        bg2 = Background(True)

        self.back_group = pygame.sprite.Group(bg1, bg2)

        #创建敌机的精灵组
        self.enemy_group = pygame.sprite.Group()

        #创建英雄的精灵和精灵组
        self.hero = Hero()
        self.hero_group = pygame.sprite.Group(self.hero)

    def start_game(self):
        print("游戏开始...")

        while True:
            #设置刷新帧率
            self.clock.tick(FRAME_PER_SEC)
            #事件监听
            self.__event_handler()
            #碰撞检测
            self.__check_collide()
            #更新/绘制精灵组
            self.__update_sprites()
            #更新显示
            pygame.display.update()

    def __event_handler(self):
```

73

```python
        for event in pygame.event.get():          #获取用户的操作动作

            #判断是否退出游戏
            if event.type == pygame.QUIT:          #判断用户是否按下关闭按钮
                PlaneGame.__game_over()
            elif event.type == CREATE_ENEMY_EVENT: #如果触发了定时器则出现敌机
                #print("敌机出场...")
                #创建敌机精灵
                enemy = Enemy()
                #将敌机精灵添加到敌机精灵组
                self.enemy_group.add(enemy)
            #如果开火
            elif event.type == HERO_FIRE_EVENT:
                self.hero.fire()
            #elif event.type == pygame.KEYDOWN and event.key == pygame.K_RIGHT:
            #    print("向右移动...")

        #猎取用户按下哪个按键
        keys_pressed = pygame.key.get_pressed()
        #判断元组中对应的按键索引值
        if keys_pressed[pygame.K_RIGHT]:
            #若按右键,则以 2 的速度向右移动
            self.hero.speed = 10
        elif keys_pressed[pygame.K_LEFT]:
            #若按右键,则以 2 的速度向左移动(-2 就是相反方向)
            self.hero.speed = -10
        else:
            #其他情况,则不动
            self.hero.speed = 0

    def __check_collide(self):

        #子弹摧毁敌机
        pygame.sprite.groupcollide(self.hero.bullets,self.enemy_group,True,True)

        #敌机撞毁英雄
        enemies = pygame.sprite.spritecollide(self.hero,self.enemy_group,True)

        #判断列表是否有内容
        if len(enemies) > 0:
            #让英雄牺牲
            self.hero.kill()

            #结束游戏
            PlaneGame.__game_over()

    def __update_sprites(self):

        self.back_group.update()
```

```
        self.back_group.draw(self.screen)

        self.enemy_group.update()
        self.enemy_group.draw(self.screen)

        self.hero_group.update()
        self.hero_group.draw(self.screen)

        self.hero.bullets.update()
        self.hero.bullets.draw(self.screen)

    @staticmethod
    def __game_over():
        print("游戏结束")

        pygame.quit()
        exit()

if __name__ == '__main__':
    #创建游戏对象
    game = PlaneGame()

    #启动游戏
    game.start_game()
```

执行效果如图 4-7 所示。

4.4　3 个游戏项目

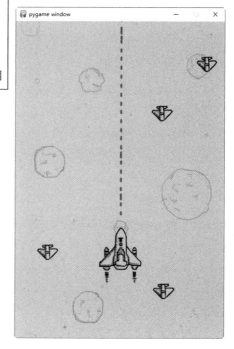

4.4　3 个游戏项目

经过本章前面内容的学习，
已经了解了在 Pygame 中创建精灵和实现碰撞检测
的知识。在本节的内容中，将详细讲解实现 3 个
Pygame 游戏项目的过程，剖析创建精灵和实现碰
撞检测的方法和技巧。

4.4.1　简易跑酷游戏

在下面的实例中，使用 Pygame 框架实现了一
个简易的跑酷游戏。游戏精灵是一只小猫，按空
格键可以让猫跳跃，通过跳跃可以躲避子弹和恐
龙的袭击，游戏结束后会将得分保存在记事本文
件 data.txt 中。另外，游戏中还有恐龙、火
焰、爆炸动画和果实（就是上方蓝色的矩形块）
这几种精灵。

图 4-7　执行效果

实例 4-9	简易跑酷游戏
源码路径	daima\4\4-4\catRunFast

本实例的实现文件是 aodamiaoRunFast.py，具体实现流程如下所示。

1）定义发射火箭函数 reset_arrow()，对应代码如下所示。

```
def reset_arrow():
    y = random.randint(270,350)
    arrow.position = 800,y
    bullent_sound.play_sound()
```

2）定义滚动地图类 MyMap，一直横向向右运动，与游戏的进程保持同步。

3）定义按钮处理类 Button，分别实现游戏开始和游戏结束等功能。

4）通过函数 replay_music()播放游戏背景音乐，通过函数 data_read()将游戏最高得分保存到记事本文件 data.txt 中。

5）在主程序中定义游戏所需要的变量和常量。

6）监听玩家按下键盘事件，按下〈Esc〉键后退出游戏，具体实现代码如下所示。

```
keys = pygame.key.get_pressed()
if keys[K_ESCAPE]:
    pygame.quit()
    sys.exit()

elif keys[K_SPACE]:
    if not player_jumping:
        player_jumping = True
        jump_vel = -12.0
```

7）退出游戏时将最高分保存到记事本文件中，具体实现代码如下所示。

```
screen.blit(interface,(0,0))
button.render()
button.is_start()
if button.game_start == True:
    if game_pause :
        index +=1
        tmp_x =0
        if score >int (best_score):
            best_score = score
        fd_2 = open("data.txt","w+")
        fd_2.write(str(best_score))
        fd_2.close()
        #判断游戏是否通关
        if index == 6:
            you_win = True
        if you_win:
            start_time = time.clock()
            current_time =time.clock()-start_time
```

```
        while current_time<5:
            screen.fill((200, 200, 200))
            print_text(font1,270,150,"YOU WIN THE GAME!",(240, 20,20))
            current_time =time.clock()-start_time
            print_text(font1, 320, 250,"Best Score:",(120,224,22))
            print_text(font1, 370, 290,str(best_score),(255,0,0))
            print_text(font1, 270, 330,"This Game Score:",(120,224,22))
            print_text(font1, 385, 380, str(score),(255,0,0))
            pygame.display.update()
        pygame.quit()
        sys.exit()

    for i in range(0,100):
        element = MySprite()
        element.load("fruit.bmp", 75, 20, 1)
        tmp_x +=random.randint(50,120)
        element.X = tmp_x+300
        element.Y = random.randint(80,200)
        group_fruit.add(element)
    start_time = time.clock()
    current_time =time.clock()-start_time
    while current_time<3:
        screen.fill((200, 200, 200))
        print_text(font1, 320, 250,game_round[index],(240,20,20))
        pygame.display.update()
        game_pause = False
        current_time =time.clock()-start_time

else:
```

8）分别实现更新子弹和碰撞检测功能，检查子弹是否击中玩家和恐龙。

9）实现碰撞检测，检查玩家是否被恐龙追上，具体实现代码如下所示。

```
        if pygame.sprite.collide_rect(player, dragon):
            game_over = True
        #遍历果实，使果实移动
        for e in group_fruit:
            e.X -=5
        collide_list = pygame.sprite.spritecollide(player,group_fruit,True)
        score +=len(collide_list)
```

10）检查玩家是否通过关卡，具体实现代码如下所示。

```
        if dragon.X < -100:
            game_pause = True
            reset_arrow()
            player.X = 400
            dragon.X = 100
```

11）检测玩家是否处于跳跃状态，具体实现代码如下所示。

```
        if player_jumping:
```

```
if jump_vel <0:
    jump_vel += 0.6
elif jump_vel >= 0:
    jump_vel += 0.8
player.Y += jump_vel
if player.Y > player_start_y:
    player_jumping = False
    player.Y = player_start_y
    jump_vel = 0.0
```

12）绘制游戏背景，具体实现代码如下所示。

```
bg1.map_update()
bg2.map_update()
bg1.map_rolling()
bg2.map_rolling()
```

13）更新精灵组，具体实现代码如下所示。

```
if not game_over:
    group.update(ticks, 60)
    group_exp.update(ticks,60)
    group_fruit.update(ticks,60)
```

14）循环播放背景音乐，具体实现代码如下所示。

```
music_time = time.clock()
if music_time  > 150 and replay_flag:
    replay_music()
    replay_flag =False
```

15）最后绘制精灵组。

执行后的游戏界面效果如图 4-8 所示。

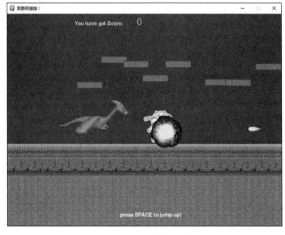

图 4-8　执行效果

4.4.2　吃苹果游戏

实例 4-10	吃苹果游戏
源码路径	daima\4\4-4\Eat-apple-Game

1）首先编写文件 MyLibrary.py，在里面定义本游戏项目用到的公共类模块，具体实现代码如下所示。

```
#使用提供的字体打印文本
def print_text(font, x, y, text, color=(255,255,255)):
    imgText = font.render(text, True, color)
    screen = pygame.display.get_surface() #获取当前显示的surface对象
    screen.blit(imgText, (x,y))

#定义类 MySprite 来扩展 pygame.sprite.sprite
class MySprite(pygame.sprite.Sprite):

    def __init__(self):
        pygame.sprite.Sprite.__init__(self) #Pygame 初始化
        self.master_image = None
        self.frame = 0
        self.old_frame = -1
        self.frame_width = 1
        self.frame_height = 1
        self.first_frame = 0
        self.last_frame = 0
        self.columns = 1
        self.last_time = 0
        self.direction = 0
        self.velocity = Point(0.0,0.0)

    #X轴属性
    def _getx(self): return self.rect.x
    def _setx(self,value): self.rect.x = value
    X = property(_getx,_setx)

    #Y轴属性
    def _gety(self): return self.rect.y
    def _sety(self,value): self.rect.y = value
    Y = property(_gety,_sety)

    #位置属性
    def _getpos(self): return self.rect.topleft
    def _setpos(self,pos): self.rect.topleft = pos
    position = property(_getpos,_setpos)
```

```
        def load(self, filename, width, height, columns):
            self.master_image = pygame.image.load(filename).convert_alpha()
            self.frame_width = width
            self.frame_height = height
            self.rect = Rect(0,0,width,height)
            self.columns = columns
            #自动计算总帧数
            rect = self.master_image.get_rect()
            self.last_frame = (rect.width // width) * (rect.height // height) - 1

        def update(self, current_time, rate=30):
            #更新动画帧
            if current_time > self.last_time + rate:
                self.frame += 1
                if self.frame > self.last_frame:
                    self.frame = self.first_frame
                self.last_time = current_time

            #仅当更改时才创建当前帧
            if self.frame != self.old_frame:
                frame_x = (self.frame % self.columns) * self.frame_width
                frame_y = (self.frame // self.columns) * self.frame_height
                rect = Rect(frame_x, frame_y, self.frame_width, self.frame_height)
                self.image = self.master_image.subsurface(rect)
                self.old_frame = self.frame

        def __str__(self):
            return str(self.frame) + "," + str(self.first_frame) + \
                "," + str(self.last_frame) + "," + str(self.frame_width) + \
                "," + str(self.frame_height) + "," + str(self.columns) + \
                "," + str(self.rect)
```

2）编写实例文件 ZombieMobGame.py，首先随机生成 50 个苹果，然后监听玩家用户的键盘移动操作方向，根据获取的移动方向实现对应的动画效果，最后实现精灵和苹果的碰撞检测，检查是否吃掉苹果。文件 ZombieMobGame.py 的具体实现代码如下所示。

```
        if not game_over:
            #根据角色的不同方向，使用不同的动画帧
            player.first_frame = player.direction * player.columns
            player.last_frame = player.first_frame + player.columns-1
            if player.frame < player.first_frame:
                player.frame = player.first_frame

            if not player_moving:
                #当停止按键（即人物停止移动的时候），停止更新动画帧
                player.frame = player.first_frame = player.last_frame
            else:
                player.velocity = calc_velocity(player.direction, 1.5)
```

```
        player.velocity.x *= 1.5
        player.velocity.y *= 1.5

    #更新玩家精灵组
    player_group.update(ticks, 50)

    #移动玩家
    if player_moving:
        player.X += player.velocity.x
        player.Y += player.velocity.y
        if player.X < 0: player.X = 0
        elif player.X > 700: player.X = 700
        if player.Y < 0: player.Y = 0
        elif player.Y > 500: player.Y = 500

    #检测玩家是否与食物冲突，是否吃到果实
    attacker = None
    attacker = pygame.sprite.spritecollideany(player, food_group)
    if attacker != None:
        if pygame.sprite.collide_circle_ratio(0.65)(player,attacker):
            player_health +=2;
            food_group.remove(attacker);
    if player_health > 100: player_health = 100
    #更新食物精灵组
    food_group.update(ticks, 50)

    if len(food_group) == 0:
        game_over = True
#清屏
screen.fill((50,50,100))

#绘制精灵
food_group.draw(screen)
player_group.draw(screen)

#绘制玩家血量条
pygame.draw.rect(screen, (50,150,50,180), Rect(300,570,player_health*2,
25))

pygame.draw.rect(screen, (100,200,100,180), Rect(300,570,200,25), 2)

if game_over:
    print_text(font, 300, 100, "G A M E   O V E R")

pygame.display.update()
```

执行后的效果如图 4-9 所示。

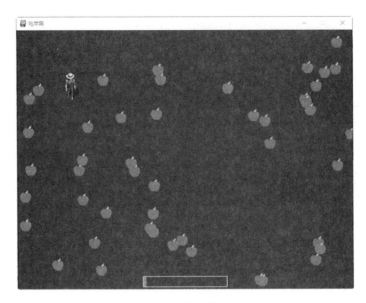

图 4-9　执行效果

4.4.3　Pygame 官网的坦克大战游戏

实例 4-11	坦克大战游戏
源码路径	daima\4\4-4\pygame_tank

Pygame 官方提供了一个坦克大战游戏，读者可以登录 Pygame 的官方网站下载。在下面的实例中，将对官方坦克大战游戏的源码进行详细讲解。实例文件 BattleCity.py 的主要实现流程如下所示。

1）通过类 Timer 实现游戏计时器功能，首先通过 __init__(self) 实现时间初始化，在方法 add() 中设置了需要记录的时间数据，通过方法 destroy() 销毁计时器，通过方法 update() 实现计时器更新功能，具体实现代码如下所示。

```python
class Timer(object):
    """ 计时器，定时执行回调函数"""
    def __init__(self):
        self.timers = []

    def add(self, interval, f, repeat = -1):
        timer = {
            "interval"  : interval,       #调用间隔，单位 ms
            "callback"  : f,              #回调函数
            "repeat"    : repeat,         #重复调用次数
            "times"     : 0,              #当前调用次数
            "time"      : 0,              #计时
            "uuid"      : uuid.uuid4()    #唯一 id
        }
```

```
        self.timers.append(timer)
        return timer["uuid"]

    def destroy(self, uuid_nr):
        for timer in self.timers:
            if timer["uuid"] == uuid_nr:
                self.timers.remove(timer)
                return

    def update(self, time_passed):
        for timer in self.timers:
            timer["time"] += time_passed
            #到间隔时间就调用回调函数并重新计时
            if timer["time"] >= timer["interval"]:
                timer["time"] -= timer["interval"]
                timer["times"] += 1
                #调用次数满就移除该回调函数的计时器,否则调用该回调函数
                if timer["repeat"] > -1 and timer["times"] == timer["repeat"]:
                    self.timers.remove(timer)
                try:
                    timer["callback"]()
                except:
                    try:
                        self.timers.remove(timer)
                    except:
                        pass
```

2）通过类 Castle 实现玩家基地功能，在里面创建了如下功能方法。

- __init__(self)：基地初始化。
- draw(self)：绘制玩家基地。
- rebuild(self)：重新创建新的基地，使用未被消灭的玩家基地图像创建。
- destroy(self)：销毁一个基地，使用被消灭后的玩家基地图像。

类 Castle 的具体实现代码如下所示。

```
class Castle(object):
    """ 玩家基地 """
    (STATE_STANDING, STATE_DESTROYED, STATE_EXPLODING) = range(3)

    def __init__(self):
        global sprites

        #未被消灭的玩家基地图像
        self.img_undamaged = sprites.subsurface(0, 15*2, 16*2, 16*2)
        #被消灭后的玩家基地图像
        self.img_destroyed = sprites.subsurface(16*2, 15*2, 16*2, 16*2)

        #玩家基地位置和大小
        self.rect = pygame.Rect(12*16, 24*16, 32, 32)
```

```
            #初始显示为未被消灭的玩家基地图像
            self.rebuild()

    def draw(self):
        """ 绘制玩家基地 """
        global screen

        screen.blit(self.image, self.rect.topleft)

        if self.state == self.STATE_EXPLODING:
            #爆炸完了
            if not self.explosion.active:
                self.state = self.STATE_DESTROYED
                del self.explosion
            #现在开始爆炸
            else:
                self.explosion.draw()

    def rebuild(self):
        """ 玩家基地 """
        self.state = self.STATE_STANDING
        self.image = self.img_undamaged
        self.active = True

    def destroy(self):
        """ 被炮弹击毁后的玩家基地 """
        #标记为爆炸
        self.state = self.STATE_EXPLODING
        self.explosion = Explosion(self.rect.topleft)
        #基地被击毁后的图像
        self.image = self.img_destroyed
        self.active = False
```

3）通过类 Bonus 实现游戏中的宝物功能，在游戏中会出现多种宝物，宝物类型有手雷（敌人全灭）、头盔（暂时无敌）、铁锹（基地城墙变为钢板）、星星（火力增强）、坦克（加一条生命）和时钟（所有敌人暂停一段时间），具体实现代码如下所示。

```
class Bonus(object):
    #宝物类型
    (BONUS_GRENADE, BONUS_HELMET, BONUS_SHOVEL, BONUS_STAR, BONUS_TANK,
BONUS_TIMER) = range(6)

    def __init__(self, level):
        global sprites

        self.level = level

        self.active = True

        #宝物是否可见
```

```
        self.visible = True

        #随机生成宝物出现位置
        self.rect=pygame.Rect(random.randint(0,416-32),random.randint(0,
416-32), 32, 32)

        #随机生成出现的宝物类型
        self.bonus = random.choice([
            self.BONUS_GRENADE,
            self.BONUS_HELMET,
            self.BONUS_SHOVEL,
            self.BONUS_STAR,
            self.BONUS_TANK,
            self.BONUS_TIMER
        ])
        #宝物图像
        self.image = sprites.subsurface(16*2*self.bonus, 32*2, 16*2, 15*2)

    def draw(self):
        """ 绘制宝物到屏幕上 """
        global screen
        if self.visible:
            screen.blit(self.image, self.rect.topleft)

    def toggleVisibility(self):
        """ 切换宝物是否可见 """
        self.visible = not self.visible
```

4）通过类 Bullet 实现坦克炮弹功能，具体实现代码如下所示。

```
class Bullet(object):
    """ 坦克炮弹 """
    #炮弹方向
    (DIR_UP, DIR_RIGHT, DIR_DOWN, DIR_LEFT) = range(4)
    #炮弹状态
    (STATE_REMOVED, STATE_ACTIVE, STATE_EXPLODING) = range(3)
    #炮弹属性，玩家 or 敌人
    (OWNER_PLAYER, OWNER_ENEMY) = range(2)

    def__init__(self, level, position, direction, damage = 100, speed = 5):
        global sprites

        self.level = level
        #炮弹方向
        self.direction = direction
        #炮弹伤害
        self.damage = damage

        self.owner = None
        self.owner_class = None
```

85

```
#炮弹类型：1 为普通炮弹；2 为加强的炮弹，可以消灭钢板
self.power = 1

#炮弹图像
self.image = sprites.subsurface(75*2, 74*2, 3*2, 4*2)

#重新计算炮弹方向和坐标
if direction == self.DIR_UP:
    self.rect = pygame.Rect(position[0] + 11, position[1] - 8, 6, 8)
elif direction == self.DIR_RIGHT:
    self.image = pygame.transform.rotate(self.image, 270)
    self.rect = pygame.Rect(position[0] + 26, position[1] + 11, 8, 6)
elif direction == self.DIR_DOWN:
    self.image = pygame.transform.rotate(self.image, 180)
    self.rect = pygame.Rect(position[0] + 11, position[1] + 26, 6, 8)
elif direction == self.DIR_LEFT:
    self.image = pygame.transform.rotate(self.image, 90)
    self.rect = pygame.Rect(position[0] - 8 , position[1] + 11, 8, 6)

#炮弹爆炸效果图
self.explosion_images = [
    sprites.subsurface(0, 80*2, 32*2, 32*2),
    sprites.subsurface(32*2, 80*2, 32*2, 32*2),
]
#炮弹移动速度
self.speed = speed

self.state = self.STATE_ACTIVE

def draw(self):
    """ 绘制炮弹 """
    global screen
    if self.state == self.STATE_ACTIVE:
        screen.blit(self.image, self.rect.topleft)
    elif self.state == self.STATE_EXPLODING:
        self.explosion.draw()

def update(self):
    global castle, players, enemies, bullets

    if self.state == self.STATE_EXPLODING:
        if not self.explosion.active:
            self.destroy()
            del self.explosion

    if self.state != self.STATE_ACTIVE:
        return

    #计算炮弹坐标，炮弹碰撞墙壁会爆炸
```

```
            if self.direction == self.DIR_UP:
                self.rect.topleft = [self.rect.left, self.rect.top - self.speed]
                if self.rect.top < 0:
                    if play_sounds and self.owner == self.OWNER_PLAYER:
                        sounds["steel"].play()
                    self.explode()
                    return
            elif self.direction == self.DIR_RIGHT:
                self.rect.topleft = [self.rect.left + self.speed, self.rect.top]
                if self.rect.left > (416 - self.rect.width):
                    if play_sounds and self.owner == self.OWNER_PLAYER:
                        sounds["steel"].play()
                    self.explode()
                    return
            elif self.direction == self.DIR_DOWN:
                self.rect.topleft = [self.rect.left, self.rect.top + self.speed]
                if self.rect.top > (416 - self.rect.height):
                    if play_sounds and self.owner == self.OWNER_PLAYER:
                        sounds["steel"].play()
                    self.explode()
                    return
            elif self.direction == self.DIR_LEFT:
                self.rect.topleft = [self.rect.left - self.speed, self.rect.top]
                if self.rect.left < 0:
                    if play_sounds and self.owner == self.OWNER_PLAYER:
                        sounds["steel"].play()
                    self.explode()
                    return


        has_collided = False

        #炮弹击中地形
        rects = self.level.obstacle_rects
        collisions = self.rect.collidelistall(rects)
        if collisions != []:
            for i in collisions:
                if self.level.hitTile(rects[i].topleft, self.power, self.owner ==
self.OWNER_PLAYER):
                    has_collided = True
        if has_collided:
            self.explode()
            return

        #炮弹相互碰撞，则爆炸并移走该炮弹
        for bullet in bullets:
            if self.state == self.STATE_ACTIVE and bullet.owner != self.
owner and bullet != self and self.rect.colliderect(bullet.rect):
                self.destroy()
                self.explode()
                return
```

87

```
        #炮弹击中玩家坦克
        for player in players:
            if player.state == player.STATE_ALIVE and self.rect.colliderect
(player.rect):
                if player.bulletImpact(self.owner == self.OWNER_PLAYER, self.
damage, self.owner_class):
                    self.destroy()
                    return

        #炮弹击中对方坦克
        for enemy in enemies:
            if enemy.state == enemy.STATE_ALIVE and self.rect.colliderect
(enemy.rect):
                if enemy.bulletImpact(self.owner == self.OWNER_ENEMY, self.
damage, self.owner_class):
                    self.destroy()
                    return

        #炮弹击中玩家基地
        if castle.active and self.rect.colliderect(castle.rect):
            castle.destroy()
            self.destroy()
            return

    def explode(self):
        """ 炮弹爆炸 """
        global screen
        if self.state != self.STATE_REMOVED:
            self.state = self.STATE_EXPLODING
            self.explosion=Explosion([self.rect.left-13,  self.rect.top-13],
None, self.explosion_images)

    def destroy(self):
        """ 标记炮弹为移除状态 """
        self.state = self.STATE_REMOVED
```

5）通过类 Explosion 实现爆炸效果，具体实现代码如下所示。

```
class Explosion(object):
    """ 爆炸效果 """
    def __init__(self, position, interval = None, images = None):
        global sprites

        self.position = [position[0]-16, position[1]-16]

        #False 表示已爆炸完
        self.active = True

        if interval == None:
```

```
            interval = 100

    if images == None:
        images = [
            #3种爆炸效果
            sprites.subsurface(0, 80*2, 32*2, 32*2),
            sprites.subsurface(32*2, 80*2, 32*2, 32*2),
            sprites.subsurface(64*2, 80*2, 32*2, 32*2),
        ]

    images.reverse()
    self.images = [] + images
    self.image = self.images.pop()

    gtimer.add(interval, lambda :self.update(), len(self.images) + 1)

def draw(self):
    """ 绘制爆炸效果 """
    global screen
    screen.blit(self.image, self.position)

def update(self):
    if len(self.images) > 0:
        self.image = self.images.pop()
    else:
        self.active = False
```

6）通过类 Level 实现不同类型的地形图，具体实现流程如下所示。

● 设置 6 种表示不同地形的类型和地形像素的尺寸，对应代码如下所示。

```
class Level(object):
    """ 地形图 """
    #地形常量
    (TILE_EMPTY, TILE_BRICK, TILE_STEEL, TILE_WATER, TILE_GRASS, TILE_
FROZE) = range(6)

    #地形像素尺寸
    TILE_SIZE = 16
```

● 设置在地形图中最多同时出现 4 个敌人，对应代码如下所示。

```
def __init__(self, level_nr = None):
    global sprites
    #限定地形图上最多同时出现 4 个敌人
    self.max_active_enemies = 4
```

● 创建列表 tile_images，调用方法 pygame.Surface()创建一个新的图像对象，创建
  出来的 Surface 默认是全黑色。如果没有指定其他参数，将创建出最适合当前显示
  器的 Surface 对象。Pygame 的 Surface 对象用于表示任何一个图像，Surface 对

象具有固定的分辨率和像素格式。Surface 对象通过 8 位索引调色板色彩。然后使用方法 subsurface()创建子对象，其中任何 Surface 对象的改变均会影响到其他子对象。在 Pygame 项目中使用 Surface 实现精灵动画效果时，需要通过方法 subsurface()先将图像提取子表面，然后通过 Sprite.draw 或者 Group.draw 将子表面绘制出来，对应代码如下所示。

```
tile_images = [
    pygame.Surface((8*2, 8*2)),
    sprites.subsurface(48*2, 64*2, 8*2, 8*2),
    sprites.subsurface(48*2, 72*2, 8*2, 8*2),
    sprites.subsurface(56*2, 72*2, 8*2, 8*2),
    sprites.subsurface(64*2, 64*2, 8*2, 8*2),
    sprites.subsurface(64*2, 64*2, 8*2, 8*2),
    sprites.subsurface(72*2, 64*2, 8*2, 8*2),
    sprites.subsurface(64*2, 72*2, 8*2, 8*2),
]
```

● 设置 6 种地形分别对应的 tile_images 值，对应代码如下所示。

```
#空白地形
self.tile_empty = tile_images[0]
#砖墙
self.tile_brick = tile_images[1]
#钢板
self.tile_steel = tile_images[2]
#森林
self.tile_grass = tile_images[3]
#海水
self.tile_water = tile_images[4]
self.tile_water1= tile_images[4]
self.tile_water2= tile_images[5]
#地板
self.tile_froze = tile_images[6]
```

● 设置整个游戏一共有 35 关，如果大于 35 关则从第 1 关重新开始，例如 37 则表示是第 2 关，对应代码如下所示。

```
if level_nr == None:
    level_nr = 1
else:
    level_nr = level_nr % 35

if level_nr == 0:
    level_nr = 35

#加载对应等级的地形图
self.loadLevel(level_nr)
#包含所有可以被子弹消灭的地形的坐标和尺寸
self.obstacle_rects = []
```

```
        self.updateObstacleRects()

        gtimer.add(400, lambda :self.toggleWaves())
```

- 编写函数 hitTile()，功能是设置炮弹击中地形的声音并计算这个地形的生命，对应代码如下所示。

```
def hitTile(self, pos, power = 1, sound = False):
    global play_sounds, sounds

    for tile in self.mapr:
        if tile[1].topleft == pos:
            #炮弹击中砖墙
            if tile[0] == self.TILE_BRICK:
                if play_sounds and sound:
                    sounds["brick"].play()
                self.mapr.remove(tile)
                self.updateObstacleRects()
                return True
            #炮弹击中钢板
            elif tile[0] == self.TILE_STEEL:
                if play_sounds and sound:
                    sounds["steel"].play()
                if power == 2:
                    self.mapr.remove(tile)
                    self.updateObstacleRects()
                return True
            else:
                return False
```

- 编写函数 toggleWaves(self)用于切换海水图片，对应代码如下所示。

```
def toggleWaves(self):
    if self.tile_water == self.tile_water1:
        self.tile_water = self.tile_water2
    else:
        self.tile_water = self.tile_water1
```

- 编写函数 loadLevel()用于加载地形图文件，对应代码如下所示。

```
def loadLevel(self, level_nr = 1):
    filename = "levels/"+str(level_nr)
    if (not os.path.isfile(filename)):
        return False
    level = []
    f = open(filename, "r")
    data = f.read().split("\n")
    self.mapr = []
    x, y = 0, 0
    for row in data:
```

91

```
            for ch in row:
                if ch == "#":
                    self.mapr.append((self.TILE_BRICK,pygame.Rect(x, y, self.
TILE_SIZE, self.TILE_SIZE)))
                elif ch == "@":
                    self.mapr.append((self.TILE_STEEL,pygame.Rect(x, y, self.
TILE_SIZE, self.TILE_SIZE)))
                elif ch == "~":
                    self.mapr.append((self.TILE_WATER,pygame.Rect(x, y, self.
TILE_SIZE, self.TILE_SIZE)))
                elif ch == "%":
                    self.mapr.append((self.TILE_GRASS,pygame.Rect(x, y, self.
TILE_SIZE, self.TILE_SIZE)))
                elif ch == "-":
                    self.mapr.append((self.TILE_FROZE,pygame.Rect(x, y, self.
TILE_SIZE, self.TILE_SIZE)))
                x += self.TILE_SIZE
            x = 0
            y += self.TILE_SIZE
        return True
```

● 编写函数 draw()，功能是在游戏窗口中绘制对应关卡的地形图，对应代码如下所示。

```
    def draw(self, tiles = None):
        """ """
        global screen

        if tiles == None:
            tiles = [TILE_BRICK, TILE_STEEL, TILE_WATER, TILE_GRASS, TILE_FROZE]

        for tile in self.mapr:
            if tile[0] in tiles:
                if tile[0] == self.TILE_BRICK:
                    screen.blit(self.tile_brick, tile[1].topleft)
                elif tile[0] == self.TILE_STEEL:
                    screen.blit(self.tile_steel, tile[1].topleft)
                elif tile[0] == self.TILE_WATER:
                    screen.blit(self.tile_water, tile[1].topleft)
                elif tile[0] == self.TILE_FROZE:
                    screen.blit(self.tile_froze, tile[1].topleft)
                elif tile[0] == self.TILE_GRASS:
                    screen.blit(self.tile_grass, tile[1].topleft)
```

● 编写函数 updateObstacleRects(self)，功能是更新所有可以被子弹消灭的地形的坐标和尺寸，对应代码如下所示。

```
    def updateObstacleRects(self):
        global castle
        self.obstacle_rects = [castle.rect]        #玩家基地是可以被子弹消灭的

        for tile in self.mapr:
```

```
    if tile[0] in (self.TILE_BRICK, self.TILE_STEEL, self.TILE_WATER):
        self.obstacle_rects.append(tile[1])
```

● 编写函数 buildFortress(self, tile)，功能是创建围绕玩家基地的砖墙，对应代码如下所示。

```
def buildFortress(self, tile):
    positions = [
        (11*self.TILE_SIZE, 23*self.TILE_SIZE),
        (11*self.TILE_SIZE, 24*self.TILE_SIZE),
        (11*self.TILE_SIZE, 25*self.TILE_SIZE),
        (14*self.TILE_SIZE, 23*self.TILE_SIZE),
        (14*self.TILE_SIZE, 24*self.TILE_SIZE),
        (14*self.TILE_SIZE, 25*self.TILE_SIZE),
        (12*self.TILE_SIZE, 23*self.TILE_SIZE),
        (13*self.TILE_SIZE, 23*self.TILE_SIZE),
    ]
    obsolete = []

    for i, rect in enumerate(self.mapr):
        if rect[1].topleft in positions:
            obsolete.append(rect)
    for rect in obsolete:
        self.mapr.remove(rect)

    for pos in positions:
        self.mapr.append((tile, pygame.Rect(pos, [self.TILE_SIZE, self.
TILE_SIZE])))

        self.updateObstacleRects()
```

执行后的游戏界面效果如图 4-10 所示。

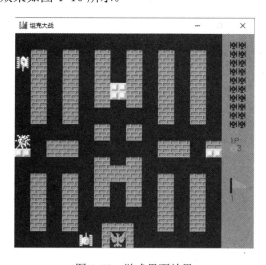

图 4-10　游戏界面效果

第 5 章
使用 AI 技术

AI 的全称是 Artificial Intelligence，意思为人工智能。近年来，随着人工智能技术的飞速发展，机器学习和深度学习技术已经摆在了人们的面前，一时间成为程序员们的学习热点。在本章的内容中，将介绍在 Python 游戏项目中使用 AI 技术的方法。

5.1 游戏中常用的 AI 算法

从开发者的角度来说，AI 技术的核心是算法，也就是解决问题的编程思路和方法。游戏开发技术经过多次升级和优化后，现在 AI 算法在游戏中的应用已经比较成熟了。在本节的内容中，将简要介绍几种在游戏开发过程中常用的 AI 算法。

5.1　游戏中常用的 AI 算法

5.1.1 有限状态机算法

有限状态机（Finite State Machine）算法简称 FSM 算法，是一种相对简单的人工智能算法，设计者需要创建一个机器人可以经历所有可能事件的列表，然后设计者分配机器人对每种情况的具体响应。有限状态机是表示有限个状态以及在这些状态之间的转移和动作等行为的数学模型，是一种用来进行对象行为建模的工具，其作用主要是描述对象在它的生命周期内所经历的状态序列，以及如何响应来自外界的各种事件。状态存储了关于过去的信息，也就是说它反映了从系统开始到现在时刻的输入变化。转移指示状态变更，并且必须用满足确实使转移发生的条件来描述它。动作是在给定时刻要进行的活动的描述，在现实中有多种类型的动作，具体如下。

- 进入动作：在进入状态时进行。
- 退出动作：在退出状态时进行。
- 输入动作：依赖于当前状态和输入条件进行。
- 转移动作：在进行特定转移时进行。

有限状态机被广泛用于建模应用行为、游戏开发、硬件电路系统设计、软件工程、编译器、网络协议和计算与语言的研究。例如在 1992 年,《德军总部 3D》游戏的开发者考虑了敌军可能遇到的所有情况。在打开一扇门后,Blazkowicz(《德军总部》系列游戏中的英雄)可能会走进对方的视野内,对方可能会从他背后开枪射击、对方也有可能看不到 Blazkowicz 等,总之会发生很多可能的情形。开发人员会编制一个列表,并针对每种情况,告诉机器人(游戏角色,敌方)应该去做什么。

我们可以想象,构建的细节越多,它就会变得越复杂。机器人在放弃之前应该搜寻 Blazkowicz 多长时间?如果它们放弃搜寻,它们应该待在原地,还是回到生成点呢?这个列表会变得非常冗长,游戏开发人员需要在有限状态机中为每种情况分配一个特定的动作。

5.1.2　蒙特卡洛树搜索算法

有限状态机算法并不适用于每款游戏,例如在策略游戏中使用有限状态机算法会发生什么呢?如果机器人被预编程,每次都以同样的方式做出响应,那玩家将会很快学会如何战胜计算机。这就产生了重复的游戏体验,这并不会让玩家感到愉快。为了防止有限状态机算法的重复性,人们提出了蒙特卡洛树搜索(Monte Carlo Search Tree)算法,简称为 MCST 算法。蒙特卡洛树搜索算法的工作方式是首先可视化机器人当前所有可用的动作,再针对每个动作分析玩家可能会做出响应的所有动作,然后考虑所有它可能会做出的响应动作。可以想象这棵树将会以多快的速度变成“参天大树”。图 5-1 所示为蒙特卡洛树搜索算法的工作流程,此图来自 Laura E Shummon Maass 专栏。

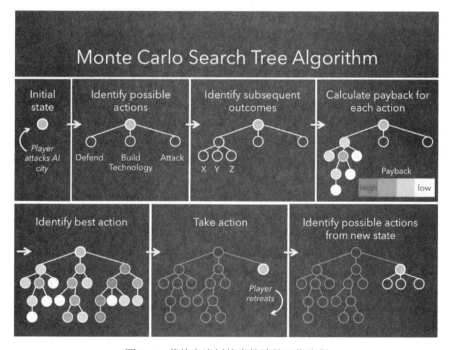

图 5-1　蒙特卡洛树搜索算法的工作流程

图 5-1 突出显示了使用蒙特卡洛树搜索算法的计算机在对人工组件采取动作之前所经历

的过程。它首先要查看它拥有的所有选项，在游戏中这些选项要么是防御、要么是构建技术、要么是攻击。然后，它构建了一棵树，预测此后每一次潜在动作成功的可能性。从图 5-1 可以看到成功率最高的选项是"攻击"（因为暗红色表示更高的奖励概率），因此计算机选择"攻击"。当玩家进行下一步动作时，计算机将重复树的构建过程。

蒙特卡洛树搜索算法是一种用于某些决策过程的启发式搜索算法，经常被用在计算机棋盘游戏、即时电子游戏以及不确定性游戏中。蒙特卡洛树搜索算法并不是一种"模拟人"的算法，而是通过对游戏进行随机推演来逐渐建立一棵不对称的搜索树的过程。我们可以将其看成是某种意义上的强化学习，当然对于这一点在学界还有一些争议。这个算法可以追溯到 20 世纪 40 年代。蒙特卡洛树搜索算法大概可以分成四步：选择（Selection）、拓展（Expansion）、模拟（Simulation）、反向传播（Backpropagation）。

例如在《文明》（Civilization）这种规模的游戏中，一台计算机可以做出很多选择。如果要为整个游戏的每一个可能的选择和每一个可能的场景构建一棵详细的树，那么计算机将会花费极其漫长的时间，这样会造成"它永远也不会采取行动"的后果。因此，为了避免这种海量的计算，蒙特卡洛树搜索算法将会随机选择一些可能的选项，并仅为所选择的选项进行构建树。这样计算过程就会快很多，而且计算机可以分析出选择每一选项后能获得最高奖励的可能性。

5.1.3　A Star 寻路算法

A Star 寻路算法又称为 A*算法，是一种启发式函数路径计算搜索算法，算法中通过设计合理的启发函数可以大大减少寻路过程中的计算量，提高计算效率，而估计不精确是启发式函数的特点，因此使用 A*算法计算的路径可能不是最优路径，但 A*算法可以高效地提供一种在游戏中相对合理的路径，在游戏寻路中应用广泛。

（1）A*中的节点

节点（Node）是 A*算法计算的基本单位。由于 A*算法可应用于多种导航图，在不同的导航图中节点的表示各不相同，在多边形导航图中一个多边形为一个 A*节点、在可视点导航图中每一个可视点为一个 A*节点、在栅格化导航图中每一个矩形格子为一个 A*节点。

（2）估价函数

估价函数用于评价一个节点被选做路径点的概率，其利用了节点自身与起始点位置关系的信息，启发算法搜索较合理的路径，路径即相邻节点的集合序列，估价函数表达式如下。

$$F(N) = G(n) + H(n)$$

在上述公式中，$F(n)$ 表示第 n 个节点的估价值，$G(n)$ 表示节点按照某种距离规则到起点的距离值，$H(n)$ 表示节点按照某种距离规则到终点的距离值，因此估价值 $F(n)$ 越小，代表路径行走消耗越少，则被选为路径点的概率越大。

主要有 3 种距离计算规则：曼哈顿距离、欧几里得距离和对角线距离。曼哈顿距离指的是两点之间水平距离与竖直距离之和，欧几里得距离指的是两点之间的几何距离，对角线距离指的是水平距离和竖直距离中的较大者。

在 P_1、P_2 两点之间构成的直角三角形中，假设水平直角边长度为 A，竖直直角边长度为

B，斜边距离为 C，则：

- 曼哈顿距离：$D_1 = A + B$
- 欧几里得距离：$D_2 = C$
- 对角线距离：$D_3 = \max\{A, B\}$

在算法的实际应用中，欧几里得距离在寻路计算效率上表现更佳，具体根据不同情形常常进行混合应用以更好提高计算效率和算法适应性。

5.1.4 电势矩阵寻路算法

电势矩阵寻路算法能够将移动的物体看作是一个负电荷，模拟电势场中负电荷向电势高的地方移动的特点，通过改变电势场来引导负电荷沿着电势场线向目的地寻路移动。基于电势场的设置方法此算法最好应用在栅格化的导航图中，以更精确地描述电势场的细节，并且算法使用一个地图矩阵来存储地形每个点的电势整数值。

设置目的点的方法即建立一个新的目的矩阵将目的点的电势设置成一个极大值，然后以圆形或者矩形向四周递减散播开来，离目的点越远电势值越小，直到 0 为止，然后将目的矩阵与原地图矩阵相加，改变电势分布，从而使负电荷沿着电势场分布向目的点移动。

电势矩阵寻路算法在本质上是一种贪心算法（Greedy Algorithm），缺点是不保证一定能找到正确路径，可能计算无解。此算法可在一些比较规则的、简单的地形中完成寻路计算任务。

5.1.5 Dijkstra 单源最短路径搜索算法

Dijkstra 单源最短路径搜索算法是 A*算法的无启发函数版，同时也是一种典型的贪心算法。算法没有利用节点本身与起点和目的点的距离信息进行引导，在整个地图的所有节点中进行搜索，体现其盲目性，效率自然比 A*算法低。算法的本质搜索思想是对于 A 和 B 两个节点，如果从整个地图中添加某些中间节点可以使 A 和 B 之间的加权路径长度更短，则加入中间节点构成 A 和 B 之间更短的加权路径，直到没有中间节点可以使 A、B 两点之间路径更短为止。

Dijkstra 算法在初始化时会计算各节点到其他节点的直接距离，节点之间的距离为节点连线的权重值，不相连的距离设置为无穷大。构建一个 S 表，表示计算完成的节点的集合，算法开始时将起点加入 S 表，然后搜索与起点距离最近的点加入到 S 表，并以新加入的节点为中间节点，计算起点到其他节点的相对更近距离，更新起点的距离表，直到所有的节点都加入 S 表。起点最终的距离表中的距离值即起点到其他各节点之间的最短路径距离。当终点确定时，记录在算法运行过程中起点、终点之间加入了那些中间节点，即可找出相应的最短路线。

5.2 贪吃蛇游戏

常见的贪吃蛇游戏是一款 2D 游戏，在这款游戏中，玩家可以控制一

5.2 贪吃蛇游戏

行方块（即贪吃蛇）。玩家有 3 种动作选择：向左、向右或直走。如果贪吃蛇碰到墙上或者撞到自己的尾巴，这条贪吃蛇就会立即死亡。收集（吃掉）地图上的点，它会让蛇尾巴增加一个方格，所以收集的点越多，玩家的蛇就会变得越长。

5.2.1 普通版的贪吃蛇游戏

实例 5-1	普通版的贪吃蛇游戏
源码路径	daima\5\5-2\snake01

在下面的实例中实现了普通版的贪吃蛇游戏，实现过程中并没有使用 AI 技术。要想移动游戏中的"蛇"只要判断是否有上下左右键盘按键被按下的事件发生就好了。我们定义四个方向，默认情况下我们将蛇放置屏幕中间，移动方向为向左，按下方向键之后可以更改蛇的移动方向。蛇的移动速度和 FPS 有关，比如设定 FPS 为 30 时，那么在循环里面设置计数器，当计数器的值为 30 的倍数时才移动一下方块。

用一个列表记录贪吃蛇身体的每一个位置，然后每次刷新时就打印出这个列表。并且在屏幕中随机产生贪吃蛇的食物，每次贪吃蛇吃到食物时就将贪吃蛇的身体长度加长一节（在蛇的尾部）。实例文件 snake-v01.py 的具体实现代码如下所示。

```python
#初始化
pygame.init()

#要想载入音乐，必须要初始化 mixer
pygame.mixer.init()

WIDTH, HEIGHT = 500, 500

#贪吃蛇小方块的宽度
CUBE_WIDTH = 20

#计算屏幕的网格数，网格的大小就是贪吃蛇每一节身体的大小
GRID_WIDTH_NUM, GRID_HEIGHT_NUM = int(WIDTH / CUBE_WIDTH),\
                            int(HEIGHT / CUBE_WIDTH)

#设置画布
screen = pygame.display.set_mode((WIDTH, HEIGHT))

#设置标题
pygame.display.set_caption("贪吃蛇")


#设置游戏的根目录为当前文件夹
base_folder = os.path.dirname(__file__)

#在当前目录下创建一个名为music的目录，并且在里面存放名为back.mp3的背景音乐
music_folder = os.path.join(base_folder, 'music')
```

```
#背景音乐
back_music = pygame.mixer.music.load(os.path.join(music_folder, 'back.mp3'))

#贪吃蛇吃食物的音乐
bite_dound = pygame.mixer.Sound(os.path.join(music_folder,'armor-light.wav'))

#图片
img_folder = os.path.join(base_folder, 'images')
back_img = pygame.image.load(os.path.join(img_folder, 'back.png'))
snake_head_img = pygame.image.load(os.path.join(img_folder, 'head.png'))
snake_head_img.set_colorkey(BLACK)
food_img = pygame.image.load(os.path.join(img_folder, 'orb2.png'))

#调整图片的大小，和屏幕一样大
background = pygame.transform.scale(back_img, (WIDTH, HEIGHT))

food = pygame.transform.scale(food_img, (CUBE_WIDTH, CUBE_WIDTH))


#设置音量大小，防止过大
pygame.mixer.music.set_volume(0.4)

#设置音乐循环次数，-1 表示无限循环
pygame.mixer.music.play(loops=-1)


#设置定时器
clock = pygame.time.Clock()

running = True

#设置计数器
counter = 0

#设置初始运动方向为向左
direction = D_LEFT


#每次贪吃蛇身体加长的时候，就将身体的位置加到列表末尾
snake_body = []
snake_body.append((int(GRID_WIDTH_NUM / 2) * CUBE_WIDTH,
            int(GRID_HEIGHT_NUM / 2) * CUBE_WIDTH))  #添加贪吃蛇的“头”


#画出网格线
def draw_grids():
    for i in range(GRID_WIDTH_NUM):
        pygame.draw.line(screen, LINE_COLOR,
```

```
                               (i * CUBE_WIDTH, 0), (i * CUBE_WIDTH, HEIGHT))

    for i in range(GRID_HEIGHT_NUM):
        pygame.draw.line(screen, LINE_COLOR,
                         (0, i * CUBE_WIDTH), (WIDTH, i * CUBE_WIDTH))


#打印身体的函数
def draw_body(direction=D_LEFT):
    for sb in snake_body[1:]:
        screen.blit(food, sb)

    if direction == D_LEFT:
        rot = 0
    elif direction == D_RIGHT:
        rot = 180
    elif direction == D_UP:
        rot = 270
    elif direction == D_DOWN:
        rot = 90
    new_head_img = pygame.transform.rotate(snake_head_img, rot)
    head = pygame.transform.scale(new_head_img, (CUBE_WIDTH, CUBE_WIDTH))
    screen.blit(head, snake_body[0])



#用于记录食物的位置
food_pos = None


#随机产生一个食物
def generate_food():
    while True:
        pos = (random.randint(0, GRID_WIDTH_NUM - 1),
               random.randint(0, GRID_HEIGHT_NUM - 1))

        #如果当前位置没有贪吃蛇的身体，就跳出循环，返回食物的位置
        if not (pos[0] * CUBE_WIDTH, pos[1] * CUBE_WIDTH) in snake_body:
            return pos


#画出食物的主体
def draw_food():
    screen.blit(food, (food_pos[0] * CUBE_WIDTH,
                       food_pos[1] * CUBE_WIDTH, CUBE_WIDTH, CUBE_WIDTH))


#判断贪吃蛇是否吃到了食物，如果吃到了就加长贪吃蛇的身体
def grow():
```

```
    if snake_body[0][0] == food_pos[0] * CUBE_WIDTH and\
            snake_body[0][1] == food_pos[1] * CUBE_WIDTH:
        #每次吃到食物，就播放音效
        bite_dound.play()
        return True

    return False

#import pdb; pdb.set_trace()
#先产生一个食物
food_pos = generate_food()
draw_food()
while running:
    clock.tick(FPS)

    for event in pygame.event.get():
        if event.type == pygame.QUIT:
            running = False
        elif event.type == pygame.KEYDOWN:        #如果有按键被按下了
            #判断按键类型
            if event.key == pygame.K_UP:
                direction = D_UP
            elif event.key == pygame.K_DOWN:
                direction = D_DOWN
            elif event.key == pygame.K_LEFT:
                direction = D_LEFT
            elif event.key == pygame.K_RIGHT:
                direction = D_RIGHT

    #判断计数器是否符合要求，如果符合就移动方块位置，（调整方块位置）
    if counter % int(FPS / hardness) == 0:
        #这里需要保存尾部的位置，因为下文要更新这个位置
        #在这种情况下如果贪吃蛇吃到了食物，需要将尾部增长，那么我们
        #就不知道添加到什么地方了
        last_pos = snake_body[-1]

        #更新贪吃蛇身体的位置
        for i in range(len(snake_body) - 1, 0, -1):
            snake_body[i] = snake_body[i - 1]

        #改变头部的位置
        if direction == D_UP:
            snake_body[0] = (
                snake_body[0][0],
                snake_body[0][1] - CUBE_WIDTH)
        elif direction == D_DOWN:
            snake_body[0] = (
                snake_body[0][0],
                snake_body[0][1] + CUBE_WIDTH)
```

```
            #top += CUBE_WIDTH
        elif direction == D_LEFT:
            snake_body[0] = (
                snake_body[0][0] - CUBE_WIDTH,
                snake_body[0][1])
            #left -= CUBE_WIDTH
        elif direction == D_RIGHT:
            snake_body[0] = (
                snake_body[0][0] + CUBE_WIDTH,
                snake_body[0][1])

        #限制贪吃蛇的活动范围
        if snake_body[0][0] < 0 or snake_body[0][0] >= WIDTH or\
            snake_body[0][1] < 0 or snake_body[0][1] >= HEIGHT:
            #超出屏幕之外游戏结束
            running = False

        #限制贪吃蛇不能碰到自己的身体
        for sb in snake_body[1: ]:
            #身体的其他部位如果和蛇头（snake_body[0]）重合就死亡
            if sb == snake_body[0]:
                running = False

        #判断贪吃蛇是否吃到了食物，吃到了就增长
        got_food = grow()

        #如果吃到了食物，系统就产生一个新的食物
        if got_food:
            food_pos = generate_food()
            snake_body.append(last_pos)
            hardness = HARD_LEVEL[min(int(len(snake_body) / 10),
                            len(HARD_LEVEL) - 1)]

    #screen.fill(BLACK)
    screen.blit(background, (0, 0))
    draw_grids()

    #画贪吃蛇的身体
    draw_body(direction)

    #画出食物
    draw_food()

    #计数器加1
    counter += 1
    pygame.display.update()
```

执行后的效果如图 5-2 所示。

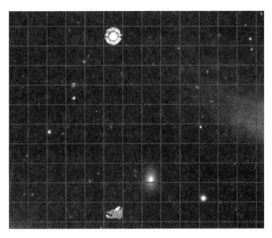

图 5-2　执行效果

5.2.2　AI 版的贪吃蛇游戏

实例 5-2	AI 版的贪吃蛇游戏
源码路径	daima\5\5-2\snake02

游戏思路和代码很简单，就是在一个矩形里不断出现随机位置的食物，让贪吃蛇在矩形内不断吃食物就行了。用数组表示地图和坐标，再用一个二维数组储存每一格蛇身的位置。循环监听键盘事件，按下按键后就转向，遍历所有的对象，把它们画出来。为了找到蛇头到食物的路径，必须在游戏地图上进行搜索。搜索路径的算法有很多种，比如 DFS、BFS 和 A*，本实例中使用 BFS 算法（广度优先搜索算法）实现。实例文件 main-bfs2.py 的具体实现流程如下所示。

1）设置贪吃蛇运动场地的长和宽都是 25 个方块，对应代码如下。

```
#贪吃蛇运动场地的长宽
HEIGHT = 25
WIDTH = 25

SCREEN_X = HEIGHT * 25
SCREEN_Y = WIDTH * 25

FIELD_SIZE = HEIGHT * WIDTH
```

2）设置变量 HEAD 值为 0，表示蛇头总是位于 snake 数组的第一个元素。然后用 FOOD 表示食物的大小。由于矩阵上每个格子都会处理成到达食物的路径长度，因此蛇头和食物之间需要有足够大的间隔(>HEIGHT*WIDTH)，对应代码如下。

```
HEAD = 0
FOOD = 0
UNDEFINED = (HEIGHT + 1) * (WIDTH + 1)
SNAKE = 2 * UNDEFINED
```

3）由于表示贪吃蛇的 snake 是一维数组，所以对应元素直接加上以下 4 个变量值就表示向 4 个方向移动，对应代码如下。

```
LEFT = -1
RIGHT = 1
UP = -WIDTH
DOWN = WIDTH

#错误码
ERR = -1111
```

4）在本实例中使用一维数组来表示二维的东西，其中 board 表示贪吃蛇运动的矩形场地，初始化蛇头在(1,1)的位置，即数组的第 0 行、第 0 列，WIDTH 列表示围墙，不可用。蛇的初始长度为 1 个方块，对应代码如下。

```
board = [0] * FIELD_SIZE
snake = [0] * (FIELD_SIZE+1)
snake[HEAD] = 1*WIDTH+1
snake_size = 1
#与上面变量对应的临时变量，贪吃蛇试探性地移动时使用
tmpboard = [0] * FIELD_SIZE
tmpsnake = [0] * (FIELD_SIZE+1)
tmpsnake[HEAD] = 1*WIDTH+1
tmpsnake_size = 1
```

5）使用 food 表示食物位置(0～FIELD_SIZE-1)，设置初始位置在(3，3)，best_move 表示运动方向。在列表 mov 中保存了 4 个移动方向，对应代码如下。

```
food = 3 * WIDTH + 3
best_move = ERR

#运动方向数组
mov = [LEFT, RIGHT, UP, DOWN]
```

6）key 表示接收到的键盘按键，score 表示游戏得分，这个得分和蛇长相同，对应代码如下。

```
key = pygame.K_RIGHT
score = 1 #分数也表示蛇长
```

7）编写函数 show_text()，功能是根据字体属性显示得分信息，对应代码如下。

```
def show_text(screen, pos, text, color, font_bold = False, font_size = 60,
font_italic = False):
    #获取系统字体，并设置文字大小
    cur_font = pygame.font.SysFont("宋体", font_size)
    #设置是否加粗属性
    cur_font.set_bold(font_bold)
    #设置是否斜体属性
    cur_font.set_italic(font_italic)
    #设置文字内容
```

```
text_fmt = cur_font.render(text, 1, color)
#绘制文字
screen.blit(text_fmt, pos)
```

8）编写函数 is_move_possible()，功能是检查一个方块是否被贪吃蛇蛇身覆盖，如果没有覆盖则表示 free（空闲），并返回 true，对应代码如下。

```
def is_cell_free(idx, psize, psnake):
    return not (idx in psnake[:psize])
```

9）编写函数 is_move_possible(idx, move)，功能是检查某个位置（idx）是否可以向预移动方向（move）前进，对应代码如下。

```
def is_move_possible(idx, move):
    flag = False
    if move == LEFT:
        flag = True if idx%WIDTH > 1 else False
    elif move == RIGHT:
        flag = True if idx%WIDTH < (WIDTH-2) else False
    elif move == UP:
        flag = True if idx > (2*WIDTH-1) else False #即 idx/WIDTH > 1
    elif move == DOWN:
        flag = True if idx < (FIELD_SIZE-2*WIDTH) else False #即 idx/WIDTH <
HEIGHT-2
    return flag
```

10）编写函数 board_reset()用于重置 board，在 board 经过 board_refresh 刷新后，UNDEFINED 值都变为到达食物的路径长度，对应代码如下。

```
def board_reset(psnake, psize, pboard):
    for i in range(FIELD_SIZE):
        if i == food:
            pboard[i] = FOOD
        elif is_cell_free(i, psize, psnake): #该位置为空
            pboard[i] = UNDEFINED
        else: #该位置为蛇身
            pboard[i] = SNAKE
```

11）编写函数 board_refresh()，功能是使用广度优先搜索遍历整个 board，计算出 board 中每个非 SNAKE 元素到达食物的路径长度。在使用 while 循环遍历整个 board 后，除了蛇的身体，在其他每个方格中的数字代表从它到食物的路径长度，对应代码如下。

```
def board_refresh(pfood, psnake, pboard):
    queue = []
    queue.append(pfood)
    inqueue = [0] * FIELD_SIZE
    found = False
    #while 循环结束后，除了蛇的身体，
    #其他每个方格中的数字代表从它到食物的路径长度
    while len(queue)!=0:
        idx = queue.pop(0)
```

```
            if inqueue[idx] == 1:
                continue
            inqueue[idx] = 1
            for i in range(4):
                if is_move_possible(idx, mov[i]):
                    if idx + mov[i] == psnake[HEAD]:
                        found = True
                    if pboard[idx+mov[i]] < SNAKE: #如果该点不是蛇的身体

                        if pboard[idx+mov[i]] > pboard[idx]+1:
                            pboard[idx+mov[i]] = pboard[idx] + 1
                        if inqueue[idx+mov[i]] == 0:
                            queue.append(idx+mov[i])

    return found
```

12）编写函数 choose_shortest_safe_move()，功能是从蛇头开始，根据 board 中元素值，从蛇头周围 4 个方向中选择其中最短的路径，对应代码如下。

```
def choose_shortest_safe_move(psnake, pboard):
    best_move = ERR
    min = SNAKE
    for i in range(4):
        if is_move_possible(psnake[HEAD], mov[i]) and pboard[psnake[HEAD]+mov[i]]<min:
            min = pboard[psnake[HEAD]+mov[i]]
            best_move = mov[i]
    return best_move
```

13）编写函数 choose_longest_safe_move()，功能是从蛇头开始，根据 board 中元素值，从蛇头周围的 4 个方向中选择其中最远的路径，对应代码如下。

```
def choose_longest_safe_move(psnake, pboard):
    best_move = ERR
    max = -1
    for i in range(4):
        if is_move_possible(psnake[HEAD], mov[i]) and pboard[psnake[HEAD]+mov[i]]<UNDEFINED and pboard[psnake[HEAD]+mov[i]]>max:
            max = pboard[psnake[HEAD]+mov[i]]
            best_move = mov[i]
    return best_move
```

14）编写函数 is_tail_inside()，功能是检查是否可以追着蛇尾运动，即蛇头和蛇尾间是有空方块可走的，这样做的目的是为了避免蛇头陷入死路。如果蛇头和蛇尾紧挨着则返回 False，表示不能 follow_tail，因为已经在追着蛇尾运动了，对应代码如下。

```
def is_tail_inside():
    global tmpboard, tmpsnake, food, tmpsnake_size
    tmpboard[tmpsnake[tmpsnake_size-1]] = 0 #虚拟地将蛇尾变为食物(因为是虚拟的,所以在tmpsnake,tmpboard中进行)
    tmpboard[food] = SNAKE #放置食物的位置,当作蛇身
```

```
        result = board_refresh(tmpsnake[tmpsnake_size-1], tmpsnake, tmpboard) #
求得每个位置到蛇尾的路径长度
        for i in range(4): #如果蛇头和蛇尾紧挨着，则返回 False，即不能 follow_tail，不
能追着蛇尾运动了
            if is_move_possible(tmpsnake[HEAD], mov[i]) and tmpsnake[HEAD]+
mov[i]==tmpsnake[tmpsnake_size-1] and tmpsnake_size>3:
                result = False
        return result
```

15）编写函数 follow_tail()，功能是让蛇头朝着蛇尾方向运行一步。不用管蛇身的阻挡，尽管朝蛇尾方向运行，对应代码如下。

```
def follow_tail():
    global tmpboard, tmpsnake, food, tmpsnake_size
    tmpsnake_size = snake_size
    tmpsnake = snake[:]
    board_reset(tmpsnake, tmpsnake_size, tmpboard) #重置虚拟 board
    tmpboard[tmpsnake[tmpsnake_size-1]] = FOOD #让蛇尾成为食物
    tmpboard[food] = SNAKE #让食物的位置变成蛇身
    board_refresh(tmpsnake[tmpsnake_size-1], tmpsnake, tmpboard) #求得各个位
置到达蛇尾的路径长度
    tmpboard[tmpsnake[tmpsnake_size-1]] = SNAKE #还原蛇尾

    return choose_longest_safe_move(tmpsnake, tmpboard) #返回运行方向(让蛇头运
动 1 步)
```

16）编写函数 any_possible_move()，功能是如果现在各种行走方案都不可行时，随便找一个可行的方向走 1 步，以便重新寻找路径，对应代码如下。

```
def any_possible_move():
    global food , snake, snake_size, board
    best_move = ERR
    board_reset(snake, snake_size, board)
    board_refresh(food, snake, board)
    min = SNAKE

    for i in range(4):
        if is_move_possible(snake[HEAD], mov[i]) and board[snake[HEAD]+
mov[i]]<min:
            min = board[snake[HEAD]+mov[i]]
            best_move = mov[i]
    return best_move
```

17）编写函数 new_food()，功能是生成一个新的食物，对应代码如下。

```
def new_food():
    global food, snake_size
    cell_free = False
    while not cell_free:
        w = randint(1, WIDTH-2)
        h = randint(1, HEIGHT-2)
        food = h * WIDTH + w
```

```
        cell_free = is_cell_free(food, snake_size, snake)
```

18）编写函数 make_move()，真正的贪吃蛇在这个函数中移动，每次朝 pbest_move 方位走 1 步。如果蛇头就是食物的位置，则将蛇身长增加 1，然后生成新的食物，最后重置 board（因为原来那些路径长度已经用不上了），对应代码如下。

```
def make_move(pbest_move):
    global key, snake, board, snake_size, score
    shift_array(snake, snake_size)
    snake[HEAD] += pbest_move


    #如果新加入的蛇头就是食物的位置
    #蛇长加1，产生新的食物，重置board(因为原来那些路径长度已经用不上了)
    if snake[HEAD] == food:
        board[snake[HEAD]] = SNAKE   #新的蛇头
        snake_size += 1
        score += 1
        if snake_size < FIELD_SIZE:
            new_food()
    else:   #如果新加入的蛇头不是食物的位置
        board[snake[HEAD]] = SNAKE   #新的蛇头
        board[snake[snake_size]] = UNDEFINED   #蛇尾变为空格
```

19）编写函数 virtual_shortest_move()，功能是虚拟地运行一次行走，然后再调用位置检查这次运行是否可行，如果这个行走方案确实可行后才真实运行。在虚拟运行时吃到食物后，得到虚拟蛇在 board 的位置，对应代码如下。

```
def virtual_shortest_move():
    global snake, board, snake_size, tmpsnake, tmpboard, tmpsnake_size,
food
    tmpsnake_size = snake_size
    tmpsnake = snake[:]   #如果直接tmpsnake=snake，则两者指向同一处内存
    tmpboard = board[:]   #board中已经是各位置到达食物的路径长度了，不用再计算
    board_reset(tmpsnake, tmpsnake_size, tmpboard)

    food_eated = False
    while not food_eated:
        board_refresh(food, tmpsnake, tmpboard)
        move = choose_shortest_safe_move(tmpsnake, tmpboard)
        shift_array(tmpsnake, tmpsnake_size)
        tmpsnake[HEAD] += move   #在蛇头前加入一个新的位置
        #如果新加入的蛇头的位置正好是食物的位置
        #则长度加1，重置board，食物那个位置变为蛇的一部分(SNAKE)
        if tmpsnake[HEAD] == food:
            tmpsnake_size += 1
            board_reset(tmpsnake, tmpsnake_size, tmpboard)   #虚拟运行后，蛇在
board的位置
            tmpboard[food] = SNAKE
            food_eated = True
```

```
    else: #如果蛇头不是食物的位置，则新加入的位置为蛇头，最后一个变为空格
        tmpboard[tmpsnake[HEAD]] = SNAKE
        tmpboard[tmpsnake[tmpsnake_size]] = UNDEFINED
```

20）编写函数 find_safe_way()，如果在蛇与食物之间有路径，则调用本函数，对应代码如下。

```
def find_safe_way():
    global snake, board
    safe_move = ERR
    #虚拟地运行一次，因为已经确保蛇与食物间有路径，所以执行有效
    #运行后得到虚拟下蛇在 board 中的位置，即 tmpboard
    virtual_shortest_move() #该函数唯一调用处
    if is_tail_inside(): #如果虚拟运行后，蛇头蛇尾间有通路，则选最短路运行(1步)
        return choose_shortest_safe_move(snake, board)
    safe_move = follow_tail() #否则虚拟地 follow_tail 1步，如果可以做到，返回 True
    return safe_move
```

21）编写主函数 main()，调用前面介绍的函数绘制游戏场景，并使用 AI 算法实现贪吃蛇的路径选择和吃食物功能，对应代码如下。

```
def main():
    pygame.init()
    screen_size = (SCREEN_X,SCREEN_Y)
    screen = pygame.display.set_mode(screen_size)
    pygame.display.set_caption('Snake')
    clock = pygame.time.Clock()
    isdead = False
    global score
    score = 1 #数值也表示蛇长

    while True:
        for event in pygame.event.get():
            if event.type == pygame.QUIT:
                sys.exit()
            if event.type == pygame.KEYDOWN:
                if event.key == pygame.K_SPACE and isdead:
                    return main()

        screen.fill((255,255,255))
        linelist = [((snake[0]//WIDTH)*25+12, (snake[0]%WIDTH)*25)] if snake_size==1 else []
        for i in range(snake_size):
            linelist.append(((snake[i]//WIDTH)*25+12,
(snake[i]%WIDTH)*25+12))
        pygame.draw.lines(screen, (136,0,21), False, linelist, 20)

        rect = pygame.Rect((food//WIDTH)*25,(food%WIDTH)*25,20,20)
        pygame.draw.rect(screen,(20,220,39),rect,0)
```

```
#重置矩阵
board_reset(snake, snake_size, board)

#如果蛇可以吃到食物，board_refresh 返回 True
#并且 board 中除了蛇身(SNAKE)，其他的元素值表示从该点到食物的最短路径长
if board_refresh(food, snake, board):
    best_move = find_safe_way()  #find_safe_way 的唯一调用处
else:
    best_move = follow_tail()

if best_move == ERR:
    best_move = any_possible_move()
#上面一次思考，只得出一个方向，运行一步
if best_move != ERR:
    make_move(best_move)
else:
    isdead = True

if isdead:
    show_text(screen,(100,200),'YOU DEAD!',(227,29,18),False,100)
    show_text(screen,(150,260),'press space to try again...',(0,0,22),
False,30)

#显示分数文字
show_text(screen,(50,500),'Scores: '+str(score),(223,223,223))

pygame.display.update()
clock.tick(20)
```

执行后会绘制贪吃蛇游戏场景，并使用 AI 技术自动完成贪吃蛇游戏，执行效果如图 5-3 所示。

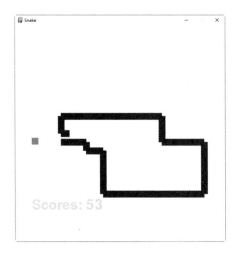

图 5-3　执行效果

6

第 6 章
当 Python 遇到 Cocos2d

Cocos2d 是一个典型的 2D 游戏开发框架，为 Python 语言提供了一个 Cocos2d 模块 cocos2d，它是基于 Pyglet 实现的。在本章的内容中，将详细讲解在 Python 中使用 Cocos2d 开发游戏项目的知识，并通过具体实例的实现过程讲解开发 Cocos2d 游戏的方法。

6.1 Cocos2d 介绍

Cocos2d 是一个基于 MIT 协议的开源框架，用于构建游戏、应用程序和其他图形界面交互的应用。通过使用 Cocos2d，可以让开发者在创建多平台游戏时节省很多时间。

6.1 Cocos2d
介绍

6.1.1 Cocos2d 的家族成员

Cocos2d 是一个巨大的开源框架，由多个家族成员组成，大家经常见到的主要版本有 Cocos2d-iPhone、Cocos2d-x、Cocos2d-html5 和 JavaScript bindings for Cocos2d-X，除此之外，Cocos2d 还提供了非常优秀的编辑器（独立编辑器）工具，例如 Cocos Studio、SpriteSheet Editors、Particle Editors、Font Editors 和 Tilemap Editors 等。Cocos2d 的家族成员构成如图 6-1 所示。

在图 6-1 中，Cocos2d 的各家族成员的具体说明如下所示。

● Cocos2d-html5：是 Cocos2d 系列引擎随着互联网技术演进而产生的一个分支，该分支基于 HTML5 规范集，目标是可对游戏进行跨平台部署。Cocos2d-html5 采用 MIT 开源协议，设计上保持 Cocos2d 家族的传统架构，并可联合 Cocos2d-x JavaScript-binding 接口，尽可能实现游戏代码在不同平台上的复用。

● JSB：是 Cocos2d-x JavaScript-binding 的缩写，是用 SpiderMonkey 引擎实现 C++ 接口到 JavaScript 的绑定方案，它可以使用 JavaScript 快速开发游戏，以更简单的语法实现功能，并且能与 Cocos2d-html5 相互兼容，使同一套代码可运行在两个平台上，这是相比使用 Lua 实现的一个明显优势。

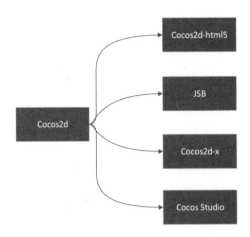

图 6-1　Cocos2d 的家族成员构成

- Cocos2d-x：是一个开源的移动 2D 游戏框架，其优势是允许开发人员使用 C++、Lua 及 JavaScript 来进行跨平台部署，覆盖平台包括 iOS、Android、Windows Phone、Windows，Mac OSX 3 及 Tizen 等，省时省力省成本。
- Cocos Studio：是一套基于 Cocos2d-x 引擎的工具集，包括 UI 编辑器、动画编辑器、场景编辑器和数据编辑器。UI 编辑器和动画编辑器主要面向美工，而场景编辑器和数据编辑器则面向游戏策划，这 4 个工具合在一起构成了一套完整的游戏开发体系，帮助开发者进一步降低开发难度、提高开发效率、减少开发成本。

6.1.2　Cocos2d–Python

为了便于 Python 使用 Cocos2d 的强大功能，Cocos2d 推出了一个专门为 Python 语言使用的第三方库 Cocos2d-Python。当需要在 Python 程序中使用 Cocos2d-Python 时，首先使用如下命令进行安装。

```
pip install cocos2d
```

下面的实例演示了使用 Python 创建第一个 Cocos2d-Python 游戏程序的过程。

实例 6-1	使用 Python 创建第一个 Cocos2d-Python 游戏
源码路径	daima\6\6-1\2dfirst.py

实例文件 2dfirst.py 的具体实现代码如下所示。

```
import cocos

class HelloWorld(cocos.layer.Layer):
    def __init__(self):
        super(HelloWorld, self).__init__()          #调用 super 构造函数
        label = cocos.text.Label(\
            'Hello, world',\
```

```
                font_name='Times New Roman',\
                font_size=32,\
                anchor_x='center', anchor_y='center')
        label.position = 320, 240            #标签位置将是屏幕的中心
        self.add(label)                      #将设置的文本添加为图层的子项

def main():
    cocos.director.director.init()
    hello_layer = HelloWorld()               #创建一个 HelloWorld 实例
    main_scene = cocos.scene.Scene(hello_layer)  #创建一个包含子层的场景“Hello,
World”
    cocos.director.director.run(main_scene)


if __name__ == '__main__':
    main()
```

1）首先使用 import 语句导入 Cocos 包。

2）定义类 HelloWorld 对图层进行子类化，并在类里定义编程的逻辑。

3）创建一个文本变量 label 表示要显示的文本，分别使用里面的关键字参数设置文本的字体、位置和对齐方式。

4）通过使用 label.position 设置在屏幕的中心显示文本。

5）因为 Label 是 CocosNode 的子类，所以可以将其添加为子级。所有 CocosNode 对象都知道如何呈现自身、执行操作和转换。在上述代码中使用函数 add(label)将设置的文本添加为图层的子项。

6）使用 director.init()初始化并创建一个窗口，然后创建一个 HelloWorld 实例 hello_layer。

7）main_scene 表示创建一个包含子层的场景"Hello，World"。

8）最后通过函数 director.run()运行创建的场景。

执行后的效果如图 6-2 所示。

图 6-2　执行效果

6.2　Cocos2d-Python 的基本应用

在 Python 程序中使用 Cocos2d-Python 开发游戏项目之前，需要先掌握使用库 Cocos2d 创建基本游戏元素的方法，例如创建层、事件和动作。在本节的内容中，将详细讲解使用库 Cocos2d 创建基本游戏元素的知识。

6.2　Cocos2d-Python 的基本应用

6.2.1　锚点和坐标系

在 Cocos2d-Python 系统中，锚点决定了游戏精灵的位置。在标签中的锚点分为 x 轴

（anchor_x）和 y 轴（anchor_y），其中 anchor_x 的取值有 left、center 和 right；anchor_y 的取值有 bottom、baseline、center 和 top。

在 Cocos2d 的坐标系统中，锚点不仅是相对距离的参考点，而且也是变换的参考点，其中游戏标签的缩放和旋转都是相对于锚点的。图 6-3 所示坐标系中有一个标签，A 是它的锚点，位置（position）就是锚点 A 相对于(0，0)的距离。

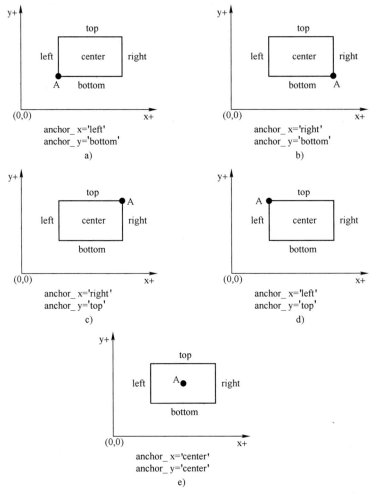

图 6-3　位置和坐标

a）位置 1　b）位置 2　c）位置 3　d）位置 4　e）位置 5

对图 6-3 的具体说明如下。

1）图 6-3a 所示锚点 A 坐标为 anchor_x='left'，anchor_y='bottom'，此时锚点位于矩形的左下角，这是锚点的默认原点。

2）图 6-3b 所示锚点 A 坐标为 anchor_x='right'，anchor_y='bottom'，此时锚点位于矩形的右下角。

3）图 6-3c 所示锚点 A 坐标为 anchor_x='right'，anchor_y='top'，此时锚点位于矩形的右上角。

4）图 6-3d 所示锚点 A 坐标为 anchor_x='left'，anchor_y='top'，此时锚点位于矩形的左上角。

5）图 6-3e 所示锚点 A 坐标为 anchor_x='center'，anchor_y='center'，此时锚点位于矩形的几何中心。

Cocos2d 使用了 OpenGL 坐标系，将 z 轴指向屏幕外，如图 6-4 所示。

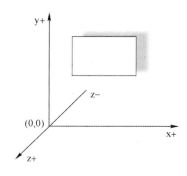

图 6-4　Cocos2d 的坐标系

6.2.2　使用 Director

Cocos2d 使用 Director（导演）这一概念，这里的导演和电影制作过程中的导演角色一样：控制电影制作流程，指导团队完成各项任务。在 Cocos2d-Python 系统中，导演的功能是通过类 Director 实现的，用来创建并且控制主屏幕的显示，同时控制场景的显示时间和显示方式。在游戏中一般只有一个导演 Director，用于控制游戏的开始、结束、暂停、场景替换和场景转换。Director 是一个共享的单例对象，可以在代码中的任何地方调用。概括来说，导演 Director 的主要功能如下。

● 访问和改变场景。

● 访问 Cocos2d 的配置信息。

● 暂停、继续和停止游戏。

● 转换坐标。

在 Cocos2d-Python 程序中使用 Director 之前，需要先用 import 语句导入 Director 模块。

```
import cocos
from cocos.director import director
```

接下来就可以在程序中使用 Director 功能了，示例代码如下。

```
cocos.director.xxx()        #调用导演方法
```

实例 6-2	在 Cocos2d-Python 游戏中创建一个层
源码路径	daima\6\6-2\Director.py

实例文件 Director.py 的具体实现代码如下所示。

```
from cocos import scene
from cocos.layer import Layer
from cocos.director import director
from cocos.sprite import Sprite

class Actors(Layer):
    def __init__(self):
        super(Actors, self).__init__()
        #创建了一个精灵对象，而不是文本。将精灵添加到对象中，而不是使其成为本地对象
        #这样做的好处是可以在其他函数中访问它
        self.actor = Sprite('assets/img/grossini.png')
        #然后把它添加到层中，类似于文本
        self.actor.position = 320, 240
        #最后把它添加到图层中
        self.add(self.actor)

#现在初始化控制器并运行场景
director.init()
director.run(scene.Scene(Actors()))
```

执行后的效果如图 6-5 所示。

图 6-5　执行效果

6.2.3　创建层

层（Layer）是处理玩家事件响应的节点（Node）子类。与场景不同，层通常包含的是直接在屏幕上呈现的内容，并且可以接受用户的输入事件，包括触摸、加速度计和键盘输入

等。我们不仅需要在层中加入精灵、文本标签或者其他游戏元素，并设置游戏元素的属性，比如位置、方向和大小，还需设置游戏元素的动作等。通常，层中的对象功能类似，耦合较紧，与层中游戏内容相关的逻辑代码也编写在层中。在组织好层后，只需要把层按照顺序添加到场景中就可以显示出来了。要想向场景中添加层，可以使用 add()方法实现。

Cocos2d-Python 节点的层级架构如图 6-6 所示。

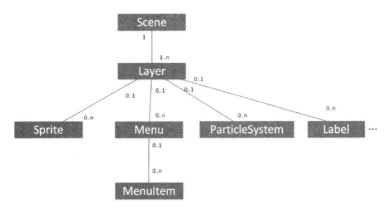

图 6-6　Cocos2d-Python 节点的层级架构

　　层是写游戏的重点，开发者大约 99%以上的时间是在层上实现游戏内容。层的管理类似于 Photoshop 中的图层，可以在其中添加精灵，也可以将层添加到场景中。通俗一点讲，游戏开发就跟拍电影一样，有导演（Director）和大背景（Scene），还有背景上的小修饰物（Layer）和人物（Sprite）。

　　请看下面的实例，功能是在 Cocos2d-Python 游戏中创建一个层。

实例 6-3	在 Cocos2d-Python 游戏中创建一个层
源码路径	daima\6\6-2\ceng.py

在实例文件 ceng.py 中创建了 3 个分层，具体实现代码如下所示。

```python
import cocos
class LayerBlue(cocos.layer.ColorLayer):     #层1
    def __init__(self):
        super(LayerBlue, self).__init__(0, 128, 128, 255,
                               width=120, height=80)
        self.position = (50, 50)


class LayerRed(cocos.layer.ColorLayer):      #层2
    def __init__(self):
        super(LayerRed, self).__init__(128, 0, 128, 255,
                               width=120, height=80)
        self.position = (100, 80)

class LayerYellow(cocos.layer.ColorLayer):  #层3
```

```
    def __init__(self):
        super(LayerYellow, self).__init__(128, 128, 0, 255,
                                        width=120, height=80)
        self.position = (150, 110)

cocos.director.director.init()
main_scene = cocos.scene.Scene()
main_scene.add(LayerBlue(), z=0)
main_scene.add(LayerRed(), z=1)
main_scene.add(LayerYellow(), z=2)
cocos.director.director.run(main_scene)
```

执行后的效果如图 6-7 所示。

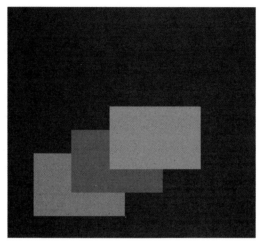

图 6-7　执行效果

6.2.4　使用精灵

精灵是游戏中非常重要的概念，在前面讲解 Pygame 的知识时，已经讲解过精灵的概念，Pygame 和 Cocos2d 中精灵的概念是完全相同的。在 Cocos2d 框架中，精灵类 Sprite 的结构如图 6-8 所示。

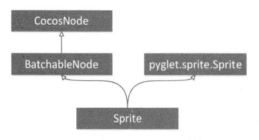

图 6-8　精灵类 Sprite 的结构

精灵类 Sprite 有两个父类：BatchableNode 和 pyglet.sprite.Sprite，其中

BatchableNode 是一种可以批量处理的节点，而类 pyglet.sprite.Sprite 来自库 Pyglet。

在 Cocos2d 程序中，使用如下构造方法创建 Sprite 精灵对象。

```
Sprite(image,                        #使用这个图片文件创建精灵
    position=(0, 0),                 #精灵的坐标
    rotation=0,                      #旋转角度，单位是度（°）
    scale=1,                         #缩放
    opacity=255,                     #不透明度，0 是完全透明，255 是完全不透明
    color=(255, 255, 255),           #精灵的颜色
    anchor=None)                     #精灵的锚点
```

在下面的实例中，在层中添加了一个图片作为游戏精灵，再定义了一个将图片放大 3 倍的动作，然后又定义了旋转图片的动作。

实例 6-4	在分层中添加动作
源码路径	daima\6\6-2\dongzuo.py

实例文件 dongzuo.py 的具体实现代码如下所示。

```
import cocos
from cocos.actions import Repeat, Reverse, ScaleBy, RotateBy

#继承了带颜色属性的层类
class HelloWorld(cocos.layer.ColorLayer):
    def __init__(self):
        #将层调成蓝色
        super(HelloWorld, self).__init__(64, 64, 224, 255)
        label = cocos.text.Label('Hello, World!',
                            font_name='Times New Roman',
                            font_size=32,
                            anchor_x='center', anchor_y='center')
        label.position = 320, 240
        self.add(label)

        #新建一个精灵,在这里是一张小孩照片
        sprite = cocos.sprite.Sprite('12345678.jpg')
        #精灵锚点默认在正中间,只设置位置就行
        sprite.position = 320, 240
        #放大 3 倍,添加到层,z 轴设为 1,比层更靠前
        sprite.scale = 3
        self.add(sprite, z=1)

        #定义一个动作,即 2 秒内放大 3 倍
        scale = ScaleBy(3, duration=2)
        #标签的动作:重复执行放大 3 倍缩小 3 倍又放大 3 倍……Repeat 为重复动作,Reverse 为
相反动作
        label.do(Repeat(scale + Reverse(scale)))
        #精灵的动作:重复执行缩小 3 倍放大 3 倍又缩小 3 倍……
```

```
    sprite.do(Repeat(Reverse(scale) + scale))
    #层的动作:重复执行 10 秒内 360°旋转
    self.do(RotateBy(360, duration=10))


cocos.director.director.init()
main_scene = cocos.scene.Scene(HelloWorld())
cocos.director.director.run(main_scene)
```

执行后的效果如图 6-9 所示。

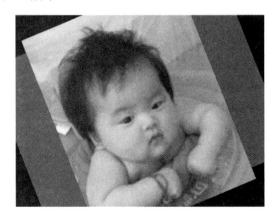

图 6-9　执行效果

请看下面的实例，功能是将 4 幅图片作为游戏中的精灵。

实例6-5	沙漠雄鹰游戏
源码路径	daima\6\6-2\Sprite.py

实例文件 Sprite.py 的具体实现代码如下所示。

```
#自定义 HelloWorld 层类
class HelloWorld(Layer):

    def __init__(self):
        super(HelloWorld, self).__init__()

        #获得窗口的宽度和高度
        self.s_width, self.s_height = director.get_window_size()

        #创建背景精灵
        background = Sprite('images/background.png')
        background.position = self.s_width // 2, self.s_height // 2
        #添加背景精灵到 HelloWorld 层
        self.add(background, -1)

        #创建精灵 mountain1
```

```
    mountain1=Sprite('images/mountain1.png',position=(360,500),scale=0.6)
    #将精灵 mountain1 添加到层
    self.add(mountain1, 1)

    #创建精灵 mountain2
    mountain2=Sprite('images/mountain2.png',position=(800,500),scale=0.6)
    #将精灵 mountain2 添加到层
    self.add(mountain2, 1)

    #创建精灵 tree
    tree = Sprite('images/tree.png', position=(360, 260), scale=0.6)
    #将精灵 tree 添加到层
    self.add(tree, 1)

    #创建精灵 hero
    hero = Sprite('images/hero.png', position=(800, 160), scale=0.6)
    #将精灵 hero 添加到层
    self.add(hero, 1)

if __name__ == '__main__':
    #初始化导演，设置窗口的高、宽、标题
    director.init(width=1136, height=640, caption='精灵示例')

    #创建 HelloWorld 层实例
    hello_layer = HelloWorld()

    #创建一个场景，并将 HelloWorld 层实例添加到场景中
    main_scene = Scene(hello_layer)

    #开始启动 main_scene 场景
    director.run(main_scene)
```

执行效果如图 6-10 所示。

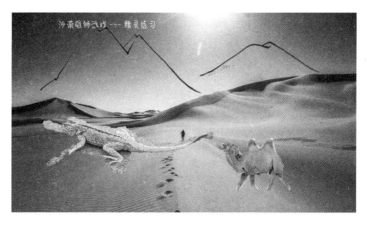

图 6-10　执行效果

6.2.5 设置背景音乐和音效

在 Cocos2d-Python 中有设置背景音乐和音效功能，此功能是借助 Pygame、SDL 和 SDL_mixer 实现的。SDL（Simple DirectMedia Layer）是一个自由的、跨平台的多媒体开发包，适用于游戏、游戏 SDK、演示软件、模拟器、MPEG 播放器等其他应用软件。SDL 音频的扩展是通过 SDL_mixer 实现的，可以支持 wav、mp3、ogg、fac 和 midi 等几种最常见的音频格式。但是 SDL_mixer 库只提供了 wav 解码播放函数，要想播放其他格式的音频则需要借助其他的库来实现。

在下面的实例中，演示了在 Cocos2d-Python 程序中借助 Pygame 为游戏设置背景音乐的方法。

实例 6-6	为游戏设置背景音乐
源码路径	daima\6\6-2\audio.py

实例文件 audio.py 的具体实现代码如下所示。

```python
from cocos import scene
from cocos.layer import Layer
from cocos.director import director
from cocos.audio.pygame.mixer import Sound
from cocos.audio.pygame import mixer

#首先需要为 SDL Sound 类创建一个包装器
#通过创建对象来实现，该对象使用传入的文件名初始化父对象
class Audio(Sound):
    def __init__(self, audio_file):
        #用传入的音频文件初始化 super 类
        super(Audio, self).__init__(audio_file)

#在这里创建层
class AudioLayer(Layer):
    def __init__(self):
        super(AudioLayer, self).__init__()
        #创建一个音频对象,设置使用音频文件 "LatinIndustries.ogg"
        song = Audio("assets/sound/LatinIndustries.ogg")
        #在初始化层时播放音频
        song.play(-1)   #将参数设置为-1，表示无限期循环播放这个音频文件

director.init()
#初始化 mixer
mixer.init()
#运行程序
director.run(scene.Scene(AudioLayer()))
```

执行后的效果如图 6-11 所示，会无限循环播放背景音频文件 "LatinIndustries.ogg"。

图 6-11　执行效果

6.3　使用事件

在 Cocos2d 的层（Layer）中可以响应用户事件，层能够自动响应窗口
事件，例如常见的键盘事件和鼠标事件。在 Cocos2d-Python 程序中，通过
Pyglet 实现事件处理。在本节的内容中，将详细讲解使用事件点缀 Cocos2d 游戏的方法。

6.3　使用事件

6.3.1　使用键盘事件

在 Cocos2d-Python 的层中主要有两个键盘事件：on_key_press 和 on_key_release，
当触发这些事件时会调用如下方法。

- on_key_press（key, modifiers）：当按下某键盘按键时，触发 on_key_pres 事件并
  调用该方法，参数 key 是被按下键的编号，参数 modifiers 用来判断是否按下
  〈Ctrl〉、〈Shift〉和〈Capslock〉等特殊键。
- on_key_release（key, modifiers）：当松开某键盘按键时，触发 on_key_release
  事件并调用该方法，参数含义与 on_key_press() 相同。

请看下面的实例，功能是监听用户按下或松开了什么键盘按键。

实例 6-7	键盘操作监听器
源码路径	daima\6\6-3\key.py

实例文件 key.py 的具体实现代码如下所示。

```
import cocos
import pyglet

#自定义 HelloWorld 层类
class HelloWorld(cocos.layer.Layer):
    is_event_handler = True

    def __init__(self):
        super(HelloWorld, self).__init__()
```

123

```
        #创建标签
        self.label = cocos.text.Label('键盘按键监听器',
                                font_name='Times New Roman',
                                font_size=32,
                                anchor_x='center', anchor_y='center')
        #获得窗口的宽度和高度
        width, height = cocos.director.director.get_window_size()
        #设置标签的位置
        self.label.position = width // 2, height // 2

        #添加标签到 HelloWorld 层
        self.add(self.label)

    def on_key_press(self, key, modifiers):
        print('on_key_pressed', key, modifiers)
        if key == pyglet.window.key.SPACE:
            self.label.element.text = '你刚刚按下的是空格键'

    def on_key_release(self, key, modifiers):
        print('on_key_release', key, modifiers)
        if key == pyglet.window.key.SPACE:
            self.label.element.text = '你刚刚释放的是空格键'

if __name__ == "__main__":
    #初始化导演，设置窗口的高、宽、标题
    cocos.director.director.init(width=640, height=480, caption="键盘事件")

    #创建 HelloWorld 层实例
    hello_layer = HelloWorld()

    #创建一个场景，并将 HelloWorld 层实例添加到场景中
    main_scene = cocos.scene.Scene(hello_layer)

    #启动 main_scene 场景
    cocos.director.director.run(main_scene)
```

执行后，会监听用户对计算机键盘按键的操作，例如按下空格键时的执行效果如图 6-12 所示。

图 6-12　按下空格键时的执行效果

6.3.2　使用鼠标事件

在 Cocos2d 层（Layer）中主要有 3 个鼠标事件：on_mouse_press、on_mouse_release 和 on_mouse_drag，当触发这些事件时会调用下面的方法：

- on_mouse_press（x，y，button，modifiers）：当按下鼠标按键时，触发 on_mouse_press 事件并调用该方法，参数 x 和 y 表示鼠标的坐标，参数 button 表示鼠标的键，鼠标有左、中、右 3 个按键，参数 modifiers 用来判断是否同时按下〈Ctrl〉、〈Shift〉和〈Caps lock〉等特殊键。
- on_mouse_release（x，y，button，modifiers）：当松开鼠标按键时，触发 on_mouse_release 事件并调用该方法，各参数的含义与方法 on_mouse_press（）的相同。
- on_mouse_drag（x，y，dx，dy，buttons，modifiers）：在鼠标拖拽时，触发 on_mouse_drag 事件并调用该方法，参数 dx 和 dy 是鼠标拖拽的距离向量，其他参数的含义与方法 on_mouse_press（）的相同。

请看下面的实例，功能是监听用户按下、松开或拖拽了什么鼠标按键。

实例 6-8	鼠标操作监听器
源码路径	daima\6\6-3\mouse.py

实例文件 mouse.py 的具体实现代码如下所示。

```python
#自定义 HelloWorld 层类
class HelloWorld(cocos.layer.Layer):
    is_event_handler = True

    def __init__(self):
        super(HelloWorld, self).__init__()
        #创建标签
        self.label = cocos.text.Label('鼠标操作监听器',
                                    font_name='Times New Roman',
                                    font_size=32,
                                    anchor_x='center', anchor_y='center')

        #获得窗口的宽度和高度
        width, height = cocos.director.director.get_window_size()
        #设置标签的位置
        self.label.position = width // 2, height // 2

        #添加标签到 HelloWorld 层
        self.add(self.label)

    def on_mouse_press(self, x, y, button, modifiers):
        print('on_mouse_press', button, modifiers)
        if button == pyglet.window.mouse.LEFT:
            self.label.element.text = '你刚刚按下的是鼠标左键'

    def on_mouse_release(self, x, y, button, modifiers):
```

```
        print('on_mouse_release', button, modifiers)
        if button == pyglet.window.mouse.LEFT:
            self.label.element.text = '你刚刚松开了鼠标左键'

    def on_mouse_drag(self, x, y, dx, dy, buttons, modifiers):
        print('on_mouse_drag', buttons, modifiers)
        print(x, y, dx, dy)
        if modifiers & pyglet.window.key.MOD_CTRL:
            self.label.element.text = '你正在按〈Ctrl〉键和拖拽鼠标...'


if __name__ == "__main__":
    #初始化导演，设置窗口的高、宽、标题
    cocos.director.director.init(width=640, height=480, caption="监听鼠标事件")

    #创建 HelloWorld 层实例
    hello_layer = HelloWorld()

    #创建一个场景，并将 HelloWorld 层实例添加到场景中
    main_scene = cocos.scene.Scene(hello_layer)

    #启动 main_scene 场景
    cocos.director.director.run(main_scene)
```

执行后，会监听用户对计算机鼠标按键的操作，例如按下鼠标左键时的执行效果如图 6-13 所示。

图 6-13　按下鼠标左键时的执行效果

在下面的实例文件中，通过使用鼠标事件获取了鼠标在窗体中的坐标信息。

实例 6-9	显示当前鼠标的坐标位置
源码路径	daima\6\6-3\shub.py

实例文件 shub.py 的具体实现代码如下所示。

```
class KeyDisplay(cocos.layer.Layer):
    is_event_handler = True
```

```python
    def __init__(self):
        super(KeyDisplay, self).__init__()

        self.text = cocos.text.Label('Keys: ', font_size=18, x=100, y=280)
        self.add(self.text)

        self.keys_pressed = set()

    def update_text(self):
        key_names = [pyglet.window.key.symbol_string(k) for k in self.keys_
pressed]
        self.text.element.text = 'Keys: ' + ','.join(key_names)

    def on_key_press(self, key, modifiers):
        #按下按键自动触发本方法
        self.keys_pressed.add(key)
        self.update_text()

    def on_key_release(self, key, modifiers):
        #松开按键自动触发本方法
        self.keys_pressed.remove(key)
        self.update_text()


class MouseDisplay(cocos.layer.Layer):
    is_event_handler = True

    def __init__(self):
        super(MouseDisplay, self).__init__()

        self.text = cocos.text.Label('Mouse @', font_size=18,
                                     x=100, y=240)
        self.add(self.text)

    def on_mouse_motion(self, x, y, dx, dy):
        #dx,dy 为向量,表示鼠标移动方向
        self.text.element.text = 'Mouse @ {}, {}, {}, {}'.format(x, y, dx, dy)

    def on_mouse_drag(self, x, y, dx, dy, buttons, modifiers):
        self.text.element.text = 'Mouse @ {}, {}, {}, {}'.format(x, y,
buttons, modifiers)

    def on_mouse_press(self, x, y, buttons, modifiers):
        #按下鼠标按键不仅更新鼠标位置,还改变标签的位置.这里使用 director.get_virtual_
coordinates(),用于保证即使窗口缩放过也能正确更新位置,如果直接用 x,y 会位置错乱,原因不明
        self.text.element.text = 'Mouse @ {}, {}, {}, {}'.format(x, y,
buttons, modifiers)
        self.text.element.x, self.text.element.y = director.get_virtual_
coordinates(x, y)
```

127

```
#这次创建的窗口带调整大小的功能
director.init(resizable=True)
main_scene = cocos.scene.Scene(KeyDisplay(), MouseDisplay())
director.run(main_scene)
```

执行后的效果如图 6-14 所示。

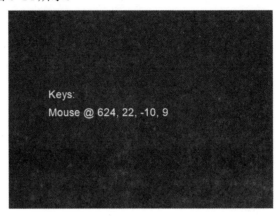

图 6-14　执行效果

6.4　使用菜单

6.4　使用菜单

游戏中的菜单是指在游戏程序界面中显示的选项列表，是为游戏玩家提供服务的项目清单等，例如"开始游戏""退出游戏""单机对战"等子菜单，再例如用图片设计的菜单。无论是文字菜单还是图片菜单，都可以用鼠标或按键选择的菜单选项。

6.4.1　Cocos2d 中的菜单

在 Cocos2d-Python 系统中，实现菜单功能的相关类分两种：菜单类 Menu 和菜单选项类 BaseMenuItem。其中菜单类 Menu 的具体结构如图 6-15 所示，菜单选项类 BaseMenuItem 的具体结构如图 6-16 所示。

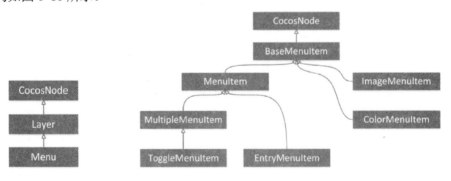

图 6-15　菜单类 Menu 的结构　　　　图 6-16　菜单选项类 BaseMenuItem 的结构

在上述类结构图中可以看出，类 Menu 继承自类 Layer。类 BaseMenuItem 是一个抽象类，在具体使用时可以使用它的 6 个子类实现菜单功能，具体说明如下。

- MenuItem：最基本形式的菜单项，可以显示文本。
- MultipleMenuItem：可以切换多种数值的菜单项。
- ToggleMenuItem：开关类菜单项，能够实现两种状态（ON 和 OFF）的切换。
- EntryMenuItem：可以键入字符的菜单项。
- ImageMenuItem：图片菜单项。
- ColorMenuItem：可以设置颜色的菜单项。

6.4.2　使用文本菜单

顾名思义，文本菜单是指菜单项的内容是用文字实现的，在菜单中只能显示文本。在 Cocos2d-Python 系统中，包括 MenuItem 文本菜单项和其子类（MultipleMenuItem、ToggleMenuItem 和 EntryMenuItem）都用文本显示。在使用文本菜单时，可以使用各个类的构造函数实现具体功能，其中文本菜单项 MenuItem 的构造方法如下。

```
MenuItem(label, callback_func, *args, **kwargs)
```

类 MultipleMenuItem 的构造方法如下。

```
MultipleMenuItem(label, callback_func, items, default_item=0)
```

类 ToggleMenuItem 的构造方法如下。

```
ToggleMenuItem(label, callback_func, value=False)
```

类 EntryMenuItem 的构造方法如下。

```
EntryMenuItem(label, callback_func, value, max_length=0)
```

在类 Menu 中提供了创建菜单选项的方法 create_menu()，此方法的语法格式如下。

```
create_menu(items,                              #要添加到菜单中的菜单项，它是一个列表类型
        selected_effect=None,                   #选中菜单项时的动画效果
        unselected_effect=None,                 #未选中菜单项时的动画效果
        activated_effect=None,                  #菜单项活动状态时的动画效果
        layout_strategy=<function verticalMenuLayout>)   #指定菜单布局策略
```

在方法 create_menu() 中可以通过不同的参数设置使用不同的动画效果来美化游戏，其中主要有如下 4 种常用的动画效果。

- shake()：振动特效。
- shake_back()：在振动特效结束后返回。
- zoom_in()：放大特效。
- zoom_out()：缩小特效。

在现实应用中，通常将 shake()和 shake_back()配合使用，将 zoom_in()和 zoom_out()配合使用。例如在下面的实例中，演示了在 Cocos2d-Python 游戏中创建文本类型菜单的过程，其中使用了震动特效。

实例 6-10	在游戏界面中添加两个菜单
源码路径	daima\6\6-4\TextMenu.py

实例文件 TextMenu.py 的具体实现代码如下所示。

```python
from cocos.menu import *
from cocos.scene import *
from cocos.layer import *

#自定义主菜单类
class MainMenu(Menu):

    def __init__(self):
        super(MainMenu, self).__init__()

        self.font_item['font_size'] = 32
        self.font_item_selected['font_size'] = 40

        item1 = MenuItem('开始', self.on_item1_callback)
        item2 = ToggleMenuItem('音效', self.on_item2_callback, False)

        self.create_menu([item1, item2],
                    selected_effect=shake(),
                    unselected_effect=shake_back())

    def on_item1_callback(self):
        print('刚刚使用了 MenuItem')

    def on_item2_callback(self, value):
        print('刚刚使用了 ToggleMenuItem', value)

if __name__ == "__main__":
    #初始化导演
    director.init(caption="文本菜单例子")
    #创建主菜单
    main_menu = MainMenu()
    #创建主场景
    main_scene = Scene(main_menu)
    #启动场景
    director.run(main_scene)
```

在上述代码中分别使用了两种菜单类型：普通菜单 MenuItem 和开关菜单 ToggleMenuItem，并且当鼠标悬停在菜单上面时会通过函数 shake()实现震动效果，执行效果如图 6-17 所示。

图 6-17　执行效果

在下面的实例文件 2d.py 中，首先新建一个简单的层（Layer），在这个层里面显示一个
"欢迎进入游戏"的 label，然后分别新建两个 menu 层 MainMenu1 和 MainMenu，最后显示各层
layer 中的内容。设置单击"开始游戏"后会显示文本"游戏开始了"，单击"关闭游戏"后会
关闭当前窗体。

实例 6-11	为菜单添加事件
源码路径	daima\6\6-3\2d.py

实例文件 2d.py 的具体实现代码如下所示。

```python
import sys
import os
sys.path.insert(0,os.path.join(os.path.dirname(__file__),'..'))
path = os.path.join(os.path.dirname(__file__)) + "cocos"
sys.path.insert(0,path)
from cocos.menu import *
from cocos.scene import *
from cocos.layer import *
from cocos.text  import *
class Hello(Layer):
    def __init__(self):
        super(Hello,self).__init__()
        self.label=Label('欢迎进入游戏',
         font_name='Times New Roman',
         font_size=32,
         anchor_x='center',anchor_y='center')
        self.label.position=320,240
        self.add(self.label)

class MainMenu1(Menu):
    def __init__(self,hello):
        super(MainMenu1,self).__init__()
```

```
            self.hello=hello
            self.menu_valign=BOTTOM
            self.menu_halign=LEFT
            items = [
                    (MenuItem('开始游戏',self.on_quit)),
                    ]
            self.create_menu(items,selected_effect=zoom_in(),unselected_effect=
zoom_out())

        def on_quit(self):
            self.hello.label.element.text="游戏开始了!!! "


    class MainMenu(Menu):
        def __init__(self):
            super(MainMenu,self).__init__()

            self.menu_valign = BOTTOM
            self.menu_halign = RIGHT

            items =[
                    (MenuItem('关闭游戏',self.on_quit)),
                    ]
            self.create_menu(items,selected_effect=zoom_in(),unselected_effect=
zoom_out())

        def on_quit(self):
            pyglet.app.exit()

    if __name__== "__main__":
        director.init()
        hello_layer=Hello()
        main_scene=Scene(hello_layer)
        main_scene.add(MainMenu())
        main_scene.add(MainMenu1(hello_layer ))
        director.run(main_scene)
```

执行后的效果如图 6-18 所示，使用鼠标左键单击"开始游戏"后的效果如图 6-1 所示。

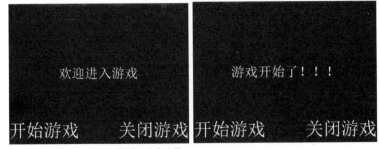

初始效果点击"开始游戏"后的效果

图 6-18　执行效果

6.4.3　使用图像菜单

图像菜单是指菜单项的内容是用图像实现的。通过使用素材图片作为菜单选项的好处是：能够使游戏界面变得更加美观绚丽。在 Cocos2d-Python 系统中，图片菜单项 ImageMenuItem 构造方法如下。

```
ImageMenuItem(image, callback_func, *args, **kwargs)
```

下面的实例演示了在 Cocos2d-Python 游戏中创建图像菜单的过程。

实例 6-12	为《沙漠雄狮》游戏添加 3 个图像菜单
源码路径	daima\6\6-4\ImageMenu.py

实例文件 ImageMenu.py 的具体实现代码如下所示。

```python
#自定义层类 GameLayer
class GameLayer(Layer):

    def __init__(self):
        super(GameLayer, self).__init__()
        #获得窗口的宽度和高度
        s_width, s_height = director.get_window_size()
        #创建背景精灵
        background = Sprite('images/game-bg.png')
        background.position = s_width // 2, s_height // 2
        #添加背景精灵
        self.add(background, 0)

#自定义主菜单类
class MainMenu(Menu):

    def __init__(self):
        super(MainMenu, self).__init__()
        #初始化设置菜单项
        self.font_item['font_size'] = 160
        self.font_item['color'] = (255, 255, 255, 255)
        self.font_item_selected['color'] = (230, 230, 230, 255)
        self.font_item_selected['font_size'] = 160

        start_item = ImageMenuItem('images/start-up.png',
                            self.on_start_item_callback)
        setting_item = ImageMenuItem('images/setting-up.png',
                            self.on_setting_item_callback)
        help_item = ImageMenuItem('images/help-up.png',
                            self.on_help_item_callback)

        self.create_menu([start_item, setting_item, help_item],
                    layout_strategy=fixedPositionMenuLayout(
```

```
                            [(700, 470), (480, 240), (860, 160)]]))

    def on_start_item_callback(self):
        print('on_start_item_callback')

    def on_setting_item_callback(self):
        print('on_setting_item_callback')

    def on_help_item_callback(self):
        print('on_help_item_callback')

if __name__ == '__main__':
    #初始化导演，设置窗口的高度、宽度和标题
    director.init(width=1136, height=640, caption='图片菜单例子')

    #创建主场景，并添加 GameLayer 对象到主场景
    main_scene = Scene(GameLayer())
    #添加 MainMenu 主菜单对象到主场景
    main_scene.add(MainMenu())

    #启动 main_scene 场景
    director.run(main_scene)
```

在上述代码中分别使用 3 张素材图片创建了 3 个图像菜单选项，执行效果如图 6-19 所示。

图 6-19　执行效果

6.5　Cocos2d-Python 版本的贪吃蛇游戏

在前面的内容中，曾经讲解过使用 Pygame 实现贪吃蛇游戏的方法，也讲解过使用 AI 实现贪吃蛇游戏的方法。在本节的内容中，将介

6.5　Cocos2d-Python 版本的贪吃蛇游戏

绍在 Python 程序中借助于 Cocos2d 开发贪吃蛇游戏的方法，展示 Cocos2d 在二维游戏中的魅力。

实例 6-13	Cocos2d-Python 版本的贪吃蛇游戏
源码路径	daima\6\6-5\snake

6.5.1　设置背景音效

编写实例文件 sound.py，功能是加载指定的音频作为背景音乐，并分别设置蛇吃到食物时的音效和游戏结束时的音效。文件 sound.py 的具体实现代码如下所示。

```python
import pyglet
class Sound():
    def __init__(self):
        #加载游戏背景音乐
        self.player1 = pyglet.media.Player()
        bgm = pyglet.media.load('res\\BGM.wav')
        self.player1.queue(bgm)

    def BGM_play(self, play=False):
        if play: #True 则播放
            self.player1.play()
        else:    #False 则暂停播放
            self.player1.pause()
    def gameover(self):
        self.player1.pause()
        pyglet.media.load('res\\gameover.wav').play()
    def getfood(self):
        pyglet.media.load('res\\getfood.wav').play()
```

6.5.2　实现游戏界面

编写程序文件 snake.py，具体实现流程如下所示。

1）定义系统中需要的常量，加载场景和背景素材图片，具体实现代码如下所示。

```python
#定义常量
MARGIN = 10      #边框 10 像素
GRID = 20        #默认单位格 20 像素，用于放缩
PIXEL = 40       #资源图片像素大小，便于放缩和修改图片清晰度
NORTH = 0        #北方
EAST = 1         #东方
SOUTH = 2        #南方
WEST = 3         #西方

#为 res 资源文件添加搜索路径
pyglet.resource.path = ["res"]
pyglet.resource.reindex()
```

```python
class MainScene(cocos.layer.Layer):
    def __init__(self):              #初始化主场景
        super(MainScene, self).__init__()
        self.add(Grass())            #载入 Grass 场景


class Grass(cocos.layer.Layer):
    is_event_handler = True    #接收事件消息

    def __init__(self):        #初始化场景
        super(Grass, self).__init__()
        #设置草地效果
        background = cocos.sprite.Sprite('background.jpg')
        background.position = 310, 220
        self.add(background)
        #实例化一条蛇
        self.snake = Snake()
        self.add(self.snake)

    def on_key_press(self, key, modifiers):
        #print("KEYPRESSED")
        self.snake.key_pressed(key)
```

2）在游戏界面中分别初始化蛇的头部和身子，然后放置食物，并播放背景音乐和显示得分，具体实现代码如下所示。

```python
class Snake(cocos.cocosnode.CocosNode):
    def __init__(self):
        super(Snake, self).__init__()
        #初始化一些参数
        self.is_dead = False    #控制死亡的 flag
        self.speed = 0.2  #1 秒每帧
        #初始化蛇的头部
        self.head = cocos.sprite.Sprite('head.png')
        self.head.scale = GRID / PIXEL
        self.head.direction_new = random.randint(0, 3)   #随机取得初始方向
        self.head.rotation = (self.head.direction_new - 2) * 90
        self.head.direction_old = self.head.direction_new
        self.head.position=10*GRID+MARGIN+GRID/2,10*GRID+MARGIN+GRID/2
        self.add(self.head, z=1)
        #初始化蛇的身子
        self.body = []  #创建一个 list 存储身子
        self.body.append(self.head)   #把 head 对象的引用传进 body，便于访问
        #预先添加 3 节身子
        for i in range(1, 4):
            a_body = cocos.sprite.Sprite('body.png')
            a_body.scale = GRID / PIXEL   #PIXEL 为图片像素大小
            x=self.body[i-1].position[0]+[0,-1,0,1][self.body[0].direction_new]*GRID
```

```
            y=self.body[i-1].position[1]+[-1,0,1,0][self.body[0].direction_new]*GRID
            a_body.position = x, y
            self.add(a_body)
            self.body.append(a_body)
        self.get_food = False    #控制是否得到食物的 flag
        #放置食物
        self.food = cocos.sprite.Sprite('food.png')
        self.food.scale = GRID / PIXEL
        self.add(self.food)
        self.put_food()

        #播放音乐
        self.music = sound.Sound()
        self.music.BGM_play(True)

        #计分
        self.score = 0
        self.scoreLabel = cocos.text.Label('score: 0',
                                    font_name='Microsoft YaHei',
                                    font_size=9,
                                    color=(255, 215, 0, 255))
        self.scoreLabel.position = 15, 412
        self.add(self.scoreLabel)
        #每隔 SPEED 秒调用 self.update()
        self.schedule_interval(self.update, self.speed)

    def put_food(self):
        #随机放置食物
        while 1:
            position=(MARGIN+random.randint(0,600//GRID-1)*GRID+GRID/2,
                    MARGIN+random.randint(0,400//GRID-1)*GRID+GRID/2)
            if position not in[x.position for x in self.body]:#防止食物放到蛇身上
                break
        self.food.position = position
```

3）通过函数 update（）刷新游戏界面，分别实现判断蛇头方向和判断是否撞死功能，在蛇的移动过程中判断是否吃到食物，具体实现代码如下所示。

```
    def update(self, dt):
        #刷新帧时的逻辑处理函数
        #判断蛇头方向是否应该改变
        #NORTH=0, EAST=1, SOUTH=2, WEST=3
        if self.head.direction_old != self.head.direction_new:
            #如果蛇头方向改变，旋转蛇头图片
            self.head.rotation = (self.head.direction_new - 2) * 90    #顺时针为
正数,逆时针为负数，用度衡量旋转角度
            self.head.direction_old = self.head.direction_new
        #计算下一帧数的坐标 x,y
        x=self.head.position[0]+[0,1,0,-1][self.head.direction_new] * GRID
        y=self.head.position[1]-[-1,0,1,0][self.head.direction_new] * GRID
```

```
new_position = x, y
#判断是否将要撞死
if new_position[0]==MARGIN-GRID/2 or new_position[1]==MARGIN-GRID/2 or(
            new_position[0]==MARGIN+GRID/2+600 or new_position[
        1] == MARGIN + GRID / 2 + 400):  #检查是否撞墙
    self.crash()
    return
for i in range(1, len(self.body) - 1):  #检查是否撞到自己的身体
    if new_position == self.body[i].position:
        self.crash()
        return
#判断是否将要得到食物,如果是的话加一节蛇身子,并重新放置食物
if new_position == self.food.position:
    self.gotfood()

#移动蛇
#for i in range(len(self.body)-1, 0, -1):
#self.body[i].position=self.body[i-1].position
#self.head.position=new_position
#改为只移动尾巴,减少刷新次数,可能会提高效率
self.body[-1].position = self.head.position
self.head.position = new_position
self.body = [self.head] + self.body[-1:] + self.body[1:-1]
```

4）通过函数 gotfood()实现蛇吃到食物时的功能，会增加蛇身、播放对应音效、再次放置新食物、提高蛇移动速度，具体实现代码如下所示。

```
def gotfood(self):
    #添加蛇身
    new_body = cocos.sprite.Sprite('body.png')
    new_body.position = self.body[-1].position
    new_body.scale = GRID / PIXEL
    self.add(new_body)
    self.body.append(new_body)
    #随机放置食物
    self.put_food()
    #加分
    self.score += 5
    self.scoreLabel.element.text = "score: " + str(self.score)
    #播放吃到食物的音效
    self.music.getfood()
    #提速,加大游戏难度
    self.speed *= 0.95
    self.unschedule(self.update)
    self.schedule_interval(self.update, self.speed)
```

5）编写函数 crash()实现蛇撞死后的处理功能，显示对应素材图片和音效、退出程序，具体实现代码如下所示。

```
def crash(self):
    #撞死后的善后处理函数

    self.is_dead = True
    #出现眩晕星星
    stars = cocos.sprite.Sprite("stars.png")
    stars.position = self.head.position
    stars.scale = GRID / PIXEL * 0.8
    stars.do(cocos.actions.Repeat(cocos.actions.Rotate(720, 2)))
    self.add(stars)
    #背景音乐停止，播放结束音效
    self.music.gameover()
    #卸载 self.update()
    self.unschedule(self.update)
```

6）编写函数 key_pressed()监听键盘按键来控制蛇的移动，具体实现代码如下所示。

```
def key_pressed(self, key):
    print("KEY PRESS")
    if key == 65361 and self.head.direction_old != EAST:    #按左方向键
        self.head.direction_new = WEST
    elif key == 65362 and self.head.direction_old != SOUTH:  #按上方向键
        self.head.direction_new = NORTH
    elif key == 65363 and self.head.direction_old != WEST:   #按右方向键
        self.head.direction_new = EAST
    elif key == 65364 and self.head.direction_old != NORTH:  #按下方向键
        self.head.direction_new = SOUTH


cocos.director.director.init(width=600 + MARGIN * 2, height=420 + MARGIN *
2, caption="Gluttonous snake")
cocos.director.director.run(cocos.scene.Scene(Grass()))
```

执行后的效果如图 6-20 所示。

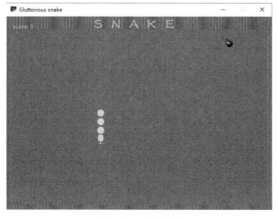

图 6-20　执行效果

第 7 章
Cocos2d 进阶

在本书第 6 章的内容中，已经学习了使用 Cocos2d 开发 Python 游戏项目的知识。因为 Cocos2d 在游戏开发领域有着十分重要的地位，深受广大开发者的喜爱，所以在本章中将进一步讲解 Cocos2d 的开发知识，详细讲解 Cocos2d-Python 进阶方面的内容，并通过具体实例的实现过程讲解这些知识点的使用方法。

7.1 动作、转换和效果

在 Cocos2d 游戏界面中，通过动作（Action）激活游戏，每个精灵之间的碰撞和交互都离不开 Action。并且不同的动作可以相互转换，从而实现不同的效果。在本节的内容中，将详细讲解在 Cocos2d-Python 中使用动作、转换和效果的知识。

7.1 动作、转换和效果

7.1.1 动作

在 Cocos2d 中包含了很多种动作，例如缩放、移动、旋转、变色和闪烁等。在 Cocos2d-Python 中，动作类 Action 的结构如图 7-1 所示。动作类 Action 有一个直接子类 IntervalAction，IntervalAction 有一个直接子类 InstantAction。其中 IntervalAction 是间隔动作，InstantAction 是瞬时动作。

动作的管理是由节点 Node 负责的，任何节点都可以管理动作，如精灵、菜单、层，甚至场景都可以管理动作。使用节点管理动作的常用方法如下。

图 7-1 动作类 Action 的结构

- do(template_action)：执行动作。
- action_remove(worker_action)：中断动作。
- pause()：暂停所有动作。
- resume()：继续执行所有动作。

- stop()：停止所有动作。
- are_actions_running()：是否有正在执行的动作。

动作就像赋予任何 CocosNode 对象的命令，这些动作通常会修改对象的某些属性，如 position、rotation、scale 等属性。例如动作 MoveBy 会在一段时间内修改 position 属性的值，请看下面的代码，动作 MoveBy 会在 2 秒内将一个精灵向右移动 50 个像素，向顶部移动 100 个像素。

```
sprite.do( MoveBy( (50,100), duration=2 ) )
```

在 Cocos2d-Python 中，与时间有关的动作分 3 类，具体如下所示。

1）InstantAction：瞬时动作，表示需要立即完成的动作，例如下面的代码会将精灵立即移动到（120，330）的位置。

```
sprite.do( Place( (120, 330) ))
```

2）IntervalAction：延时/持续/间隔动作，会一步一步地进行更改。该动作的执行将会持续一段时间，因此持续动作的静态生成函数，往往附带一个时间值 duration。在 IntervalAction 中包含如下常用的属性。

- Accelerate：重力加速器。
- AccelDeccel：加速度，有相应幅度参数的动作，附带动作时间，有变速效果。
- Speed：速度。

3）Action：可以实现具体动作，但是在实例化时不知道持续时间，或者这个动作将"永远"持续下去。

在 Cocos2d-Python 中，所有相对动作（以"By"结尾的动作）和某些绝对动作（以"To"结尾的动作）都有一个反向动作，反向动作以相反的方向执行。

下面的实例演示了使用 4 种动作操作精灵的过程。

实例 7-1	控制神兽骆驼的移动
源码路径	daima\7\7-1\Instant.py

实例文件 Instant.py 的主要实现代码如下所示。

```
#定义全局变量 hero
hero = None
#自定义层类 GameLayer
class GameLayer(ColorLayer):
    def __init__(self):
        super(GameLayer, self).__init__(255, 255, 255, 255)
        #声明全局变量 hero
        global hero
        #创建 hero 精灵
        hero = Sprite('assets/camel.png')
        hero.position = 560, 320
```

141

```
            self.add(hero)

#自定义主菜单类
class MainMenu(Menu):

    def __init__(self):
        super(MainMenu, self).__init__()
        #初始化设置菜单项
        self.font_item['font_size'] = 20
        self.font_item['color'] = (0, 0, 0, 255)
        self.font_item_selected['color'] = (0, 0, 0, 255)
        self.font_item_selected['font_size'] = 26

        item1 = MenuItem('Hide', self.on_callback1)
        item2 = MenuItem('Show', self.on_callback2)
        item3 = MenuItem('ToggleVisibility', self.on_callback3)
        item4 = MenuItem('Place', self.on_callback4)

        x = 120
        y = 560
        step = 50

        self.create_menu([item1, item2, item3, item4],
                    layout_strategy=fixedPositionMenuLayout(
                        [(x, y), (x, y - step),
                        (x, y - 2 * step),
                        (x, y - 3 * step)]))

    def on_callback1(self):
        hero.do(Hide())

    def on_callback2(self):
        hero.do(Show())

    def on_callback3(self):
        hero.do(ToggleVisibility())

    def on_callback4(self):
        hero.do(Place((800, 500)))

if __name__ == '__main__':
    #初始化导演，设置窗口的高度、宽度和标题
    director.init(width=1136, height=640, caption='瞬时动作示例')

    #创建主场景，并添加 GameLayer 到场景
    main_scene = Scene(GameLayer())
    #添加主菜单到场景
    main_scene.add(MainMenu())

    #启动 main_scene 场景
```

```
director.run(main_scene)
```

在上述代码中用到了 4 种动作：Hide、Show、ToggleVisibility、Place，通过游戏界面左上角中的菜单选项，可以分别使用这4种动作控制精灵，执行效果如图 7-2 所示。

Hide

Show

ToggleVisibility

Place

图 7-2　执行效果

7.1.2　基本动作

在 Cocos2d-Python 中，基本动作主要用于实现常见的属性操作，具体说明如下。

（1）位置属性

● MoveBy：将精灵从当前坐标点移动给定的距离。

● MoveTo：将精灵移动到指定的坐标点。

● JumpBy：让某一个精灵跳跃一段距离，请看下面的代码，功能是让精灵在 6 秒内做 5 次跳跃动作。

```
#将精灵向右上跳跃 200 像素
action = JumpBy((100,100),200, 5, 6)   #在 6 秒内，做 5 次跳跃
sprite.do(action)
```

● JumpTo：让一个精灵跳跃到某个坐标位置，请看下面的代码，功能是让精灵在 6 秒内，以 50 像素的高度跳跃 5 次。

```
action = JumpTo(50,200, 5, 6) #向右移动精灵 200 像素，在 6 秒内，以 50 像素的高度跳 5 次
sprite.do(action)
```

● Bezier：让精灵实现贝塞尔曲线移动，请看下面的代码，功能是让精灵在 15 秒后按 bezier_conf.path1 设置的贝塞尔曲线路径移动。

```
action = Bezier(bezier_conf.path1, 5)
sprite.do(action)
```

143

- Place：功能是将 CocosNode 对象放在位置(x，y)，例如下面的代码。

```
action = Place((320,240))
sprite.do(action)
```

（2）缩放属性

- ScaleBy：在原来倍数的基础上进行缩放，例如下面的代码。

```
#在 2 秒内缩放精灵 5 倍
action = ScaleBy(5, 2)
sprite.do(action)
```

- ScaleTo：在指定的时间内缩放到目标参数大小，例如下面的代码。

```
#在 2 秒内将精灵缩放到 5 倍
action = ScaleTo(5, 2)
sprite.do(action)
```

（3）旋转属性

- RotateBy：在指定时间内旋转指定的度数，例如下面的代码。

```
#在 2 秒内旋转精灵 180°
action = RotateBy(180, 2)
sprite.do(action)
```

- RotateTo：通过设置的旋转属性将精灵旋转到某个角度，方向将由最小的角度决定，例如下面的代码。

```
#在 2 秒内将精灵旋转到 180°
action = RotateTo(180, 2)
sprite.do(action)
```

（4）可见属性

- Show：显示对象的内容，如果要隐藏它，请使用 Hide，例如下面的代码。

```
action = Show()
sprite.do(action)
```

- Hide：隐藏对象的内容，如果要再次显示它，请使用 Show，例如下面的代码。

```
action = Hide()
sprite.do(action)
```

- Blink：设置让精灵闪烁，例如下面代码的功能是让精灵在 2 秒内闪烁 10 次。

```
action = Blink(10, 2)
sprite.do(action)
```

- ToggleVisibility：切换可见属性。

（5）不透明属性

● FadeIn：修改不透明度，从暗逐渐变亮。

● FadeOut：修改不透明度，从亮逐渐变消失。

● FadeTo：修改不透明度，从亮逐渐变暗。

下面实例的功能是使用上述基本动作移动有淡入效果的精灵。

实例 7-2	会移动的精灵
源码路径	daima\7\7-1\basci.py

实例文件 basci.py 的具体实现代码如下所示。

```python
import cocos
from cocos.layer import Layer, ColorLayer
from cocos import layer
from cocos.sprite import Sprite
from cocos.actions import *
from cocos.director import director

class Actions(ColorLayer):
    def __init__(self):
        super(Actions, self).__init__(52, 152, 219, 1000)

        #用 cocos 初始化一个 sprite 精灵，将下面路径的图像作为精灵
        self.sprite = Sprite('assets/img/grossini.png')

        #把精灵的位置设置在屏幕中央
        self.sprite.position = 320, 240

        #下面开始让精灵执行所有的动作
        self.fade_in()
        self.move_left()

    def fade_in(self):
        #首先创建一个 FadeIn 动画对象
        fade_action = FadeIn(2)

        #将精灵不透明度设置为 0，这样它就不会在屏幕上闪烁了
        self.sprite.opacity = 0

        #把精灵添加到屏幕上
        self.add(self.sprite, z=1)

        #开始实现 2 秒的淡入效果
        self.sprite.do(fade_action)

    def move_left(self):
        #创建一个 MoveBy 动画对象，设置它在 X 轴上移动-150，在 Y 轴上移动 0，一共花费 2 秒
完成移动动作
```

```
        left = MoveBy((-150, 0), 2)

        #最后让精灵向左移动
        self.sprite.do(left)

#初始化控制器并运行层（这是 cocos 程序的固定用法）
director.init()
director.run(cocos.scene.Scene(Actions()))
```

执行后会移动淡入效果的精灵，如图 7-3 所示。

图 7-3　执行效果

再看下面的实例，演示了使用上述常用的基本动作来操作精灵的方法。

实例 7-3	使用动作操作泰山风景图
源码路径	daima\7\7-1\Interval.py

实例文件 Interval.py 的具体实现流程如下所示。

1）定义全局变量 hero，然后自定义层类 GameLayer，在里面创建精灵，并设置精灵的所在位置，具体实现代码如下。

```
#定义全局变量 hero
hero = None

#自定义层类 GameLayer
class GameLayer(ColorLayer):

    def __init__(self):
        super(GameLayer, self).__init__(255, 255, 255, 255)
        #声明全局变量 hero
```

```
global hero
#创建 hero 精灵
hero = Sprite('assets/tai.jpg')
hero.position = 560, 320
self.add(hero)
```

2）定义主菜单类 MainMenu，分别设置在菜单中显示文字的字体、大小和颜色，并设置 11 个子菜单的显示内容，通过方法 create_menu（）在游戏界面创建菜单选项，具体实现代码如下。

```
#自定义主菜单类
class MainMenu(Menu):
    def __init__(self):
        super(MainMenu, self).__init__()
        #初始化设置菜单项
        self.font_item['font_size'] = 20
        self.font_item['color'] = (0, 0, 0, 255)
        self.font_item_selected['color'] = (0, 0, 0, 255)
        self.font_item_selected['font_size'] = 26
        item1 = MenuItem('MoveBy', self.on_callback1)
        item2 = MenuItem('MoveTo', self.on_callback2)
        item3 = MenuItem('JumpBy', self.on_callback3)
        item4 = MenuItem('JumpTo', self.on_callback4)
        item5 = MenuItem('ScaleBy', self.on_callback5)
        item6 = MenuItem('ScaleTo', self.on_callback6)
        item7 = MenuItem('RotateBy', self.on_callback7)
        item8 = MenuItem('RotateTo', self.on_callback8)
        item9 = MenuItem('FadeTo', self.on_callback9)
        item10 = MenuItem('FadeIn', self.on_callback10)
        item11 = MenuItem('FadeOut', self.on_callback11)


        x = 120
        y = 560
        step = 45
        self.create_menu(
            [item1, item2, item3, item4, item5, item6, item7, item8, item9,
item10, item11],
            layout_strategy=fixedPositionMenuLayout(
                [(x,y),(x,y-step),(x,y-2*step),(x,y-3*step),(x,y-4*step),
                (x,y-5*step),(x,y-6*step),(x,y-7*step),(x, y-8*step),
                (x, y - 9 * step), (x, y - 10 * step)]))
```

3）为每个菜单选项中的动作编写对应的鼠标按键处理函数，具体实现代码如下。

```
    def on_callback1(self):  #MoveBy
        hero.do(MoveBy((100, 100), duration=2))

    def on_callback2(self):  #MoveTo
```

```
            hero.do(MoveTo((560, 320), duration=2))

    def on_callback3(self):  #JumpBy
        action = JumpBy((200, 200), height=30, jumps=5, duration=2)
        hero.do(action)

    def on_callback4(self):  #JumpTo
        action = JumpTo((850, 450), height=30, jumps=5, duration=2)
        hero.do(action)

    def on_callback5(self):  #ScaleBy
        action = ScaleBy(0.5, duration=2)
        hero.do(action)

    def on_callback6(self):  #ScaleTo
        action = ScaleTo(2, duration=2)
        hero.do(action)

    def on_callback7(self):  #RotateBy
        action = RotateBy(-180, duration=2)
        hero.do(action)

    def on_callback8(self):  #RotateTo
        action = RotateTo(180, duration=2)
        hero.do(action)

    def on_callback9(self):  #FadeTo
        hero.do(FadeTo(80, 2))

    def on_callback10(self):  #FadeIn
        hero.do(FadeIn(3))

    def on_callback11(self):  #FadeOut
        hero.do(FadeOut(3))
```

4）初始化显示导演信息，分别设置窗口的高度、宽度和标题，将菜单添加到场景中，最后启动 main_scene 场景，具体实现代码如下。

```
if __name__ == '__main__':
    #初始化导演，设置窗口的高度、宽度和标题
    director.init(width=1136, height=640, caption='间隔动作示例')

    #创建主场景，并添加 GameLayer 到场景
    main_scene = Scene(GameLayer())
    #添加主菜单到场景
    main_scene.add(MainMenu())

    #启动 main_scene 场景
    director.run(main_scene)
```

执行后的效果如图 7-4 所示。

图 7-4   执行效果

7.1.3   特殊动作

（1）时间动作

● Delay：将操作延迟一定的时间，例如下面的代码能够让动作延迟 2.5 秒后执行。

```
action = Delay(2.5)
sprite.do(action)
```

● RandomDelay：将操作延迟在 min～max 秒之间，例如下面的代码。

```
action = RandomDelay(2.5, 4.5)        #将动作延迟 2.5～4.5 秒后执行
sprite.do(action)
```

（2）监听动作

● CallFunc：作用是调用一个函数，但是被调用的函数不能有参数。这是一种特殊的
动作，它是看不见的，不像之前我们用的动作都非常具体，比如移动、跳跃、旋转
等。用 CallFunc 可以实现动作监听。比如，想让一个精灵在移动到目的地之后，通
知我们它到了，这就可以用 CallFunc 来实现。请看下面的代码，功能是通过
CallFunc 执行函数 my_func()。

```
def my_func():
    print("hello baby")

action = CallFunc(my_func)
sprite.do(action)
```

● CallFuncS：作用是调用一个函数，被调用的函数可以有参数，例如下面的代码。

```
def my_func(sprite):
    print("hello baby")


action = CallFuncS(my_func)
sprite.do(action)
```

（3）网格动作

● StopGrid：功能是禁用当前网格动作。在完成每一个网格动作后，都会在屏幕上留下一定的网格图形。此图形将一直显示，直到执行 StopGrid 或其他网格操作。网格动作类似于特效，可以实现翻转、抖动、震荡、水波纹等效果。

● ReuseGrid：将在下一个网格动作中重用当前网格，并且下一个网格动作必须具有以下属性。

  ➢ 与当前类别相同（Grid3D 或 tiledgerid3d）。

  ➢ 与当前网格同样大小。

如果满足上述两个条件，则下一个网格动作将作为原始顶点或最初的当前顶点。

（4）翻转扑克牌动作

OrbitCamera：实现翻转扑克牌特效，将精灵沿屏幕中心进行球面轨迹旋转。

请看下面的实例，演示了使用上述特殊动作来操作精灵的方法。

实例 7-4	使用特殊动作操作精灵
源码路径	daima\7\7-1\teshu.py

实例文件 teshu.py 的具体实现流程如下所示。

1）定义全局变量 hero，然后自定义层类 GameLayer，在里面创建精灵，并设置精灵的所在位置，具体实现代码如下。

```
hero = None
#自定义层类 GameLayer
class GameLayer(ColorLayer):
    def __init__(self):
        super(GameLayer, self).__init__(255, 255, 255, 255)
        #声明全局变量 hero
        global hero
        #创建 hero 精灵
        hero = Sprite('assets/camel.png')
        hero.position = 560, 320
        self.add(hero)
```

2）定义主菜单类 MainMenu，分别设置在菜单中显示文字的字体、大小和颜色，并设置 1 个子菜单的显示内容，通过方法 create_menu()在游戏界面创建菜单选项，具体实现代码如下。

3）为菜单选项编写对应的鼠标按键处理函数，首先定义函数 my_func()，功能是调用动作 Hide 隐藏精灵，然后定义函数 on_callback1()，功能是当用户单击游戏界面中的菜单后调用函数 my_func()实现对精灵的操作，具体实现代码如下。

```python
def my_func(self):
    hero.do(Hide())

def on_callback1(self):
    action = CallFunc(self.my_func)
    hero.do(action)
```

4）初始化显示导演信息，分别设置窗口的高度、宽度和标题，将菜单添加到场景中，最后启动 main_scene 场景。

执行后的初始效果如图 7-5 所示，单击"使用 CallFunc"菜单项后会隐藏精灵，如图 7-6 所示。

使用CallFunc   使用CallFunc

　　　图 7-5　初始执行效果　　　　　　　图 7-6　隐藏精灵后的效果

7.1.4　组合和修改动作

在 Cocos2d-Python 程序中可以使用运算符组合和修改动作，常用的运算符如下所示。

（1）+

在 Cocos2d-Python 程序中可以使用运算符"+"将两个动作组合成一个动作，例如：action_1 + action_2-> action_result，此时执行 action_result 后会先执行动作 action_1 的所有操作，然后执行动作 action_2 的所有操作，例如下面的代码。

```python
move_2 = MoveTo((100, 100), 10) + MoveTo((200, 200), 15)
```

在上述代码中，move_2 首先将精灵移至（100，100），它将在出发 10 秒后到达，然后将精灵移至（200，200），并在 15 秒后到达（200，200）。

（2）|

在 Cocos2d-Python 程序中也可以使用运算符"|"组合新动作，例如：action_1 | action_2 -> action_result，此时执行 action_result 时会同时执行动作 action_1 和动作 action_2，例如下面的代码。

```
move_rotate = MoveTo((100,100), 10) | RotateBy(360, 5)
```

在上述代码中，动作 move_rotate 会在 10 秒钟内将精灵从当前位置移动到（100，100），并且在最初的 5 秒内将精灵旋转 360°。

（3）*

在 Cocos2d-Python 程序中也可以使用运算符 "*" 组合新动作，例如：action_1 * n -> action_result，此时如果 n 是一个非负整数，则会连续重复执行 n 次动作 action_1，例如下面的代码。

```
rotate_3 = RotateBy(360, 5) * 3
```

在上述代码中，rotate_3 将会旋转精灵 3 次，每次旋转花费 5 秒。

（4）Repeat()

在 Cocos2d-Python 程序中也可以使用函数 Repeat() 组合新动作，例如：Repeat (action_1) -> action_result，此时将永远不停止地执行动作 action_1，例如下面的代码。

```
rotate_forever = Repeat(RotateBy(360, 3))
```

在上述代码中，设置让精灵永远旋转下去，每 3 秒旋转一圈。

（5）时间流修饰符

- Accelerate：用于更改加速度，例如下面的代码能够在 2 秒内将精灵顺时针旋转 180°，在开始时慢，在结束时快。

```
action = Accelerate(Rotate(180, 2), 4)
sprite.do(action)
```

- AccelDeccel：用于更改行驶速度，但在开始时和结束时保持接近正常速度。例如下面的代码能够在 2 秒内将精灵顺时针旋转 180°，在开始时慢，中间速度快，结束时慢。

```
action = AccelDeccel(RotateBy(180, 2))
sprite.do(action)
```

- Speed：用于更改速度，减少运动速度使其花费更长时间。例如下面的代码能够在 2 秒内将精灵顺时针旋转 180°。

```
action = Speed(Rotate(180, 2), 2)
sprite.do(action)
```

- Reverse：用于反向操作，例如下面的代码能够在 2 秒内将精灵逆时针旋转 180°。

```
#rotates the sprite 180 degrees in 2 seconds counter clockwise
action = Reverse(RotateBy(180, 2))
sprite.do(action)
```

（6）网格振幅修改器

● AccelAmplitude：功能是将振幅从 0 增加到自定义设置的振幅。例如下面的代码，当 t=0 时，振幅为 0；当 t=1 时，振幅为 40。

```
#when t=1 the amplitude will be 40
action = AccelAmplitude(Wave3D( waves=4, amplitude=40, duration=6), rate=1.0)
scene.do(action)
```

● DeccelAmplitude：功能是增加或者减少振幅。例如下面的代码，当 t=0 和 t=1 时振幅为 0，当 t=0.5（半衰期）时振幅为 40。

```
action = AccellDeccelAmplitude(Wave3D( waves=4, amplitude=40, duration=6))
scene.do(action)
```

● AccelDeccelAmplitude：：功能是增加或者减少振幅。例如下面的代码，当 t=0 和 t=1 时振幅为 0，当 t=0.5（半衰期）时振幅为 40。

```
action = AccellDeccelAmplitude(Wave3D(waves=4, amplitude=40, duration=6))
scene.do(action)
```

再看下面的实例，演示了使用上述常用的组合动作来操作精灵的方法。

实例 7-5	使用组合动作操作泰山风景图
源码路径	daima\7\7-1\zuhe.py

实例文件 zuhe.py 的具体实现流程如下所示。

1）定义全局变量 hero，然后自定义层类 GameLayer，在里面创建精灵，并设置精灵的所在位置，具体实现代码如下。

```
#定义全局变量 camel
camel = None

#自定义层类 GameLayer
class GameLayer(ColorLayer):

    def __init__(self):
        super(GameLayer, self).__init__(255, 255, 255, 255)
        #声明全局变量 camel
        global camel
        #创建 camel 精灵
        camel = Sprite('assets/tai.jpg')
        camel.position = 260, 320
        self.add(camel)
```

2）定义主菜单类 MainMenu，分别设置在菜单中显示文字的字体大小和颜色，并设置 4 个子菜单的显示内容，通过方法 create_menu()在游戏界面创建菜单选项，具体实现代码如下。

```
#自定义主菜单类
```

```
class MainMenu(Menu):

    def __init__(self):
        super(MainMenu, self).__init__()
        #初始化设置菜单项
        self.font_item['font_size'] = 20
        self.font_item['color'] = (0, 0, 0, 255)
        self.font_item_selected['color'] = (0, 0, 0, 255)
        self.font_item_selected['font_size'] = 26

        item1 = MenuItem('顺序', self.on_callback1)
        item2 = MenuItem('并列', self.on_callback2)
        item3 = MenuItem('有限次数重复', self.on_callback3)
        item4 = MenuItem('无限次数重复', self.on_callback4)
        x = 120
        y = 560
        step = 45

        self.create_menu(
            [item1, item2, item3, item4],
            layout_strategy=fixedPositionMenuLayout(
                [(x,y),(x,y - step), (x, y - 2 * step), (x, y - 3 * step)]))
```

3）为每个菜单选项中的动作编写对应的鼠标按键处理函数，具体实现代码如下。

```
    def on_callback1(self):
        ac0 = Place((500, 200))
        ac1 = MoveBy((130, 200), 2)
        ac2 = JumpBy((80, 100), 100, 3, 2)
        action = ac0 + ac1 + ac2
        camel.do(action)

    def on_callback2(self):
        ac1 = MoveTo((600, 450), 2)
        ac2 = RotateTo(40, 2)
        action = ac1 | ac2
        camel.do(action)

    def on_callback3(self):
        ac1 = JumpBy((50, 50), height=30, jumps=1, duration=2)
        action = ac1 * 2
        camel.do(action)

    def on_callback4(self):
        ac1 = RotateBy(90, 2)
        action = Repeat(ac1)
        camel.do(action)
```

执行后的效果如图 7-7 所示。

图 7-7　执行效果

7.1.5　Effects

在 Cocos2d-Python 程序中，Effects（效果）是一些特别的动作。相比改变通常的属性，如透明度、位置、旋转或者缩放而言，Effects 修改的是一种新的属性，例如 Grid（网格）。一个 Grid 网格属性就好像是一个矩阵，是一个网格的线，通过网格的线组成一系列的方块和矩阵。这些特别的动作把任何一个 Cocos2d 对象（层、场景、精灵等）变化成 Grid，我们可以通过它们的顶点来改变它们。

在 Cocos2d-Python 中有两种不同的 Grid：tiled（平铺）网格和 non-tiled（非平铺）网格。两者的区别是 tiled 网格是通过各自 tiled 组成的，而 non-tiled 是通过顶点组成的。一个二维 Grid 有 2 个维度：行和列。而 non-tiled（非平铺）网格的 vertex（顶点）有 3 个维度，可以用（x, y, z）表示，如图 7-8 所示。我们可以通过增加 Grid 的大小来提高 Effects 的质量，但是 Effects 的速度将会降低。通常来说，一个（16, 12）大小的 Grid 将会运行得非常快，但是效果并不理想。网格（32, 24）看起来会很好，但是在某些旧计算机中运行速度不是很快。

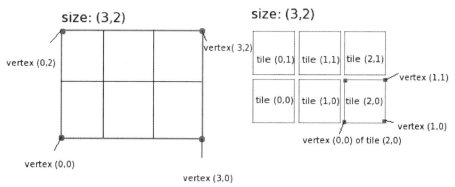

图 7-8　网格 Grid 和其顶点

（1）Effects 的工作流程

在 Cocos2d-Python 程序中，任何屏幕的每一 Frame（帧）都会被渲染成一个 Texture

（纹理）。这个纹理会转换成一个顶点 array，这个顶点的坐标是通过 Grid 的 Effects 转换来的。最后，这个顶点 array 被显示到屏幕上。

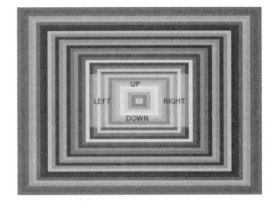

例如现在有一个渲染此图像的场景或图层，如图 7-9 所示。我们可以使用 Ripple3D 动作将该图像转换为图 7-10a 所示的图像。从有线图像图 7-10b 所示中可以看到，它使用的是 32*24 正方形的网格，并且该 Grid 网格是 non-tiled（非平铺）的，所有正方形都在一起。

图 7-9　场景/图层

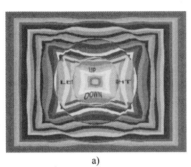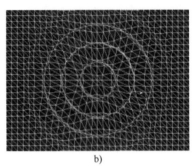

a)　　　　　　　　　　　　　　b)

图 7-10　转换的非平铺图像

a) 图像 1　b) 图像 2

请看下面的实例，功能是使用 FadeOutTRTiles 动作将其转换为图 7-11a 所示的图像。从图 7-11b 的有线图像可以看到，它使用的是 16*12 正方形的网格，并且该网格是 tiled（平铺）的，所有正方形都可以分开。

实例 7-6	使用 FadeOutTRTiles 实现网格特效
源码路径	daima\7\7-1\FadeOutTRTiles.py

实例文件 FadeOutTRTiles.py 的具体实现代码如下所示。

```python
class BackgroundLayer(cocos.layer.Layer):
    def __init__(self):
        super(BackgroundLayer, self).__init__()
        self.img = pyglet.resource.image('background_image.png')

    def draw( self ):
        gl.glColor4ub(255, 255, 255, 255)
        gl.glPushMatrix()
        self.transform()
        self.img.blit(0,0)
```

```
        gl.glPopMatrix()

def main():
    director.init(resizable=True, fullscreen=False)
    main_scene = cocos.scene.Scene()

    main_scene.add(BackgroundLayer(), z=0)

    e = FadeOutTRTiles(grid=(16,12), duration=2)
    #一系列网格动作以 StopGrid 动作结束，否则场景将继续对每一帧进行双重渲染
    main_scene.do(e + Reverse(e) + StopGrid())

    director.run (main_scene)

if __name__ == '__main__':
    main()
```

在上述代码中，函数 FadeOutTRTiles（grid=(16,12)，duration=2）有两个参数，参数 grid 表示网格的大小，参数 duration 表示特效的持续时间，执行效果如图 7-11 所示。

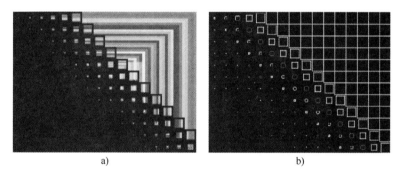

a)　　　　　　　　　　　　　　b)

图 7-11　执行效果（转换的平铺图像）

a）平铺图像 1　b）平铺图像 2

请看下面的实例，功能是使用 FadeOutBLTiles 动作实现网格特效。和上一个实例相比，FadeOutTRTiles 是先向右再向左，而本实例中的 FadeOutBLTiles 是先向左再向右。

实例 7-7	使用 FadeOutBLTiles 实现网格特效
源码路径	daima\7\7-1\FadeOutBLTiles.py

实例文件 FadeOutBLTiles.py 的具体实现代码如下所示。

```
class BackgroundLayer(cocos.layer.Layer):
    def __init__(self):
        super(BackgroundLayer, self).__init__()
        self.img = pyglet.resource.image('background_image.png')

    def draw(self):
```

```
        gl.glColor4ub(255, 255, 255, 255)
        gl.glPushMatrix()
        self.transform()
        self.img.blit(0, 0)
        gl.glPopMatrix()


def main():
    print(description)
    director.init(resizable=True, fullscreen=False)
    main_scene = cocos.scene.Scene()
    main_scene.add(BackgroundLayer(), z=0)

    def check_grid(self):
        assert self.grid.active == False

    e = FadeOutBLTiles(grid=(16, 12), duration=2)
    #a sequence of grid actions should terminate with the action StopGrid,
    #else the scene will continue to do a double render for each frame
    main_scene.do(e + Reverse(e) + StopGrid() + CallFuncS(check_grid))

    director.run(main_scene)


description = """
演示 Fadeoutmultiles 特效，并在 StopGrid 之后验证
self.grid.active == False
"""

if __name__ == '__main__':
    main()
```

执行效果如图 7-12 所示。

图 7-12　执行效果

（2）3D 动作

在 Cocos2d-Python 程序中，如果动作名称中带有"3D"字符，这意味着这个动作将会产生一个虚拟的 3D 效果，它们通过改变 Grid 的 z 轴来实现具体功能。在使用 3D 动作时可能会用到深度缓存，其中比较简单的方式就是调用 Director 中的方法 set_depth_test()开启深度测试。请看下面的实例，功能是使用函数 JumpTiles3D()实现了 3D 跳跃特效，并且使用方法 set_depth_test()开启了深度测试功能。

实例 7-8	在游戏中使用 3D 跳跃特效
源码路径	daima\7\7-1\3D.py

实例文件 3D.py 的具体实现代码如下所示。

```python
class BackgroundLayer(cocos.layer.Layer):
    def __init__(self):
        super(BackgroundLayer, self).__init__()
        self.img = pyglet.resource.image('background_image.png')

    def draw(self):
        gl.glColor4ub(255, 255, 255, 255)
        gl.glPushMatrix()
        self.transform()
        self.img.blit(0,0)
        gl.glPopMatrix()

def main():
    director.init(resizable=True)
    director.set_depth_test()

    main_scene = cocos.scene.Scene()

    main_scene.add(BackgroundLayer(), z=0)

    #在实际应用中，在一系列网格操作之后，应该调用 StopGrid()停止操作
    main_scene.do(JumpTiles3D(jumps=2,amplitude=100,grid=(16,12),duration=4))
    director.run (main_scene)

if __name__ == '__main__':
    main()
```

在上述代码中，使用函数 JumpTiles3D()实现了跳跃特效，各参数的具体说明如下。
- 参数 jumps：跳跃的次数。
- 参数 amplitude：跳跃的振幅。
- 参数 grid：网格的大小。
- 参数 duration：跳跃特效持续的时间。

本实例的执行效果如图 7-13 所示。

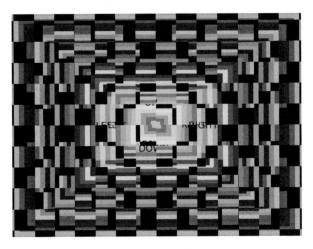

图 7-13 执行效果

（3）网格 Effects 索引

开发者们可以在 cocos.actions.grid3d_actions 中找到所有的 Grid3DAction 操作，如表 7-1 所示。

表 7-1 实现 Grid3DAction 操作的动作

FlipX3D	Liquid	Twirl
FlipY3D	Ripple3D	Waves
Lens3D	Shaky3D	Waves3D

在 cocos.actions.tiledgrid_actions 中可以找到所有的 TiledGrid3DAction 操作，如表 7-2 所示。

表 7-2 实现 TiledGrid3DAction 操作的动作

FadeOutBLTiles	JumpTiles3D	SplitCols
FadeOutTRTiles	ShakyTiles3D	SplitRows
FadeOutUpTiles	ShatteredTiles3D	TurnOffTiles
FadeOutDownTiles	ShuffleTiles	WavesTiles3D

请看下面的实例，功能是使用 Effect 对精灵实现三种特效效果。

实例 7-9	对精灵施加三种特效
源码路径	daima\7\7-1\effects.py

实例文件 effects.py 的具体实现代码如下所示。

```
from cocos.director import director
from cocos.layer import ColorLayer
```

第 7 章　Cocos2d 进阶


```python
from cocos.scene import Scene
from cocos.sprite import Sprite
from pyglet.window.key import symbol_string
from cocos.actions import *

class EffectLayer(ColorLayer):
    is_event_handler = True

    def __init__(self):
        super(EffectLayer, self).__init__(231, 76, 60, 1000)

        sprite = Sprite("assets/img/grossini.png")
        sprite.position = 320, 240
        self.add(sprite)

    def on_key_press(self, key, modifiers):
        if symbol_string(key) == "T":
            self.do(Twirl(amplitude=5, duration=2))#晃动效果

        elif symbol_string(key) == "W":
            self.do(Reverse(Waves(duration=2)))#翻转特效，左、右、上、下振动

        elif symbol_string(key) == "F":
            self.do(FlipX3D(duration=1)+FlipY3D(duration=1)+Reverse(FlipY3D
(duration=1)))#水平方向和垂直方向 3D 翻转效果

    director.init()
    director.run(Scene(EffectLayer()))
```

通过上述代码，当按下按键〈T〉时对精灵实现左右晃动效果，当按下按键〈W〉时对精灵实现左、右、上、下振动效果，当按下按键〈F〉时对精灵分别实现水平方向和垂直方向的 3D 翻转效果，例如按下按键〈W〉时的执行效果如图 7-14 所示。

图 7-14　执行效果

161

7.1.6 创建自己的动作

在 Cocos2d-Python 程序中，创建自己动作的方法非常简单。因为内置动作的功能已经非常强大了，所以可以非常方便地与其他操作组合起来以实现更多的功能。例如有的闪烁动作是通过子类化 IntervalAction 来实现的，但实际上可以执行以下操作实现。

```python
def Blink(times, duration):
    return (
        Hide() + Delay(duration/(times*2)) +
        Show() + Delay(duration/(times*2))
    ) * times
```

（1）基本组成

所有的动作都可以在目标对象上起作用。将目标设置为正确的元素是调用者的责任，这允许用户实例化一个动作，然后将相同的动作应用于各种不同的元素。在 Cocos2d-Python 程序中，可以将所有的 CocosNode 都作为动作的目标对象。

虽然在程序中调用 __init__()或 init()时不知道目标是什么，但是在调用 start 时会知道目标是什么。如果需要执行将更多动作作为参数进行操作时，那么需要在程序中做好如下方面的功能。

● 设定目标：动作将要操作的对象。
● 调用开始方法：动作开始执行。
● 调用 stop 方法：停止动作。

我们也可以使用覆盖方法 __reversed__()，在此方法中必须构造并返回一个动作，该动作将与正在执行的动作相反。例如在下面的代码中，在方法 Show()中返回 Hide()作为其反向动作。

```python
class Show(InstantAction):
    "<snip>"
    def __reversed__(self):
        return Hide()
```

（2）即时动作

在 Cocos2d-Python 程序中，即时动作是指立刻可以执行的操作，无须花费任何等待时间。例如在方法 Hide()中将目标的可见性设置为 False 即可实现即时动作。另外，也可以使用 CallFuncS 动作作为装饰器来创建即时动作，例如下面的代码。

```python
@CallFuncS
    def make_visible(sp):
        sp.do(Show())
    self.sprite.do(make_visible)
```

注意，在上述代码中，make_visible 不是可以调用的常规函数，而是一个动作。我们可以像执行其他任何操作一样编写代码。

如果需要继承 InstantAction 的子类，则必须重写如下方法。

- 用于获取所需参数的方法 init()。
- 做动作的方法 start()。

例如下面是 opacity 的简易实现代码。

```
def init(self, opacity):
    self.opacity = opacity
def start(self):
    self.target.opacity = self.opacity
```

（3）间隔动作

通过间隔动作可以设置在有限时间内实现转换，间隔动作的执行需要一定的时间，可以通过属性 duration 来设置动作的执行时间。在 Cocos2d-Python 程序中，间隔动作的基类是 IntervalAction，主要包含如下几组成员。

- 与位置相关的动作，主要有 MoveBy、MoveTo、JumpBy、JumpTo。
- 与缩放相关的动作，主要有 ScaleBy、ScaleTo。
- 与旋转相关的动作，主要有 RotateTo、RotateBy。
- 与不透明度相关的动作，主要有 FadeIn、FadeOut、FadeTo。

使用间隔动作 IntervalAction 的流程如下。

1）调用 init() 方法，然后设置持续时间属性 duration。

2）生成实例的副本，设置 self.target 调用启动方法。

3）当 t 在 [0,1] 之间时，会多次调用更新方法 update(t)，并且每次 t 的值将单调上升。

4）最后调用方法 stop() 停止动作。

例如下面的演示代码。

```
class FadeOut(IntervalAction):
    def init(self, duration):
        self.duration = duration

    def update(self, t):
        self.target.opacity = 255 * (1-t)

    def __reversed__(self):
        return FadeIn(self.duration)
```

在 Cocos2d-Python 程序中，无论是谁在运行动作，都将对 t 的值进行处理，以便在 duration 设置的持续时间内以 t== 1 的方式被调用。如果想让动作更快，可以设置不同的速度进行更新。

（4）网格动作

在本节前面的内容中曾经提到过，IntervalAction 动作不会修改正常的属性，例如 rotation、position 和 scale，而是修改 Grid 网格属性。下面开始介绍如何构建一个基本的非平铺网格动作。

```
class Shaky3D(Grid3DAction):
```

上面的类 Shaky3D 是 Grid3DAction 的子类，通过此类可以创建一个非平铺网格动作。如果想创建一个平铺的网格动作，可以通过创建类 TiledGrid3DAction 的子类的方式实现，具体实现代码如下。

```
def init(self, randrange=6, *args, **kw):
    '''
    : 参数：randrange:int，设置随机范围（-randrange, randrange）
    '''
    super(Shaky3D,self).init(*args,**kw)

    #随机范围内的晃动效果
    self.randrange = randrange
```

我们自定义的类可以接收上述 randrange 参数，在将其保存后通过方法 init()调用父类，具体实现代码如下。

```
def update(self, t):
    for i in xrange(0, self.grid.x+1):
        for j in xrange(0, self.grid.y+1):
            x,y,z = self.get_original_vertex(i,j)
            x += random.randrange(-self.randrange, self.randrange+1)
            y += random.randrange(-self.randrange, self.randrange+1)
            z += random.randrange(-self.randrange, self.randrange+1)

            self.set_vertex(i,j, (x,y,z))
```

在上述代码中，像任何其他 IntervalAction 动作一样，每次通过更新方法调用一次帧。在 Shaky3D 效果中会修改 x、y 和 z 的值，并通过函数 random.randrange()计算的随机数来调整位置。另外，函数 get_original_vertex()将返回顶点的原始坐标 x 和 y，而函数 set_vertex()能够返回顶点的当前坐标 x 和 y。

7.2 场景切换

7.2 场景切换

在一个游戏中，经常需要从一个场景切换到另一个场景，这就是场景切换。在大型游戏中，甚至会有几百个场景，正是因为不同的场景，才会吸引众多玩家。在本节的内容中，将详细讲解在 Cocos2d-Python 游戏中实现场景切换功能的方法。

7.2.1 使用导演实现场景切换

在 Cocos2d-Python 游戏中，可以使用导演类 Director 实现场景切换功能。在本书前面的内容中曾经提到过，导演 Director 的主要职责之一是管理场景的控制流程。在 Director API 中提供了如下内置函数，可以实现场景切换功能。

● director.run(new_scene)：此方法用于运行场景，注意只能在启动第一个场景时调用该方法。如果已经有一个正在运行的场景，则不能调用该方法。

● director.replace(new_scene)：用于切换到下一个场景。当用一个新的场景替换当前场景后，当前场景被释放。

● director.push(new_scene)：用于切换到下一个场景。将当前场景挂起放入到场景堆栈中，然后再切换到下一个场景中。

● director.pop()：通常与 push(new_scene)配合使用，用于返回到上一个场景。

例如当使用或替换新场景时可以通过如下代码实现。

```
#调用 ON_EXIT 离开"旧"的场景
outgoing_scene.on_exit()

#禁用处理程序
outgoing_scene.enable_handlers(False)

#在新场景调用 on_enter()
incoming_scene.on_enter()

#使用处理程序
incoming_scene.enable_handlers(True)
```

请看下面的实例，功能是使用 Director API 为游戏创建了两个场景。

实例 7-10	使用 Director API 为游戏创建了两个场景
源码路径	daima\7\7-2\scenes.py

在本实例中制作了两个场景，理论上，我们可以使用同一层制作两个场景，但是这样它们之间的切换会没有视觉上的区别。为了让读者看得更加直观一些，特意使用不同的文本制作了两个场景，并且用不同的颜色作为两个场景的背景颜色。实例文件 scenes.py 的具体实现代码如下所示。

```
class Layer1(ColorLayer):
    #将这层设置为事件处理程序，实现在按键时转换到另一个场景
    is_event_handler = True

    def __init__(self):
        #传入一个 RGBA 颜色值，因为它是一个 ColorLayer
        super(Layer1, self).__init__(155, 89, 182, 1000)
        #设置一个简单的标签，没有设置额外的参数
        text = Label("这是第一个界面")
        #为了确保位置保持不变，但是又不知道窗口的具体宽度和高度，所以将它们除以 2
        text.position = director._window_virtual_width / 2, director._window
_virtual_height / 2
        #添加文本
        self.add(text)

    #按键按下
```

```
    def on_key_press(self, key, modifiers):
        director.replace(Scene(Layer2()))  #按下按键实现场景切换


#为第二个场景制作的第二层
class Layer2(ColorLayer):
    #实现在按键时转换到另一个场景
    is_event_handler = True

    #初始化并调用超级类，设置不同的背景颜色
    def __init__(self):
        super(Layer2, self).__init__(231, 76, 60, 1000)

        #设置显示的文本
        text = Label("这是第二个界面")
        text.position = director._window_virtual_width / 2, director._window_
virtual_height / 2
        self.add(text)

    #按键按下
    def on_key_press(self, key, modifiers):
        director.replace(Scene(Layer1()))

director.init()
director.run(Scene(Layer1()))
```

执行的效果如图 7-15 所示，按下键盘中的按键后会在两个场景之间相互切换。

a)   b)

图 7-15　执行效果

a）第 1 个场景界面　b）第 2 个场景界面

7.2.2　使用过渡动画实现场景切换

在 Cocos2d-Python 游戏中，因为过渡动画类 TransitionScene 本身也是场景，所以可以使用过渡动画类 TransitionScene 和其子类实现场景切换功能，过渡动画类

TransitionScene 的具体结构如图 7-16 所示。

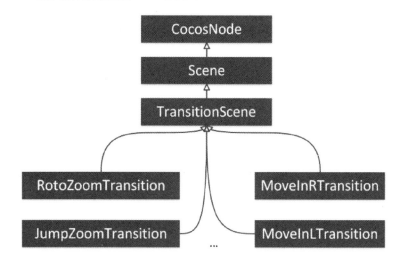

图 7-16　过渡动画类 TransitionScene 的具体结构

　　从技术上讲，过渡场景是指在将控件设置为新场景之前执行过渡效果的场景。从视觉上看，过渡场景就像我们在使用演示软件（例如 OpenOffice Impress，Apple 的 KeyNote 或 PowerPoint）时看到的过渡一样。例如在 Cocos2d-Python 官方文档中，给出了一个使用过渡动画实现场景切换功能的例子，如图 7-17 所示。

图 7-17　使用过渡动画实现场景切换

a) 第 1 个场景　b) 过渡场景　c) 第 2 个场景

请看下面的代码，展示了使用两种过渡动画方式实现场景切换功能的用法。

```
#导入所有的 transitions 类
from cocos.scenes import *

#使用 director 方法 replace() 替换场景，设置场景动画持续 2 秒
director.replace(FadeTRTransition(gameover_scene, duration=2))
#在 1 秒内使用方法 push() 调用 FlipX3DTransition 实现场景切换
director.push(FlipX3DTransition(gameover_scene, duration=1))
```

在上述代码中，FlipX3DTransition 子类的功能是沿着 X 轴实现 3D 翻转效果。类

167

TransitionScene 继承于 Scene，主要用于处理场景之间切换动画的管理。在现实应用中，主要是用类 TransitionScene 派生出子类实现场景切换动画功能。在场景管理应用中，和场景切换有关的函数有两个：push() 和 replace()，这两个函数在上述演示代码中都用到了。我们在使用这两个函数进行场景切换时，可以加入场景切换动画效果，增加游戏的美感。

在类 TransitionScene 中包含了多个派生子类，每一个子类都有如下类似的构造方法。

```
TransitionScene(dst, duration=1.25, src=None)
```

其中参数 dst 表示下一个场景，参数 duration 表示动画的持续时间，参数 src 表示当前场景，默认可以省略。

在类 TransitionScene 中的每一个派生子类都可以实现不同的过渡动画效果，各子类的具体功能如下。

- FadeTRTransition：网格过渡动画，从左下角到右上角。
- FadeBLTransition：网格过渡动画，从右上角到左下角。
- JumpZoomTransition：跳动的过渡动画。
- MoveInLTransition：从左侧推入覆盖的过渡动画。
- MoveInRTransition：从右侧推入覆盖的过渡动画。
- MoveInBTransition：从底部推入覆盖的过渡动画。
- MoveInTTransition：从顶部推入覆盖的过渡动画。
- ShrinkGrowTransition：缩放交替的过渡动画。
- RotoZoomTransition：类似照相机镜头旋转缩放交替的过渡动画。
- SlideInLTransition：从左侧推入的过渡动画。
- SlideInRTransition：从右侧推入的过渡动画。
- SlideInBTransition：从底部推入的过渡动画。
- SlideInTTransition：从顶部推入的过渡动画。
- SplitColsTransition：按列分割界面的过渡动画。
- SplitRowsTransition：按行分割界面的过渡动画。
- TurnOffTilesTransition：生成随机瓦片方格的过渡动画。
- FadeUpTransition：从下向上淡出场景的所有的瓦片方格。
- FadeDownTransition：从上向下淡出场景的所有的瓦片方格。
- FlipX3DTransition：沿着 X 轴实现 3D 翻转效果。
- FlipY3DTransition：沿着 Y 轴实现 3D 翻转效果。
- FlipAngular3DTransition：半水平半垂直翻转屏幕，在正面传出场景，在背面传入场景。
- ShuffleTransition：无序播放传出场景，然后使用传入场景重新排列瓦片方格。
- ShrinkGrowTransition：缩小传出场景，同时增大传入场景。
- CornerMoveTransition：将传入场景的右下角移动到左上角。
- EnvelopeTransition：对于即将到来的场景：将右上角移到中心，然后将左下角移到中心。对于传入场景，则执行传出场景的反向操作。

- FadeTransition：淡出传出场景，然后淡入传入场景，可以使用可选参数设置 RGB 颜色。
- ZoomTransition：放大并淡出传出的场景。

请看下面的实例，提供了和上一个实例完全相同是两个场景，然后分别使用子类 FadeTransition 和 SplitColsTransition 实现两种过渡动画效果。

实例 7-11	使用过渡动画切换两个场景
源码路径	daima\7\7-2\transitions.py

实例文件 transitions.py 的具体实现代码如下所示。

```python
from cocos.scenes import FadeTransition, SplitColsTransition
from cocos.text import Label

class Layer1(ColorLayer):
    is_event_handler = True

    def __init__(self):
        super(Layer1, self).__init__(155, 89, 182, 1000)

        text = Label("这是第一个界面")
        text.position = director._window_virtual_width / 2, director._window_virtual_height / 2
        self.add(text)

    def on_key_press(self, key, modifiers):
        #使用 replace()调用过渡动画特效子类 FadeTransition
        director.replace(FadeTransition(Scene(Layer2())))

class Layer2(ColorLayer):
    is_event_handler = True

    def __init__(self):
        super(Layer2, self).__init__(231, 76, 60, 1000)

        text = Label("这是第二个界面")
        text.position = director._window_virtual_width / 2, director._window_virtual_height / 2
        self.add(text)

    def on_key_press(self, key, modifiers):
        #使用 replace()调用过渡动画特效子类 SplitColsTransition
        director.replace(SplitColsTransition(Scene(Layer1())))

director.init()
director.run(Scene(Layer1()))
```

执行的效果如图 7-18 所示，按下键盘中的按键后会在两个场景之间进行切换。和上一个实例相比，在两个场景进行切换时会显示 FadeTransition 和 SplitColsTransition 两种过渡动画效果。

a)   b)

图 7-18　执行效果

a) 第 1 个场景界面　b) 第 2 个场景界面

请看下面的实例，也提供了两个场景，然后使用子类 RotoZoomTransition 实现了过渡动画效果。

实例 7-12	通过菜单切换两个游戏场景
源码路径	daima\7\7-2\setting_scene.py 和 game_scene.py

在本实例中设置了两个场景，第 1 个场景有 3 个菜单："开始游戏""音效设置"和"帮助"，单击"音效设置"菜单后会来到第 2 个场景。在第 2 个场景中也提供了 3 个菜单："打开音效""打开背景音乐"和"OK"。单击"OK"菜单项后会返回到第 1 个场景。

1）实例文件 setting_scene.py 实现了第 2 个场景，具体实现代码如下所示。

```python
#自定义层类 SettingLayer
class SettingLayer(Layer):

    def __init__(self):
        super(SettingLayer, self).__init__()
        #获得窗口的宽度和高度
        s_width, s_height = director.get_window_size()

        #创建背景精灵
        background = Sprite('images/setting-bg.jpg')
        background.position = s_width // 2, s_height // 2
        #添加背景精灵
        self.add(background, 0)

        on = Sprite('images/on.png', position=(818, 280))
```

```
        self.add(on, 0)
        on = Sprite('images/on.png', position=(818, 420))
        self.add(on, 0)


#自定义主菜单类
class MainMenu(Menu):

    def __init__(self):
        super(MainMenu, self).__init__()
        #初始化设置菜单项
        self.font_item['font_size'] = 160
        self.font_item['color'] = (255, 255, 255, 255)
        self.font_item_selected['color'] = (230, 230, 230, 255)
        self.font_item_selected['font_size'] = 160

        ok_item = ImageMenuItem('images/ok-up.png',
                        self.on_ok_item_callback)

        self.create_menu([ok_item],
                    layout_strategy=fixedPositionMenuLayout(
                        [(560, 130)]))

    def on_ok_item_callback(self):
        director.pop()

#创建场景函数
def create_scene():
    #创建场景
    scene = Scene(SettingLayer())
    #添加主菜单
    scene.add(MainMenu())
    return scene
```

2）实例文件 game_scene.py 实现了第 1 个场景，具体实现代码如下所示。

```
import setting_scene

#自定义层类 GameLayer
class GameLayer(Layer):

    def __init__(self):
        super(GameLayer, self).__init__()
        #获得窗口的宽度和高度
        s_width, s_height = director.get_window_size()

        #创建背景精灵
        background = Sprite('images/game-bg.png')
        background.position = s_width // 2, s_height // 2
        #添加背景精灵
```

```
        self.add(background, 0)

#自定义主菜单类
class MainMenu(Menu):

    def __init__(self):
        super(MainMenu, self).__init__()
        #初始化设置菜单项
        self.font_item['font_size'] = 160
        self.font_item['color'] = (255, 255, 255, 255)
        self.font_item_selected['color'] = (230, 230, 230, 255)
        self.font_item_selected['font_size'] = 160

        start_item = ImageMenuItem('images/start-up.png',
                            self.on_start_item_callback)
        setting_item = ImageMenuItem('images/setting-up.png',
                            self.on_setting_item_callback)
        help_item = ImageMenuItem('images/help-up.png',
                            self.on_help_item_callback)

        self.create_menu([start_item, setting_item, help_item],
                    layout_strategy=fixedPositionMenuLayout(
                        [(700, 470), (480, 240), (860, 160)]))

    def on_start_item_callback(self):
        print('on_start_item_callback')

    def on_setting_item_callback(self):
        print('on_setting_item_callback')
        #直接切换
        #next_scene = setting_scene.create_scene()
        #director.push(next_scene)
        #切换并有过渡动画
        next_scene = setting_scene.create_scene()
        ts = RotoZoomTransition(next_scene, 1.5)
        director.push(ts)

    def on_help_item_callback(self):
        print('on_help_item_callback')

if __name__ == '__main__':
    #初始化导演，设置窗口的高、宽、标题
    director.init(width=1136, height=640, caption='精灵示例')
    #创建主场景
    main_scene = Scene(GameLayer())
    #GameLayer 层
    main_scene.add(MainMenu())
    #启动主场景
    director.run(main_scene)
```

执行的效果如图 7-19 所示，按下键盘中的按键后会在两个场景之间进行切换。和上一个实例相比，在两个场景进行切换时会显示 RotoZoomTransition 过渡动画效果。

a)

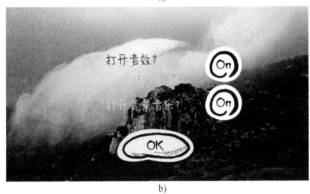

b)

图 7-19　执行效果

a）第 1 个场景界面　b）第 2 个场景界面

第8章
Cocos2d 高级应用

在前面两章的内容中，已经学习了使用 Cocos2d 开发 Python 游戏项目的基础和进阶知识。其实 Cocos2d-Python 的功能远不止这些，为了让读者掌握 Cocos2d-Python 的核心知识，以开发功能更加强大的游戏项目，在本章中将进一步讲解 Cocos2d-Python 的高级开发知识，并通过具体实例的实现过程讲解这些知识点的使用方法。

8.1 瓦片地图

在 Cocos2d-Python 系 统 中， 瓦 片 地 图（Tiled maps）模 块
cocos.tiles 提供了管理 2D 游戏中各种元素的瓦片显示。不论是角色扮演游戏还是平台动作游戏，在这些游戏地图中可以使用开源的瓦片地图编辑器 Tiled Map Editor 生成并保存为 tmx 格式文件，这种格式文件能被 Cocos2d-x 支持。

8.1　瓦片地图

8.1.1 两种格式

Cocos2d-Python 模块 cocos.tiles 支持如下两种文件格式。

● 由 Tiled 地图编辑器（从 http://mapeditor.org 下载）生成的 tmx 格式的地图文件。

● cocos2d xml 格式，它可以读取和写入内容。

上述两种文件格式，都可以使用相同的 API 进行调用和加载。

```
#加载 tmx 格式的地图
cocos.tiles.load('filename.tmx')

#加载 cocos2d xml 格式的地图
cocos.tiles.load('filename.xml')
```

在加载地图文件后，用于访问地图信息的 API 都是相同的。在 Cocos2d-Python 官方文件 test/test_tiles.py、test/test_tmx.py 和 test_platformer.py 中提供了使用 cocos.tiles 模块的简单示例。在文件 tools/editor.py 中提供了一个基本的瓦片地图编辑器，使

用文件 toolsgentileset.py 为每个瓦片生成单独的 xml 文件。

1. Tiled 地图

类 RectMapLayer 的扩展可以处理层中的平铺图像或瓦片方格，可以像其他任何 Cocos 层一样操作地图层。另外，RectMapLayer 还提供了查找单元格（例如，在鼠标下方）或相邻单元格（上，下，左，右）的方法。虽然我们可以使用 Python 代码定义地图，但是使用 xml 定义地图要容易一些，瓦片地图支持 xml 文件。

例如在下面的实例中，使用了地图文件 mapmaking.tmx。

实例 8-1	在游戏场景中使用一幅地图
源码路径	daima\8\8-1\map.py

实例文件 map.py 的具体实现代码如下所示。

```
#当加载一个地图时生成一个图层，并初始化
from cocos.tiles import load
from cocos.layer import ScrollingManager
from cocos.director import director
from cocos.scene import Scene
#接下来开始加载地图，具体说明想加载什么层的地图
director.init()

MapLayer = load("assets/mapmaking.tmx")["map0"]
#检查资源文件夹中的文件 mapmaking.tmx，查看在哪里声明了 MAP0
#否则，应将地图命名为平铺，并在加载函数之后引用括号中的名称
#这里使用 ScRunLink 管理器对象来包含地图层
scroller = ScrollingManager()#ScrollingManager 实现滚动功能
#从 scrollin 管理器制作一个场景并在导演中运行它
scroller.add(MapLayer)
#运行图层
director.run(Scene(scroller))
```

执行后的效果如图 8-1 所示。

图 8-1　执行效果

2. xml 文件地图

我们可以在一个 xml 文件中定义一个图块集，该图块集可以在许多地图文件之间共享

（或者在单个 xml 文件中的多个元素之间共享）。图像可以在多个图块之间共享，其中图块在不同情况下添加不同的元数据。

我们可以手动构建图块集，也可以从 xml 资源文件进行加载，xml 资源文件用于存储图块集和图块地图的规范。在 xml 资源文件可以定义多个图块集和映射，甚至可以引用其他外部 xml 资源文件。这样做的好处是：允许单个图块集被多个图块地图使用。假设存在名为 example.xml 的 xml 文件，具体实现代码如下。

```
<resource>
  <requires file="ground-tiles.xml" namespace="ground" />

  <rectmap id="level1">
   <column>
    <cell tile="ground:grass" />
    <cell tile="ground:house">
      <property type="bool" name="secretobjective" value="True" />
    </cell>
   </column>
  </map>
</resource>
```

接下来可以加载这个资源文件并进行检查。

```
>>> r = load('example.xml')
>>> map = r['level1']
```

假设 level1 是一个地图。

```
>>> scene = cocos.scene.Scene(map)
```

接下来可以手动选择要显示的图块。

```
>>> map.set_view(0, 0, window_width, window_height)
```

或者可以使用 ScrollingManager 实现水平滚动功能。

```
>>> from cocos import layer
>>> manager = layer.ScrollingManager()
>>> manager.add(map)
```

然后放置焦点。

```
>>> manager.set_focus(focus_x, focus_y)
```

在瓦片地图 xml 资源文件中，必须包含文档级标签<resource>。

```
<?xml version="1.0"?>
<resource>
 ...
</resource>
```

我们可以使用<requires>标记绘制其他资源文件。

```
<requires file="road-tiles.xml" />
```

这样可以将资源文件 road-tiles.xml 加载到资源的名称空间中。为了避免 id 冲突，可以为其设置一个名称空间，例如 road。

```
<requires file="road-tiles.xml" namespace="road" />
```

如果设置了名称空间，则文件 road-tiles.xml 中的元素 id 将以名称空间和冒号作为前缀，如下所示。

```
road:bitumen
```

这样<resource>中的其他标签可以是如下形式。

```
<image file="" id="">
```

接下来使用 pyglet.image.load 加载文件，并为其提供 id，图块使用该 id 来引用图像。

```
<imageatlas file="" [id="" size="x,y"]>
```

使用<image>子标签设置图像图集，子标签的格式如下所示。

```
<image offset="" id="" [size=""]>
```

如果在标签<imageatlas>中没有设置 size 属性，则所有的<image>子标签都必须提供一个 size 属性。这里的图像图集 id 是可选的，因为当前未直接引用它们。

```
<tileset id="">
```

接下来设置一个 TileSet 对象，子标签的格式如下所示。

```
<tile id="">
  [<image ...>]
</tile>
```

上面的<image>标签是可选的，这些图块可能仅具有属性（或完全为空），在地图中使用 id 来引用图块。

```
<rectmap id="" tile_size="" [origin=""]>
```

然后设置一个 RectMap 对象，子标签的格式如下所示。

```
<column>
 <cell tile="" />
</column>
```

注意：如果在当前的 xml 文件内嵌了 tileset，则无法保存文件 tools/editor.py。解决方法是使用文件 tools/gentileset.py 为每个图块集生成一个 xml 文件，然后使用以下方法将其包括在地图中。

```
<requires file="my-tiles.xml" ...>
```

请看下面的一个 xml 文件。

```
<?xml version="1.0" encoding="UTF-8"?>
<map version="1.0" orientation="orthogonal" width="40" height="40" tilewidth="32" tileheight="32">
 <tileset firstgid="1" name="Desert" tilewidth="32" tileheight="32" spacing="3" margin="2">
  <image source="desert_tiled.png" width="281" height="211"/>
  <tile id="30">
   <properties>
    <property name="cactus" value="true"/>
   </properties>
  </tile>
 </tileset>
 <layer name="Ground" width="40" height="40">
  <data encoding="base64" compression="gzip">
```

H4sIAAAAAAAA+2YaQvCMAyGo37wAk/wRJ3OY97+/19nxJVJKF3WrbHKPjzYQVcf30QXXALA0iEdpI
v0cp5TQapIjbnmnHnT+K0s/ZpIC2kz19L59ZEBMmSuOWe+shohY2SS088Vup6wrXEaU2SWgTnY9YQt
a2STgdChX2Tw2yInZPdFP1N+ITNPCb+9h34P4kX9LvDu/6uwH+05ep2WF+3LIvx034OI5KfWaX4016
LyO5Br5ZM1P9f1pZ6UY1w/LucC/OoxDUieRSZqzH2KRU6/LiTzhfqsJtrMfbr7bPzGkMwXaj4xMWTu
093nsvekCUA/5/jkGQj62MxmEl63+JXzz2/n5/AkLen8uHL+X0yPeK+l399CP9rVvfjb1/ZwvpPzuGf
xolr7lp6u1z36S+dnMZpJ+/0LggcOvQLNy9b9RWeOSku/wBLyVlw4AGQAA

```
  </data>
 </layer>
</map>
```

在上述代码中，各标签元素的具体说明如下。

（1）〈map〉

- version：tmx 格式版本号，一般为 1.0
- orientation：地图朝向，目前支持"正交"（orthogonal）和"45°等距"（isometric）两种方式。
- width：地图的宽度。
- height：地图的高度。
- tilewidth：单 tile 的宽度。
- tileheight：单 tile 的高度。

属性 tilewidth 与属性 tileheight 决定了地图网格的大小，个别 tile 允许有不同的大小，所有的 tile 将显示在左下角，超出的部分将在顶部和右侧延伸。

（2）〈tileset〉

- firstgid：此图块集的第一个图块在全局图块集中的位置。

- source：图像来源：如果此图块集来自于一个外部图块定义文件，此属性的值为该图块定义文件路径。tsx 文件同样拥有相同的属性结构。在 tsx 文件中没有 firstgid 与 source 属性，如果这个图块集定义文件中的图块在地图中被使用，这两个属性将在 tmx 文件之中被设置。
- name：图块集的名称
- tilewidth：图块集的宽度。
- tileheight：图块集的高度。
- spacing：图块集中图块的间距，在原图上采样图块时，图块与图块之间的间隔
- margin：图块集中图块的边距，在原图上采样图块时，图像左侧与上方采样的剔除边界大小

（3）<image>

- format：嵌入图片时所使用的格式，TiledQT 版本当前不支持此属性。
- id：在 Tiled Java 的某些版本中被使用，TiledQT 版本当前不支持此属性。
- source：图块集对应图像文件的路径，Tiled 支持大多数常见图像格式，例如 bmp、gif、jpeg、jpg、pbm、pgm、png、ppm、tif、tiff、xbm、xpm）
- trans：定义一种用于表示透过的颜色，比如 value:"FF00FF" for magenta（品红色）。
- width：图像的宽度。
- height：图像的高度。

（4）<tile>

- id：图块集内部的图块编号。

（5）<layer>

- name：图层的名称
- x：该层的 X 坐标（单位为图块）。默认为 0，该值在 Tiled QT 版本的 Tiled 编辑器中不允许修改。
- y：该层的 Y 坐标（单位为图块）。默认为 0，该值在 Tiled QT 版本的 Tiled 编辑器中不允许修改。
- width：该层的宽度（单位为图块）。历史版本要求存在，该值在 Tiled QT 版本的 Tiled 编辑器中与地图的宽度相同。
- height：该层的高度（单位为图块）。历史版本要求存在，该值在 Tiled QT 版本的 Tiled 编辑器中与地图的高度相同。
- opacity：不透明度（opacity），范围 0～1，0 为全透，1 为不透。
- visible：是否可见，1 可见，0 不可见，默认值为1。

（6）<data>

- encoding：图层数据的编码方式，当前提供两种方式：base64 和 csv。其中 base64 是一种通用的方法，其原理很简单，就是把 3 个 Byte 的数据用 4 个 Byte 表示。在这 4 个 Byte 中，实际用到的都只有前面 6bit，这样就不存在只能传输 7bit 的字符的问题了。base64 的缩写一般是 "B"，而 csv 是一种用来存储纯文本数据的文

件格式。

- compression：图层数据的压缩方式，Tiled QT 版本的 Tiled 编辑器支持 gzip 或者 zlib 方式的压缩数据。

如果数据文本进行编码转换和压缩的情况下，图块数据将被作为 xml 的子元素来存储，这是最容易解析的数据格式。采用 base64 编码格式的数据和压缩过后的数据解析起来较为复杂。首先必须对数据进行解码，然后可能需要加压缩数据。数据存储于一个字节数组，则不得不将它排序为一个 little-endian 字节序的无符号整形数组。

注意： 无论采用哪种格式存储图层数据，都必须以 gids 作为结尾。自从图块集的任意图块被用于设计当前地图之后，它们就是全局的了。为了能够找到图块所在的图块集，需要找到小于图块 gid 的最大的图块集的 firstgid。所有图块集的 firstgids 都是按顺序排列的。

请看下面的实例，基于 xml 格式的地图资源文件实现一个简易赛车游戏。

实例 8-2	一个简易赛车游戏
源码路径	daima\8\8-1\test_tiles.py

1）在本实例中首先准备了 xml 资源文件 road-map.xml，文件 road-map.xml 又引用了文件 road-tiles.xml 的内容。

2）编写实例文件 test_tiles.py，功能是调用资源文件 road-map.xml 中 id 为 0 的地图。首先将 xml 资源添加到游戏层中，再设置精灵图片 car.png 的位置，然后设置精灵前进和转弯的速度。最后通过函数 on_key_press()监听用户是否按下按键<Z>和<D>，按下后分别实现放大和缩小功能。实例文件 test_tiles.py 的主要实现代码如下所示。

```python
class DriveCar(actions.Driver):
    def step(self, dt):
        #handle input and move the car
        self.target.rotation += (keyboard[key.RIGHT]-keyboard[key.LEFT])*150*dt
        self.target.acceleration = (keyboard[key.UP] - keyboard[key.DOWN]) * 400
        if keyboard[key.SPACE]: self.target.speed = 0
        super(DriveCar, self).step(dt)
        scroller.set_focus(self.target.x, self.target.y)

def main():
    global keyboard, scroller
    from cocos.director import director
    director.init(width=600, height=300, autoscale=False, resizable=True)

    car_layer = layer.ScrollableLayer()
    car = cocos.sprite.Sprite('car.png')
    car_layer.add(car)
    car.position = (200, 100)
    car.max_forward_speed = 200
    car.max_reverse_speed = -100
    car.do(DriveCar())
```

```
        scroller = layer.ScrollingManager()
        test_layer = tiles.load('road-map.xml')['map0']
        scroller.add(test_layer)
        scroller.add(car_layer)

        main_scene = cocos.scene.Scene(scroller)

        keyboard = key.KeyStateHandler()
        director.window.push_handlers(keyboard)

        def on_key_press(key, modifier):
            if key == pyglet.window.key.Z:
                if scroller.scale == .75:
                    scroller.do(actions.ScaleTo(1, 2))
                else:
                    scroller.do(actions.ScaleTo(.75, 2))
            elif key == pyglet.window.key.D:
                test_layer.set_debug(True)
        director.window.push_handlers(on_key_press)

        director.run(main_scene)

if __name__ == '__main__':
    main()
```

执行后的效果如图 8-2 所示，可以通过按键控制精灵的移动，通过按键<Z>和<D>控制地图的放大和缩小。

图 8-2 执行效果

8.1.2 cell 单元格和 tile 图块属性

在使用大多数标签时可能还需要设置对应的属性，设置属性的格式如下。

```
<property [type=""] name="" value="" />
```

在上述格式中，类型可以是 unicode、int、float 或 bool 之一。如果没有指定类型，则在默认情况下该属性的类型为 unicode 字符串。

我们可以使用带有某些扩展名的通用 dict 字典访问地图、cell 单元格或 tile 图块的属性。如果在单元格上找不到属性，则回退到地图块。如果单元格具有属性 player-spawn（布尔值），并且该单元格使用的图块具有属性 move-cost=1（int），则以下条件为真。

```
'player-spawn'在 cell 单元格中为 True
cell.get('player-spawn') == True
cell['player-spawn'] == True

'player-spawn'在 tile 图块中为 False
tile.get('player-spawn') == None
tile['player-spawn'] --> raises KeyError

cell['move-cost'] == 1
```

当将地图导出为 xml 文件时，这些属性也会一块被导出。

8.1.3 地图滚动

在 Cocos2d-Python 系统中，有如下 3 种设置地图滚动的方式。

1）不使用自动滚动地图。

2）自动滚动地图，但停在地图边缘。

3）滚动地图以显示地图的边缘。

在上述 3 种方式中，其中第一种方式可能是最简单的，因为我们不需要使用 ScrollingManager，只需在地图图层上调用函数 map.set_view(x, y, w, h)即可，此时需要提供左下角的坐标和要显示的尺寸等参数，示例如下所示。

```
map.set_view(0, 0, map.px_width, map.px_height)
```

如果希望周围的地图滚动以响应玩家的移动，则可以从 cocos.layer.scrolling 模块中调用 ScrollingManager 即可实现。

请看下面的实例，演示了使用 ScrollingManager 滚动精灵的过程。

实例 8-3	使用 ScrollingManager 滚动精灵
源码路径	daima\8\8-1\Scroll.py

实例文件 Scroll.py 的具体实现流程如下所示。

1）创建地图类 SquareLand，分别设置地图的宽度和高度，然后分别定义两个图层，一个大的一个稍微小的，这两个图层的背景重叠起来就形成了一个带有边框的地图效果，具体实现代码如下。

```
class SquareLand(cocos.layer.ScrollableLayer):
    is_event_handler = True

    def __init__(self):
```

```
        super(SquareLand, self).__init__()

        #定义地图的宽度和高度
        self.px_width = 1000 + 4 * 98  # 1392
        self.px_height = 1000

        #为了缩短后面代码的长度
        px_width = self.px_width
        px_height = self.px_height

        #定义两个图层
        bg = cocos.layer.ColorLayer(170, 170, 0, 255, width=px_width,
                                    height=px_height)
        self.add(bg, z=0)

        margin = int(px_width * 0.01)
        self.margin = margin
        bg = cocos.layer.ColorLayer(0, 170, 170, 255, width=px_width - 2 * margin,
                                    height=px_height - 2 * margin)
        bg.position = (margin, margin)
        self.add(bg, z=1)
```

2）创建精灵，设置精灵的素材图片和位置，具体实现代码如下。

```
#定义用户精灵
self.player = cocos.sprite.Sprite("timg.jpg")
self.player.position = (self.player.width / 2, self.player.height / 2)
self.player.fastness = 200

self.add(self.player, z=4)
```

3）定义一个字典 buttons，用于表示是否按下方向键按钮，具体实现代码如下。

```
self.buttons = {#button state : current value, 0 not pressed, 1 pressed
    key.LEFT: 0,
    key.RIGHT: 0,
    key.UP: 0,
    key.DOWN: 0
}

#每一帧都会更新 player 的状态，具体参照 step 函数
self.schedule(self.step)
```

4）编写函数 on_enter(self)获取 scroller 的指针，调用 ScrollingManager 实现地图滚动，具体实现代码如下。

```
def on_enter(self):
    #获取 scroller 的指针，用来设置 set_focus,注意要调用父类的 on_enter
    super(SquareLand, self).on_enter()
    self.scroller = self.get_ancestor(cocos.layer.ScrollingManager)
```

5）监听按键是否按下或松开。

```
def on_key_press(self, k, modifiers):
    #请注意这里的小技巧
    if k in self.buttons:
        self.buttons[k] = 1

def on_key_release(self, k, modifiers):
    if k in self.buttons:
        self.buttons[k] = 0
```

6）编写函数 clamp()判断是否到达地图的边缘，如果到达边缘则不会继续移动，具体实现代码如下。

```
def clamp(self, actor, new_pos):
    x, y = new_pos
    if x - actor.width / 2 < self.margin:
        x = self.margin + actor.width / 2
    elif x + actor.width / 2 > self.px_width - self.margin:
        x = self.px_width - self.margin - actor.width / 2
    if y - actor.height / 2 < self.margin:
        y = self.margin + actor.height / 2
    elif y + actor.height / 2 > self.px_height - self.margin:
        y = self.px_height - self.margin - actor.height / 2
    return x, y
```

7）编写函数 step()移动地图，水平方向每步移动 btns[key.RIGHT] - btns[key.LEFT]，垂直方向每步移动 btns[key.UP] - btns[key.DOWN]，最后通过函数 update_after_change(self) 更新移动位置，具体实现代码如下。

```
def step(self, dt):
    btns = self.buttons
    #请注意这里用来移动的小技巧
    move_dir = eu.Vector2(btns[key.RIGHT] - btns[key.LEFT],
                          btns[key.UP] - btns[key.DOWN])
    changed = False
    if move_dir:
        new_pos = self.player.position + self.player.fastness * dt * move_
dir.normalize()
        new_pos = self.clamp(self.player, new_pos)

        self.player.position = new_pos
        changed = True

    if changed:
        self.update_after_change()

def update_after_change(self):
    self.scroller.set_focus(*self.player.position)
```

8）启动运行游戏，具体实现代码如下。

```
if __name__ == '__main__':
    cocos.director.director.init(1024, 768)
    scene = cocos.scene.Scene()
    world_layer = SquareLand()
    scroller = cocos.layer.ScrollingManager()
    scroller.add(world_layer)
    scene.add(scroller)
    cocos.director.director.run(scene)
```

执行后可以通过键盘中的 4 个方向键控制地图的移动，执行效果如图 8-3 所示。

图 8-3　执行效果

请看下面的实例，演示了基于 xml 地图文件和 ScrollingManager 实现地图滚动功能的过程。

实例 8-4	在游戏地图上做标记
源码路径	daima\8\8-1\XML-Map.py

实例文件 XML-Map.py 的功能是调用资源文件 road-map.xml 中 id 为 0 的地图。首先将 xml 资源添加到游戏层中，然后在 template_action 设置了不同的动作，具体实现代码如下所示。

```
class TestScene(cocos.scene.Scene):
    def __init__(self):
        super(TestScene, self).__init__()
        scroller = layer.ScrollingManager()
        scrollable = tiles.load('road-map.xml')['map0']
        scroller.add(scrollable)
        self.add(scroller)
        template_action = (CallFunc(scroller.set_focus, 0, 0) + Delay(1) +
                           CallFunc(scroller.set_focus, 768, 0) + Delay(1) +
                           CallFunc(scroller.set_focus, 768, 768) +Delay(1) +
                           CallFunc(scroller.set_focus, 1500, 768) +Delay(1) +
                           ScaleTo(0.75, 1) +
                           CallFunc(scrollable.set_debug, True) + Delay(1) +
                           CallFunc(director.window.set_size, 800, 600)
```

185

```
                    )
        scroller.do(template_action)

def main():
    director.init(width=600, height=300, autoscale=False, resizable=True)
    main_scene = TestScene()
    director.run(main_scene)

if _name_ == '_main_':
    main()
```

执行后会显示地图单元格的信息，效果如图 8-4 所示。

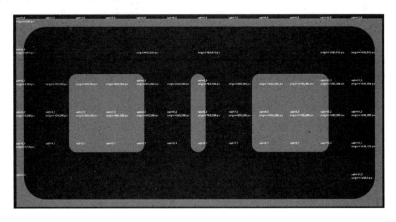

图 8-4　执行效果

8.1.4　地图查询

在 Cocos2d-Python 系统的地图中拥有查询功能，实现查询功能的内置函数是 map.get_at_pixel(x, y)，通过查询功能可以返回地图中某个位置的 cell 单元格。在给定一个 cell 对象时，也可以使用此函数 map.get_neighbor(cell, direction) 获得这个 cell 单元格的方向。

- map.UP：朝上。
- map.DOWN：朝下。
- map.LEFT：朝左。
- map.RIGHT：朝右。

8.2　地图碰撞器

8.2　地图碰撞器

碰撞问题是游戏开发过程中经常遇到的问题，在 Cocos2d-Python 系统中，可以使用地图碰撞器（Map Collider）解决碰撞问题。在本节的内容中，将简要介绍 Cocos2d-Python 地图碰撞器的知识。

8.2.1　地图碰撞器介绍

如果在场景中有精灵在移动，我们可以使用离散逼近的方式逐帧更新其位置。

```
velocity = velocity + acceleration * dt
position = position + velocity * dt
```

当精灵没有遇见障碍物（如墙）的时候还好说，但当遇到障碍物时我们通常做出如下反应。

● 停止移动，以便精灵接触障碍物但不与障碍物重叠。

● 对速度做一些修改，例如停止或反弹。

● 可能会根据障碍物（如尖状物或玻璃）的类型采取一些措施。

当遇到障碍物时，我们可以将角色和障碍物表示为边与轴平行的矩形，然后进行计算。

在 Cocos2d-Python 系统中，地图碰撞器的主要功能如下。

● 使用 Actor 导演控制速度，通过矩形进行检测，可以正确更新速度和位置。

● 控制包含许多障碍的地图图层，当检测到精灵撞到障碍物时，调用适当的方法，判断是否在 X 轴或 Y 轴上发生任何碰撞。

在现实应用中，可以通过如下代码更新位置和速度。

```
vx, vy = actor.velocity

#使用 Player 控制器、重力和其他加速度影响更新速度
#更新速度
vx = (keyboard[key.RIGHT] - keyboard[key.LEFT]) * actor.MOVE_SPEED
vy += GRAVITY * dt
if actor.on_ground and keyboard[key.SPACE]:
    vy = actor.JUMP_SPEED

#使用更新的速度计算（临时）位移
dx = vx * dt
dy = vy * dt

#获取玩家当前的边界矩形
last = actor.get_rect()

#建立临时的位移矩形
new = last.copy()
new.x += dx
new.y += dy

#考虑到会碰到的障碍，所以调整新的 vx 和 vy
actor.velocity = mapcollider.collide_map(maplayer, last, new, vx, vy)

#更新 on_ground 的状态
actor.on_ground = (new.y == last.y)

#更新玩家位置，玩家位置被锚定在图像矩形的中心
actor.position = new.center
```

在碰撞过程中可以使用函数 on_bump_handler() 处理速度的变化，常用的处理方法如下。

● on_bump_bounce()：碰撞墙壁时会反弹。

● on_bump_stick()：碰撞墙壁时，停止所有运动。

● on_bump_slide()：仅阻止在碰壁轴上的移动。

为了方便处理，可以在实例化时使用参数 velocity_on_bump 设置库存处理程序。

8.2.2 检测碰撞的方法

（1）当检测到精灵撞到障碍物时调用处理方法

通过使用方法 mapcollider.collide_<someside>(someobj)，检测到精灵与 someside 侧面的碰撞，此方法会判断："someside" 是 "左" 或 "右"，"顶" 或 "底" 之一。这样可以根据精灵碰撞的对象进行处理，例如在碰撞后杀掉这个精灵。

（2）判断在 x 轴或 y 轴是否发生碰撞

在返回 collide_map 后，mapcollider.bumped_x 和 mapcollider.bumped_y 告知地图碰撞器是否在相应的轴发生了碰撞。这样可以方便地控制精灵动画的移动方向，例如为了避免碰撞将精灵从 "向左行走" 切换到 "向右行走"。

8.2.3 3 种地图碰撞器

在 Cocos2d-Python 系统中支持如下 3 种地图碰撞器。

（1）RectMapCollider

障碍物是长方形的瓦片，所有非空单元格均视为实心。

（2）RectMapWithPropsCollider

障碍物是矩形瓦片，与 RectMapCollider 的功能相似，只是能够检测细粒度更高的碰撞。碰撞只发生在设置了 prop (<side>) 的对象侧，使用属性左、右、上和下来指示哪一侧阻止移动。为了方便起见，通常将这些属性设置在图块本身，而不是在单个单元格。当然，对于一些作为秘密区域入口的单元格来说，可以用将侧面设置为 False 的方式覆盖墙的属性，这样可以允许进入里面的区域而不会发生碰撞。

（3）TmxObjectMapCollider

障碍物被 TmxObjects 分组为 TmxObjectLayer，用于处理精灵与 TmxObjectLayer 中各个对象之间的冲突。

8.2.4 使用 RectMapCollider 碰撞器

请看下面的实例，演示了在 Cocos2d-Python 游戏中使用 RectMapCollider 碰撞器的过程。

实例 8-5	困住魔鬼游戏
源码路径	daima\8\8-2\RectMapCollider

本实例展示了如何使用地图碰撞器控制角色和地图进行碰撞的方法。使用左右箭头方向键和空格键进行控制，使用按键<D>显示单元格/图块信息。实例文件 test_platformer.py

的功能是调用资源文件 platformer-map.xml 中的地图，使用 RectMapCollider 处理了精灵和地图的碰撞。如果用户按下了按键<D>，则调用函数 on_key_press()显示单元格信息。实例文件 test_platformer.py 的主要实现代码如下所示。

```python
class PlatformerController(actions.Action):
    on_ground = True
    MOVE_SPEED = 300
    JUMP_SPEED = 800
    GRAVITY = -1200

    def start(self):
        self.target.velocity = (0, 0)

    def step(self, dt):
        global keyboard, scroller
        if dt > 0.1: #注意，如果设置太大的 dt 将使播放器穿过墙壁，dt 在启动时可能会变慢
            return
        vx, vy = self.target.velocity

        #使用 player、重力和其他加速度影响更新速度
        vx = (keyboard[key.RIGHT] - keyboard[key.LEFT]) * self.MOVE_SPEED
        vy += self.GRAVITY * dt
        if self.on_ground and keyboard[key.SPACE]:
            vy = self.JUMP_SPEED

        #用更新的速度计算（暂定）位移
        dx = vx * dt
        dy = vy * dt

        #获取玩家当前的边界矩形
        last = self.target.get_rect()

        #建立临时的矩形区域
        new = last.copy()
        new.x += dx
        new.y += dy

        #考虑到会碰到的障碍，它将调整新的 vx 和 vy
        self.target.velocity = self.target.collision_handler(last, new, vx, vy)

        #更新 on_ground 的状态
        self.on_ground = (new.y == last.y)

        #更新 player 位置，玩家的位置固定在图像矩形的中心
        self.target.position = new.center

        #将滚动视图移动到播放器中心
        scroller.set_focus(*new.center)
```

```
description = """
显示如何使用地图对撞机来控制角色和地形的碰撞
使用左右箭头和空格键进行控制
使用<D>显示单元格/图块信息
"""

def main():
    global keyboard, tilemap, scroller
    from cocos.director import director
    director.init(width=800, height=600, autoscale=False)

    print(description)
    #创建一个图层来放置播放器
    player_layer = layer.ScrollableLayer()
    #注意: 此子画面的锚点位于 center 中(cocos 默认值)
    #这意味着所有定位都必须使用其矩形的中心
    player = cocos.sprite.Sprite('witch-standing.png')
    player_layer.add(player)
    player.do(PlatformerController())

    #将瓦片贴图和播放器精灵图层添加到滚动管理器
    scroller = layer.ScrollingManager()
    fullmap = tiles.load('platformer-map.xml')
    tilemap_walls = fullmap['walls']
    scroller.add(tilemap_walls, z=0)
    tilemap_decoration = fullmap['decoration']
    scroller.add(tilemap_decoration, z=1)
    scroller.add(player_layer, z=2)

    #使用地图上的 player_start 令牌将玩家设置为开始
    start = tilemap_decoration.find_cells(player_start=True)[0]
    r = player.get_rect()

    #将 player 的中底(正下方中间底部)与起始单元的中底对齐
    r.midbottom = start.midbottom

    #player 图像锚点(位置)在精灵的中心
    player.position = r.center

    #给 player 一个碰撞处理程序
    mapcollider = mapcolliders.RectMapCollider(velocity_on_bump='slide')
    player.collision_handler = mapcolliders.make_collision_handler(
        mapcollider, tilemap_walls)

    #用背景层颜色和滚动层构造场景
    platformer_scene = cocos.scene.Scene()
    platformer_scene.add(layer.ColorLayer(100, 120, 150, 255), z=0)
    platformer_scene.add(scroller, z=1)

    #跟踪键盘按键
```

```
        keyboard = key.KeyStateHandler()
        director.window.push_handlers(keyboard)

        #允许显示有关单元格/图块的信息
        def on_key_press(key, modifier):
            if key == pyglet.window.key.D:
                tilemap_walls.set_debug(True)
        director.window.push_handlers(on_key_press)

        #运行
        director.run(platformer_scene)

    if __name__ == '__main__':
        main()
```

运行后可以使用左右方向键控制精灵的移动并实现碰撞检测，执行效果如图 8-5 所示。

图 8-5　执行效果

8.2.5　使用 TmxObjectMapCollider 碰撞器

请看下面的实例，演示了在 Cocos2d-Python 游戏中使用 TmxObjectMapCollider 碰撞器的过程。

实例 8-6	围困小球游戏
源码路径	daima\8\8-2\TmxObjectMapCollider

本实例展示了如何使用地图碰撞器控制角色和地图进行碰撞的方法。实例文件 tmx_collision_bouncing_ball.py 的功能是调用资源文件 tmx_collision.tmx 中的地图，使用 TmxObjectMapCollider 处理了小球和墙的碰撞，实例文件 tmx_collision_bouncing_ball.py 的主要实现代码如下所示。

```
class Ball(cocos.sprite.Sprite):
    def __init__(self, position, velocity, fn_collision_handler, fn_set_focus, color):
```

```
        super(Ball, self).__init__("circle6.png", color=color)
        self.opacity = 128
        self.position = position
        self.velocity = velocity
        self.fn_collision_handler = fn_collision_handler
        self.fn_set_focus = fn_set_focus
        self.schedule(self.step)

    def step(self, dt):
        vx, vy = self.velocity
        dx = vx * dt
        dy = vy * dt
        last = self.get_rect()
        new = last.copy()
        new.x += dx
        new.y += dy
        self.velocity = self.fn_collision_handler(last, new, vx, vy)
        self.position = new.center
        self.fn_set_focus(*self.position)


description = """
学习碰撞!!!!
"""


def main():
    global keyboard, walls, scroller
    from cocos.director import director
    director.init(width=800, height=600, autoscale=False)

    print(description)

    #将 tilemap 和 Player Sprite 图层添加到滚动管理器
    scroller = layer.ScrollingManager()
    walls = tiles.load('tmx_collision.tmx')['walls']
    assert isinstance(walls, tiles.TmxObjectLayer)
    scroller.add(walls, z=0)

    #给小球和墙之间一个碰撞处理程序
    mapcollider = TmxObjectMapCollider()
    mapcollider.on_bump_handler = mapcollider.on_bump_bounce
    fn_collision_handler = mapcolliders.make_collision_handler(mapcollider, walls)

    #设置视觉焦点位置
    fn_set_focus = scroller.set_focus

    #创建一个图层来放置播放器
    actors_layer = layer.ScrollableLayer()
    ball = Ball((300, 300), (600, 600), fn_collision_handler, fn_set_focus,
(255, 0, 255))
```

```
      actors_layer.add(ball)

      scroller.add(actors_layer, z=1)

      #使用 player_start 属性设置玩家开始
      player_start = walls.find_cells(player_start=True)[0]
      ball.position = player_start.center

      #设定焦点, 以便玩家可以看到
      scroller.set_focus(*ball.position)

      #提取不是墙的 player_start
      walls.objects.remove(player_start)

      #用背景层颜色和滚动层构造场景
      platformer_scene = cocos.scene.Scene()
      platformer_scene.add(layer.ColorLayer(100, 120, 150, 255), z=0)
      platformer_scene.add(scroller, z=1)

      #监测键盘按键
      keyboard = key.KeyStateHandler()
      director.window.push_handlers(keyboard)

      #运行 scene
      director.run(platformer_scene)


if __name__ == '__main__':
    main()
```

执行效果如图 8-6 所示。

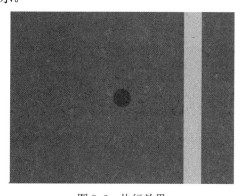

图 8-6　执行效果

8.3　CocosNode

8.3　CocosNode

在 Cocos2d-Python 系统中，所有描述场景的对象都是 CocosNode（节点）的子类，例如常见的 cocos.scene.Scene、cocos.layer.Layer 和 cocos.sprite.Sprite 等。在本节的

内容中，将详细讲解 CocosNode 的知识和用法。

8.3.1　CocosNode 的主要功能

在 Cocos2d 游戏开发应用中，大部分元素都继承自 CocosNode。概括来说，CocosNode 的主要功能和对应的内置成员如下。

（1）构建 Parent-Child（子节点）

- add(self, child, z=0, name=None)：用于添加一个子节点，如果这个名称的节点已经存在则会引发异常。
- remove(self, name_or_obj)：删除指定名称的节点，如果这个名称的节点不存在则会引发异常。
- kill(self)：从所有父节点中移除自身。
- parent：获取父节点的属性。
- get_ancestor(self, klass)：返回 klass 的第一个祖先，没有则返回 None。
- get_children(self)：获取某个节点下的所有子节点。
- get(self, name)：获取指定名称的子节点，如果不存在或找不到子节点则会引发异常。
- 运算符 in：例如代码"in node1 in node2"的含义是仅当节点 node1 是节点 node2 的子节点时才会返回 True。

请看下面的实例，演示了在 Cocos2d-Python 游戏中添加多个子节点精灵的过程。

实例 8-7	在游戏中添加多个子节点精灵
源码路径	daima\8\8-3\addsprite.py

本实例的功能是使用方法 add() 向精灵 sprite 中添加子节点精灵 sprite2，然后向精灵 sprite2 中添加子节点精灵 sprite3。实例文件 addsprite.py 的主要实现代码如下所示。

```
class TestLayer(cocos.layer.Layer):
    def __init__(self):
        super(TestLayer, self).__init__()

        x,y = director.get_window_size()

        self.sprite = Sprite('grossini.png', (x//2, y//2))
        self.add(self.sprite)

        self.sprite2 = Sprite('grossinis_sister1.png', (0, 101))
        self.sprite.add(self.sprite2)

        self.sprite3 = Sprite('grossinis_sister2.png', (0, 102))
        self.sprite2.add(self.sprite3)

        self.sprite.do(Rotate(360,10))
        self.sprite2.do(ScaleBy(2,5)+ScaleBy(0.5,5))
        self.sprite2.do(Rotate(360,10))
        self.sprite3.do(Rotate(360,10))
```

```
        self.sprite3.do(ScaleBy(2,5)+ScaleBy(0.5,5))

def main():
    director.init()
    test_layer = TestLayer ()
    main_scene = cocos.scene.Scene (test_layer)
    director.run (main_scene)

if __name__ == '__main__':
    main()
```

执行后会在游戏场景中显示 3 个精灵，执行效果如图 8-7 所示。

图 8-7　执行效果

（2）空间布局

CocosNode 的另外一个十分重要的功能是实现空间布局，在创建子节点时，相对于父节点定义了一个节点位置。在 CocosNode 中实现空间布局的成员如下。

- x/y.position：中心点在父节点的位置，可以通过 x 和 y 单独修改 position。
- anchor_x、anchor_y、anchor：为缩放和旋转提供中心点，不同的 CocosNode 子类可以具有不同的锚点默认值。要设置 anchor 锚点，建议在初始化的时候设置。因为图片的锚点是根据 image_anchor 来设置的。在初始化设置时可以更新 image_anchor，而后面再设置 anchor，不会去更新 image_anchor。
- scale：缩放精度，默认比例是 1.0。
- scale_x、scale_y：表示缩放因子。X 轴的总缩放系数为：scale * scalc_x，与 Y 轴类似。
- rotation：旋转多少度。
- opacity：不透明度。0 为全透明，255 为全不透明。
- visible：设置是否可见。
- children_names：子节点的名称和节点的映射。
- width 和 height：是只读的属性，不能设置。

（3）进入或离开活动场景

- init()：在初始化层的时候调用(在类初始化时，只会调用一次)。

195

- on_enter(self)：在进入层的时候调用（init 初始化完后进入，可能调用多次，如 addChild 一次就会调用一次）。
- onExit()：在退出层的时候调用。
- onExitTransitionDidStart()：在退出层而且开始过渡动画的时候调用（onExit 结束后进入）。
- onEnterTransitionDidFinish()：在进入层而且过渡动画结束的时候调用（onEnter 结束后进入）。
- cleanup()：层对象被清除的时候调用（整个层销毁时进入）。

再请看下面的实例，演示了在 Cocos2d-Python 游戏中使用 on_enter() 和 on_exit() 的过程。

实例 8-8	在指定的时间内自动切换游戏场景
源码路径	daima\8\8-3\qie.py

本实例的功能是在指定的时间内自动切换游戏场景，实例文件 qie.py 的主要实现代码如下所示。

```python
scene1 = None
scene2 = None
scene3 = None
stage = None
last_current_scene = 123 #anything != None
def report(t):
    global stage, scene1, scene2
    print('\nscene change')
    print('time:%4.3f' % t)
    print('len(director.scene_stack):', len(director.scene_stack))
    current_scene = director.scene
    if current_scene is None:
        s_scene = 'None'
    elif current_scene is scene1:
        s_scene = 'scene1'
    elif current_scene is scene2:
        s_scene = 'scene2'
    else:
        s_scene = 'transition scene'
    print('current scene:', s_scene, current_scene)


def sequencer(dt):
    global time_x, t0, stage, last_current_scene
    time_x += dt
    if last_current_scene != director.scene:
        last_current_scene = director.scene
```

```
            report(time_x)
        if stage == "run scene1" and time_x > 2.0:
            stage = "transition to scene2"
            print("\n%4.3f begin %s" % (time_x, stage))
            director.push(FadeTransition( scene2, 0.5))
        elif stage == "transition to scene2" and time_x >5.0:
            stage = "transition to the top scene in the stack"
            print("\n%4.3f begin %s" % (time_x, stage))
            director.replace(FadeTransitionWithPop(director.scene_stack[0], 0.5))

#注意，如果想要重写 Transition Scene 的 finish()方法，可能需要做一些额外的调整。
class FadeTransitionWithPop(FadeTransition):
    def finish(self):
        director.pop()


class ZoomTransitionWithPop(ZoomTransition):
    def finish(self):
        director.pop()


class FlipX3DTransitionWithPop(FlipX3DTransition):
    def finish(self):
        director.pop()

def main():
    global t0, scene1, scene2, scene3, stage
    print(description)
    print("\nactual timeline:")
    director.init( resizable=True )
    scene1 = TestScene()
    scene1.add(ColorLayer(80,160,32,255))

    scene2 = TestScene()
    scene2.add(ColorLayer(120,32,120,255))

    stage = "before director.run"
    print("\n%4.3f %s" % (0.0, stage))
    report(0)

    stage = "run scene1"
    print("\n%4.3f begin %s" % (0.0, stage))
    director.run(scene1)

if __name__ == '__main__':
    main()
```

执行后会发现随着时间的推移而自动切换场景，具体如下。

● t=0.000 左右：显示场景 1（屏幕全绿）。

● t=2.000 左右：正常过渡到场景 2(切换过程)。

- t=2.500 左右：过渡结束，全屏显示场景 2（屏幕全屏为紫色）。
- t=5.000 左右：从 pop 开始过渡。
- t=5.500 左右：过渡结束，全屏显示场景 1（屏幕全绿）。

执行效果如图 8-8 所示。并且会在控制台中输出显示当前的场景 Scene 和 director.scene 的变化，最后的场景是场景 1 和 scene_stack。

图 8-8　执行效果

（4）渲染

- visit(self)：渲染自身和其子节点。
- draw(self)：绘制自身节点。
- transform(self)：为上面的 visit() 和 draw() 服务，根据提供的位置、锚点、比例和旋转等参数进行渲染。
- camera：使用自定义的摄像机渲染方案。

（5）时间调度管理

Cocos2d 调度器为游戏提供定时事件和定时调用服务。所有 Node 对象都知道如何调度和取消调度事件，使用调度器的好处如下。

- 每当 Node 不再可见或已从场景中移除时，调度器会停止。
- Cocos2d-x 暂停时，调度器也会停止。当 Cocos2d-x 重新开始时，调度器也会自动继续启动。
- Cocos2d-x 封装了一个供不同平台使用的调度器，使用此调度器时，不用关心和跟踪所设定的定时对象的销毁和停止，以及崩溃的风险。

在 CocosNode 中实现时间调度管理的成员如下。

- schedule_interval(self, callback, interval, * args, ** kwargs)：计划定时器，设置安排每间隔一定时间调用一次某个函数。
- schedule(self, callback, * args, ** kwargs)：帧循环定时器，每帧都会调用某个函数，用于对实时性要求比较高的情形，例如碰撞检测。
- unschedule(self, callback)：从定时器计划中删除一次调用。
- pause_scheduler(self)：暂停定时器。

● resume_scheduler(self)：恢复定时器功能。

请看下面的实例，演示了在 Cocos2d-Python 游戏中使用 schedule_interval()循环生成子弹的过程。

实例 8-9	使用 schedule_interval()循环生成子弹
源码路径	daima\8\8-3\bullet.py

本实例的功能是使用 schedule_interval()循环调用生成子弹的函数 spawn_bullet(self, dt)，当子弹到达绿色四边形的中心时，绿色四边形会旋转起来。实例文件 bullet.py 的主要实现代码如下所示。

```
class ProbeQuad(cocos.cocosnode.CocosNode):
    def __init__(self, r, color4):
        super(ProbeQuad,self).__init__()
        self.color4 = color4
        self.vertexes = [(r,0,0),(0,r,0),(-r,0,0),(0,-r,0)]

    def draw(self):
        glPushMatrix()
        self.transform()
        glBegin(GL_QUADS)
        glColor4ub( *self.color4 )
        for v in self.vertexes:
            glVertex3i(*v)
        glEnd()
        glPopMatrix()

class RandomWalk(ac.Action):
    def init(self, fastness):
        self.fastness = fastness

    def start(self):
        self.make_new_leg()

    def make_new_leg(self):
        self._elapsed = 0.0
        x0, y0 = self.target.position
        width, height = director.get_window_size()
        x1 = random.randint(0, width)
        y1 = random.randint(0, height)
        dx = x1-x0
        dy = y1-y0
        norm = math.hypot(dx, dy)
        try:
            self.t_arrival = norm/(1.0*self.fastness)
        except ZeroDivisionError:
            norm = 1.0
            self.t_arrival = 0.1
        self.dx = dx/norm
```

```
        self.dy = dy/norm
        print('dx, dy:',dx, dy)
        self.x0 = x0
        self.y0 = y0

    def step(self, dt):
        self._elapsed += dt
        if self._elapsed > self.t_arrival:
            self.make_new_leg()
        x = self.fastness*self._elapsed*self.dx + self.x0
        y = self.fastness*self._elapsed*self.dy + self.y0
        #print('x,y:', x,y)
        self.target.position = (x,y)


class Chase(ac.Action):
    def init(self, fastness):
        #self.chasee = chasee
        self.fastness = fastness

    def init2(self, chasee, on_bullet_hit):
        self.chasee = chasee
        self.on_bullet_hit = on_bullet_hit

    def step(self, dt):
        if self.chasee is None:
            return
        x0, y0 = self.target.position
        x1, y1 = self.chasee.position
        dx , dy = x1-x0, y1-y0
        mod = math.hypot(dx, dy)
        x = self.fastness*dt*(x1-x0)/mod+x0
        y = self.fastness*dt*(y1-y0)/mod+y0
        self.target.position = (x,y)
        if math.hypot(x1-x, y1-y)<5:
            self._done = True

    def stop(self):
        self.chasee.do(ac.RotateBy(360, 1.0))
        self.on_bullet_hit(self.target)

class TestLayer(cocos.layer.Layer):
    def __init__(self):
        super( TestLayer, self ).__init__()

        x,y = director.get_window_size()

        self.green_obj = ProbeQuad(50, (0,255,0,255))
        self.add( self.green_obj )
        self.green_obj.do(RandomWalk(fastness_green))
        self.schedule_interval(self.spawn_bullet, 1.0)
```

```
    def spawn_bullet(self, dt):
        bullet = ProbeQuad(5, (255, 0, 0, 255))
        bullet.position = (0,0)
        bullet.color = (233, 70, 0)
        chase_worker = bullet.do(Chase(fastness_bullet))
        chase_worker.init2(self.green_obj, self.on_bullet_hit)
        self.add(bullet)

    def on_bullet_hit(self, bullet):
        self.remove(bullet)

def main():
    print(description)
    director.init()
    a = cocos.cocosnode.CocosNode()
    class A(object):
        def __init__(self, x):
            self.x = x
    z = A(a)
    import copy
    b = copy.deepcopy(a)
    print('a:', a)
    print('b:', b)
    test_layer = TestLayer ()
    main_scene = cocos.scene.Scene (test_layer)
    director.run (main_scene)
```

执行效果如图 8-9 所示。

图 8-9　执行效果

（6）动作管理（根据时间自动更改动作）

● do(self, template_action, target = None)：做具体的动作。

● action_remove(self, worker_action)：终止动作。

● pause(self)：暂停执行动作。

● resume(self)：恢复执行的动作。

● stop(self)：删除此节点中的所有操作，为每个操作调用 stop() 方法。

8.3.2 常用的 CocosNode 子类

在 Cocos2d-Python 系统中，CocosNode 提供了很多子类以实现节点功能，下面简要介绍几个常用的子类。

（1）Scene

Scene（场景）是构成游戏的界面，类似于电影中的场景，要在场景之间实现切换，需要使用导演 Director。

（2）TransitionScene

TransitionScene 用于实现场景切换的效果，实现从一个屏幕（场景）到另一个屏幕的逐渐变化，典型的例子是淡入和淡出效果。

（3）Layer

Layer（层）是处理玩家事件响应的 Node 子类。与场景不同，层通常包含的是直接在屏幕上呈现的内容，并且可以接受用户的输入事件，包括触摸、加速度计和键盘输入等。

（4）ColorLayer

ColorLayer 主功能是为场景提供纯色背景，也用于绘制纯色矩形。

（5）MultiplexLayer

MultiplexLayer 用于管理 Layer 的切换，而不用切换场景。可以实现不同层之间的切换，但是在同一时间只能有一个层是激活状态，其他的层都是不可见的。

（6）ScrollingManager

ScrollingManager 用于协调多个 ScrollableLayer 以进行界面滚动和视图展示，滚动不会超出地图范围。

（7）ScrollableLayer

ScrollableLayer 用于处理 ScrollingManager 的子成员，实现滚动的限制和差别管理。不过必须在 ScrollableLayer 实例中设置属性 px_with 和 px_height，以便强制执行滚动中的限制。

（8）PythonInterpreterLayer

PythonInterpreterLayer 是 Director 使用的一个工具类，用于显示一个 Python 控制台，在这个控制台中可以使用 Director 检查和修改应用程序中的对象。开发者无须手动实例化 PythonInterpreterLayer，只需按下〈Ctrl+I〉（在 Mac 系统中为〈Cmd+I〉）快捷键即可切换图层的可见性。

（9）Sprite

精灵是游戏中非常重要的元素，它可以是敌人、玩家控制对象、静态物体和背景等。可以在矩形区域中显示图像，该区域可以旋转、缩放和移动。

（10）ParticleSystem

ParticleSystem（粒子系统）表示三维计算机图形学中模拟一些特定的模糊现象的技术，通常以大量半透明的彩色图像来呈现，例如爆炸和烟雾等。在 Cocos 中提供了渲染粒子实体的基类 ParticleSystem，以及模块中的一些特殊子类，例如 Fireworks、Spiral、Meteor、Sun、Fire、Galaxy、Flower、Explosion 和 Smoke。

在 Cocos2d-Python 中，制作粒子系统的常见方法是将一个 Cocos 粒子系统子类化，并修改一些定义其行为的类成员。例如如果想更改粒子的纹理，需要使用 pyglet.image.load，而不是用 pyglet.resource.image 进行加载。当然，也可以通过自定义的子类化代码来实现粒子系统。

（11）TextElement、Label、HTMLLabel 和 RichLabel

- TextElement：所有 Cocos 文本的基类。
- Label：提供最简单的文本显示，可以设置文字的颜色。
- HTMLLabel：标签类，可以使用多种样式、可以使用 HTML 语法设置文本样式、可以设置文本的不透明度。
- RichLabel：允许使用富文本格式属性。

可以为上述 TextElement、Label、HTMLLabel 和 RichLabel 对象设置不透明度、字体和字体大小等属性。

请看下面的实例，演示了在 Cocos2d-Python 游戏中使用 HTMLLabel 显示游戏名字的过程。

实例 8-10	使用 HTMLLabel 显示游戏的名字"决战五界"
源码路径	daima\8\8-3\HTML.py

本实例的功能是使用类 HTMLLabel 显示指定的文本内容，实例文件 HTML.py 的主要实现代码如下所示。

```python
import cocos
from cocos.director import director
from cocos.sprite import Sprite
from cocos.actions import *
from cocos.text import *

import pyglet

class TestLayer(cocos.layer.Layer):
    def __init__(self):
        super(TestLayer, self).__init__()

        x,y = director.get_window_size()

        self.text = HTMLLabel("<font color=red>决战 <i>五界</i></font>", (x//2, y//2))
        self.text.do(Rotate(360, 10))
        self.text.do(ScaleTo(10, 10))
        self.add(self.text)

def main():
    director.init()
```

```
    test_layer = TestLayer ()
    main_scene = cocos.scene.Scene (test_layer)
    director.run (main_scene)

if __name__ == '__main__':
    main()
```

执行效果如图 8-10 所示。

（12）Menu

Menu（菜单）用于实现菜单选项的布局，处理菜单选项之间的导航管理。当将焦点从一个选项更改为另一个选项时，将所需的动画传递给这些选项。

（13）菜单项

- MenuItem：显示文本的菜单项。
- ImageMenuItem：显示图像和可选文本的菜单项。
- MultipleMenuItem：允许通过自定义选项列表的菜单项。
- ToggleMenuItem：显示"开/关"的菜单项。
- EntryMenuItem：显示标签和文本输入字段的菜单项。
- ColorMenuItem：允许选择一种颜色的菜单项。

图 8-10　执行效果

请看下面的实例，演示了在 Cocos2d-Python 游戏中使用各种类型菜单的过程。

实例 8-11	使用各种类型的菜单
源码路径	daima\8\8-3\MenuItem.py

实例文件 MenuItem.py 的主要实现代码如下所示。

```python
class MainMenu(Menu):
    def __init__( self ):
        super(MainMenu, self).__init__("各种各样的菜单")

        #then add the items
        item1= ToggleMenuItem('ToggleMenuItem: ', self.on_toggle_callback, True )

        resolutions = ['320x200','640x480','800x600', '1024x768', '1200x1024']
        item2= MultipleMenuItem('MultipleMenuItem: ',
                    self.on_multiple_callback,
                    resolutions)
        item3 = MenuItem('MenuItem', self.on_callback )
        item4 = EntryMenuItem('EntryMenuItem:', self.on_entry_callback, 'value',
                        max_length=8)
        item5 = ImageMenuItem('imagemenuitem.png', self.on_image_callback)

        colors = [(255, 255, 255), (129, 255, 100), (50, 50, 100), (255, 200, 150)]
        item6 = ColorMenuItem('ColorMenuItem:', self.on_color_callback, colors)
```

```
        self.create_menu( [item1,item2,item3,item4,item5,item6] )


    def on_quit( self ):
        pyglet.app.exit()

    def on_multiple_callback(self, idx ):
        print('multiple item callback', idx)

    def on_toggle_callback(self, b ):
        print('toggle item callback', b)

    def on_callback(self ):
        print('item callback')

    def on_entry_callback (self, value):
        print('entry item callback', value)

    def on_image_callback (self):
        print('image item callback')

    def on_color_callback(self, value):
        print('color item callback:', value)

def main():

    pyglet.font.add_directory('.')

    director.init( resizable=True)
    director.run( Scene( MainMenu() ) )

if __name__ == '__main__':
    main()
```

执行效果如图 8-11 所示。

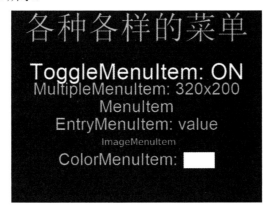

图 8-11　执行效果

205

8.4　碰撞处理

8.4　碰撞处理

在游戏中，碰撞检测是一个十分重要的功能，能够判定精灵、场景之间的碰撞。在前面的内容中，已经讲解了 Cocos2d-Python 地图碰撞器的知识，在本节将进一步讲解解决 Cocos2d 碰撞处理问题的知识。

8.4.1　碰撞模型

在处理碰撞检测问题时，通常需要询问参与者之间的以下空间关系。

● 有敌人碰到玩家吗？

● 玩家是否靠近某些敌人或触发器？

● 哪个敌人离玩家最近？

● 在鼠标光标下有 Actor（演员）吗？

在 Cocos2d-Python 系统中，使用碰撞模型模块 crash_model 解决上述问题，接下来看看 crash_model 是如何工作的。

（1）简化形状

Actor 通常具有不规则的形状，当 ActorA 接触 ActorB 时，在理想情况下，应该首先考虑用两个角色的渲染像素来解决碰撞问题。此时需要为每个角色都指定一个简单的几何形状用于实现碰撞检测，问题就会转换成 "ActorA 的形状与 ActorB 的形状是否重叠？"。

在 Cocos2d 游戏的碰撞处理应用中，目前最常用的形状是圆形（圆盘）和矩形，它们的侧面平行于轴 x = 0 和 y = 0。可以发生碰撞的物体必须符合以下条件。

● 必须具有成员形状，即："成员.cshape"。

● ".cshaped" 的值是 CircleShape 的实例或 AARectShape。

请看下面的例子，分别定义了两个角色类 CollidableSprite 和 ActorModel，两个成员都使用 self.cshape 设置了形状实例。

```python
import cocos.collision_model as cm

class CollidableSprite(cocos.sprite.Sprite):
    def __init__(self, image, center_x, center_y, radius):
        super(ActorSprite, self).__init__(image)
        self.position = (center_x, center_y)
        self.cshape = cm.CircleShape(eu.Vector2(center_x, center_y), radius)

class ActorModel(object):
    def __init__(self, cx, cy, radius):
        self.cshape = cm.CircleShape(eu.Vector2(center_x, center_y), radius)
```

（2）碰撞管理器的作用

在解决诸如 "哪些 Actor 靠近 ActorA？" 之类的问题时，隐式地假设一组已知的候选者是已知的。就是说，当启动碰撞管理器（CollisionManager）实例时，它记录了哪些可碰撞对象被视为接近或碰撞的候选对象。作为了解候选对象的实例，它可以解决有关可碰撞对象和已知可碰撞对象之间的空间关系的问题。要想保留一组已知候选对象，可以使用以下方法实现。

- add(obj)：使 obj 成为 CollisionManager 实例已知的可碰撞对象。
- remove_tricky(obj)：在 CollisionManager 实例中删除 obj，要想正确执行 obj.cshap，必须具有与调用 add(obj)时相同的值。
- clear()：在 CollisionManager 实例中清除所有的已知对象。

为了进行测试和调试，可以使用方法 knows(obj)和 known_objs()。为了实现正确的碰撞检测，要求这个对象与 add(obj)具有相同的 cshape 值。为了满足这一条件，可以使用以下两种策略。

- 第一：执行 collage_manager.remove_tricky(obj)和 obj.update_cshape()，当 obj 需要更新它的 cshape 值时，会生成 crash_manager.add(obj)。这种方式相对较慢，但是在处理碰撞对象的很少时可以使用。
- 第二：在每一帧上执行以下操作逻辑。

```
collision_manager.clear()
#为所有的 collidables 更新 cshape
#添加所有 collidables 到 collision_manager
```

这样当大多数 Actor 在每一帧中改变 cshape 时，使用上述第二种模式。

8.4.2　基于地图的碰撞处理

请看下面的实例，演示了在 Cocos2d-Python 游戏中基于地图实现碰撞处理的过程。

实例 8-12	基于地图的碰撞处理
源码路径	daima\8\8-4\collision.py

实例文件 collision.py 的具体实现流程如下所示。

1）在游戏场景中使用一个矩形块地图，首先从初始化 director 控制器，并设置键盘和滚动管理器，具体实现代码如下。

```
director.init(width=700, height=500, autoscale=False, resizable=True)
#设置了键盘和滚动管理器
scroller = ScrollingManager()
keyboard = key.KeyStateHandler()

#将 Cocos 的处理程序推送到键盘（keyboard）对象
director.window.push_handlers(keyboard)

#加载 tilemap 地图
map_layer = load("assets/platformer_map.xml")['map0']
#使用 Cocos 的 xml 规范来创建这个映射，创建一个 Action 扩展类和新的 RectMapCollider 的操作
```

2）创建类 GameAction，通过 RectMapCollider 实现与 rectmap 精灵的碰撞，具体实现代码如下。

```python
class GameAction(Action, RectMapCollider):
    #添加函数 start()用于设置何时开始，由于 Action 父类的结构方式，使用了 start 函数而不
是__init__函数
    def start(self):
        #将目标精灵的速度设置为零
        self.target.velocity = 0, 0

        #告诉游戏精灵开始在地面上了
        self.on_ground = True
    def on_bump_handler(self, vx, vy):
        return (vx, vy)

    #更新 step 函数
    def step(self, dt):
        #通过获取目标速度的方式来获得 dx 和 dy 的值
        dx = self.target.velocity[0]
        dy = self.target.velocity[1]

        #现在让 dx 值等于精灵向左或向右移动的量
        dx = (keyboard[key.RIGHT] - keyboard[key.LEFT]) * 250 * dt
        #合并向左和向右的值，并放大

        #如果 player 在地面上，按下了空格键则会跳起来
        if self.on_ground and keyboard[key.SPACE]:
            #跳到空中的量相当于地心引力的作用
            dy = 1500

        #对目标起着地心引力的作用
        dy -= 1500 * dt
        #从 dy 减去一个数字，在这个例子中选择了 1500，目的是使它回到地图的地面
        #下面是目标碰撞的所有代码
        last_rect = self.target.get_rect()

        #当把它复制到一个新的边界矩形中时，可以通过改变它的值来匹配数学运算
        new_rect = last_rect.copy()

        #将新的 x 值加到旧的 x 值上（如果它向左移动，它就会减去相应的值）
        new_rect.x += dx

        #把新的 y 值加在旧的 y 值上
        new_rect.y += dy * dt

        #现在需要检查是否发生碰撞
        self.target.velocity = self.collide_map(map_layer, last_rect, new_rect,
dy, dx)
        #这行代码的作用是从 RectMapCollider 运行 collide_map 函数来计算新的 dx 和 dy
值，然后它将目标的速度设置为新的 dx 和 dy 值

        #通过查看之前的边界矩形 y 和当前的边界矩形 y 来检查它是否在地面上，如果它们都是一
样的，我们就会知道目标没有离开地面
        self.on_ground = bool(new_rect.y == last_rect.y)
```

```
#现在需要将目标的位置锚定在边界矩形的中间（否则目标不会移动）
self.target.position = new_rect.center

#最后将滚动条的焦点设置在播放器的中心（矩形的中心）
scroller.set_focus(*new_rect.center) #The * sets the argument passed in
as all of the required parameters
```

3）为精灵图层创建另一个类 SpriteLayer，这必需是一个可滚动层，具体实现代码如下。

```
class SpriteLayer(ScrollableLayer):
    def __init__(self):
        super(SpriteLayer, self).__init__()

        #就像上一个类一样，我们制作的精灵，让它做自定义的动作
        self.sprite = Sprite("assets/img/grossini.png")
        self.add(self.sprite)
        self.sprite.do(GameAction())
```

4）在主函数中做的第一件事就是创建刚刚定义的层，设置精灵有界矩形的中间底部等于起始单元格的中间底部，最后把精灵的位置设置在矩形的中心，具体实现代码如下。

```
sprite_layer = SpriteLayer()

#找到标记为玩家开始的单元格，并将精灵设置为从那里开始，这需要检查地图映射的源代码
start = map_layer.find_cells(player_start=True)[0]

#然后得到有界矩形
rect = sprite_layer.sprite.get_rect()

#设置精灵有界矩形的中间底部等于起始单元格的中间底部
rect.midbottom = start.midbottom

#把精灵的位置设置在矩形的中心
sprite_layer.sprite.position = rect.center

#添加贴图，并将"z"设置为 0
scroller.add(map_layer, z=0)
#因为 z 是垂直轴，最高的 z 值层将始终显示在其他层的顶部

#添加精灵，并将 z 设置为 1，以便它显示在贴图层的顶部
scroller.add(sprite_layer, z=1)

#做一个颜色层
bg_color = ColorLayer(52, 152, 219, 1000)

scene = Scene()
#将滚动条添加到场景

#添加背景色（不需要定义 z，因为默认值是 0）
scene.add(bg_color)

director.run(scene)
```

执行效果如图 8-12 所示，可以通过左右方向键和空格键移动精灵。

图 8-12　执行效果

8.4.3　基于碰撞管理器的碰撞处理

在 Cocos2d-Python 游戏中，可以使用内置的碰撞管理器组件实现碰撞处理功能，其中常用的碰撞管理器类如下。

- CollisionManager：解决与已知物体接近或碰撞的问题。在 CollisionManager 实例化后，通过调用对象实例的 add 方法添加要碰撞的对象。使用 CollisionManager 可以解决两个问题：一是哪些已知对象与<this object>发生了碰撞；二是哪些已知对象接近了<this object>。
- CollisionManagerGrid：基于空间哈希方案实现的 CollisionManager 接口，其思想是将空间划分为具有给定宽度和高度的矩形，并有一个表格来说明哪些对象与每个矩形重叠。之后，当"哪些已知对象与<some object>具有空间关系"的问题出现时，只需要检查重叠在<some object>矩形中的对象（或附近的对象）即可。

请看下面的实例，演示了在 Cocos2d-Python 游戏中使用 CollisionManagerGrid 解决碰撞问题的过程。

实例 8-13	使用 CollisionManagerGrid 解决碰撞问题
源码路径	daima\8\8-4\test_all_collisions.py

在本实例中设计了一个城市街道场景，上面有绿色的圆圈表示正在街上行走的对象（包括各种车和人），当一个圆圈和另一个圆圈相撞时会变成红色。实例文件 test_all_collisions.py 的具体实现流程如下所示。

1）设置公用参数，例如街道宽度、颜色和街道十字路口具体实现代码如下。

```
half_street_width = 15#街道的宽度
streets_per_side = 5 #第一个和最后一个都看不见了
street_to_square_width_multiplier = 4

street_color = (170,170,0,255)          #街道颜色
square_color = (120,32,120,255)         #矩形颜色
```

```
pool_car_size = 4
time_to_next_crossing = 1.0

#城市景观数量，由司机参数和期望的景观得出
squares_per_side = streets_per_side - 1
street_width = 2*half_street_width
square_width = street_to_square_width_multiplier * street_width
#交叉点在十字路口的中心
crossing_point_separation = square_width + 2*(half_street_width)
```

2）绘制街道视图的宽度和高度，我们希望左下角的中心点显示在场景的在左下角窗口，城市的视野是对称的，所以在 x 方向从左到右会看到半个正方形具体实现代码如下。

```
#具体方案是分别将街道、正方形和边绘制出来
view_width = ( 2*0.5*square_width + square_width*(squares_per_side -2) +
               street_width*(streets_per_side-2) )
view_width = square_width * (squares_per_side -1) + street_width*(streets_
per_side-2)
view_height = view_width

#从交叉口到下一个左正方形中心的一维距离
offset = 0.5 * street_width + 0.5 * square_width
offset = half_street_width + street_to_square_width_multiplier * half_street_width
offset = half_street_width * (street_to_square_width_multiplier + 1)
```

3）创建演员类 Actor，计算更新每一帧移动时 rx 和 ry 的值，具体实现代码如下。

```
class Actor(cocos.sprite.Sprite):
    def __init__(self, *args, **kwargs):
        """          """ """
        参数 kwargs 和 Sprite 中的 rx 和 ry 相对应
        rx = kwargs.pop('rx', None)
        ry = kwargs.pop('ry', None)
        desired_width = kwargs.pop('desired_width', None)
        super(Actor, self).__init__(*args, **kwargs)
        if desired_width is None:
            desired_width = self.image.width
        desired_width = float(desired_width)
        self.scale = desired_width / self.width
        if rx is None:
            rx = 0.8 * desired_width / 2.0
        if ry is None:
            ry = 0.8 * self.image.height / self.image.width * desired_width / 2.0
        #self.cshape = cm.AARectShape(eu.Vector2(0.0, 0.0), rx, ry)
        self.cshape = cm.CircleShape(eu.Vector2(0.0, 0.0), rx)#, ry)

    def update_position(self, new_position):
        assert isinstance(new_position, eu.Vector2)
        self.position = new_position
        self.cshape.center = new_position
```

4）定义类 RobotCar，设置精灵使用的素材图，并为不同状态的精灵设置不同的颜色。函数 update_when_crossing_reached(self)的功能是当到达交叉路口时实现更新具体实现代码如下。

```python
class RobotCar(Actor):
    def __init__(self):
        super(RobotCar, self).__init__("circle6.png", desired_width=32)
        self.e_free()

    def e_free(self):
        self.state = 'free'
        self.color = ( 20, 120, 70)

    def e_burn(self):
        self.state = 'burning'
        self.color = (180, 0, 0)
        template_action = ac.Delay(2.0) + ac.CallFunc(self.e_free)
        self.do(template_action)

    def e_travel(self):
        self.state = 'traveling'

    def do_travel(self, initial_crossing, final_crossing):
        self.e_travel()
        self.color = ( 20, 120, 70)
        self.next_crossing = initial_crossing
        self.final_crossing = final_crossing
        self.update_when_crossing_reached()

    def update_when_crossing_reached(self):
        #在路口时的准确定位
        ix, iy = self.next_crossing
        self.update_position(eu.Vector2(ix*crossing_point_separation,
                                        iy*crossing_point_separation))

        #更新 next_crossing
        dx = self.final_crossing[0] - self.next_crossing[0]
        ok = False
        #减少 x 的误差
        if dx!=0:
            dy = 0
            if dx < 0: dx = -1
            else: dx = 1
            ix += dx
            #不允许隐形，除非是最后一次穿越
            ok = ((0<ix<(streets_per_side-1) and (0<iy<streets_per_side-1)) or
                  ((ix, iy)==self.final_crossing))
            if not ok:
                ix -= dx

        if not ok:
            #减少 y 的误差
```

```
            dx = 0
            dy = self.final_crossing[1] - self.next_crossing[1]
            if dy!=0:
                if dy < 0: dy = -1
                else: dy = 1
                iy += dy
        self.next_crossing = ix, iy

        #开始刷新，用于更新交叉口之间位置的参数
        self.elapsed = 0.0
        self.arrival = time_to_next_crossing
        self.move_in_x = (dx!=0)
        fastness = crossing_point_separation / time_to_next_crossing
        if self.move_in_x:
            self.scalar_vel = dx * fastness
        else:
            self.scalar_vel = dy * fastness

    def is_travel_completed(self):
        return ((self.elapsed > self.arrival) and
                (self.next_crossing == self.final_crossing))

    def update(self, dt):
        """
        当self.state != 'traveling'时不要调用
        """
        self.elapsed += dt
        if self.elapsed > self.arrival:
            #到达交叉口
            if self.next_crossing == self.final_crossing:
                #行程结束
                self.e_free()
            else:
                self.update_when_crossing_reached()
        else:
            x, y = self.cshape.center
            #交叉口之间
            if self.move_in_x:
                x += self.scalar_vel*dt
            else:
                y += self.scalar_vel*dt
            self.update_position(eu.Vector2(x,y))
```

5）定义类 City，功能是向游戏场景中分别添加精灵、街道和方块，并通过函数 update(self, dt)实时处理碰撞检测，以便根据不同的状态为精灵涂色，具体实现代码如下。

```
class City(cocos.layer.Layer):
    def __init__(self):
        super(City, self).__init__()
        bg = cocos.layer.ColorLayer(*street_color,width=view_width,
                                    height=view_width)
```

```
            self.add(bg)
            self.add_squares()
            self.position = -offset, -offset
            bg.position = offset, offset
            self.cars = set()
            while len(self.cars) < pool_car_size:
                car = RobotCar()
                self.cars.add(car)
                self.add(car)
            self.collman = cm.CollisionManagerGrid(-square_width, view_width +
square_width,
                                        -square_width, view_height + square_width,
                                        40.0, 40.0)
            self.schedule(self.update)

    def add_squares(self):
        for iy in range(squares_per_side):
            y = half_street_width + iy*crossing_point_separation
            for ix in range(squares_per_side):
                square = cocos.layer.ColorLayer(*square_color,width=square_width,
                                height=square_width)
                x = half_street_width + ix*crossing_point_separation
                square.position = (x,y)
                self.add(square, z=2)

    def generate_travel(self):
        #ix,iy 是整数类型变量，表示街道交叉口的坐标，其中 0、0 表示左下角
        #y = ix*crossing_point_separation + iy*crossing_point_separation
        #iz 表示起始位置的十字路口，jz 为最终位置的十字路口
        if random.random()>0.5:
            #从左到右开始
            ix = 0
            if random.random()>0.5:
                ix = streets_per_side - 1
            iy = random.randint(1, streets_per_side - 2)
        else:
            #从底部开始到顶部
            iy = 0
            if random.random()>0.5:
                iy = streets_per_side - 1
            ix = random.randint(1, streets_per_side-2);
        #模拟初始生成最终的十字路口
        jx = streets_per_side - 1 - ix; jy = streets_per_side - 1 - iy
        initial_crossing = (ix, iy)
        final_crossing = (jx, jy)
        return initial_crossing, final_crossing

    def update(self, dt):
        for car in self.cars:
            if car.state == 'free':
                initial_crossing, final_crossing = self.generate_travel()
                car.do_travel(initial_crossing, final_crossing)
```

```
        if car.state == 'traveling':
            car.update(dt)
    #处理碰撞
    self.collman.clear()
    for car in self.cars:
        self.collman.add(car)
    for car, other in self.collman.iter_all_collisions():
        if car.state != 'burning':
            car.e_burn()
        if other.state != 'burning':
            other.e_burn()

description = """
将本实例场景看作是城市街道，上面有绿色的圆圈表示正在街上行走的对象（包括各种车和人）。当一
个圆圈和另一个圆圈相撞时变成红色。
"""
```

6）最后编写主函数，调用上面的函数并启动游戏，具体实现代码如下。

```
def main():
    print(description)
    director.init(width=view_width, height=view_height)
    scene = cocos.scene.Scene()
    city = City()
    scene.add(city)
    director.run(scene)

if __name__ == '__main__':
    main()
```

执行效果如图 8-13 所示。

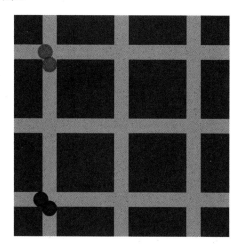

图 8-13　执行效果（浅色为绿色圆圈，深色为红色圆圈）

第 9 章

使用 PyOpenGL 开发 3D 游戏

在编写 Python 程序的过程中，可以使用库 PyOpenGL 调用 OpenGL API，从而开发出 3D 程序。在本章的内容中，将详细讲解在 Python 中使用 PyOpenGL 开发 3D 程序的知识，并通过具体实例的实现过程讲解这些知识点的使用方法。

9.1 PyOpenGL 基础知识介绍

OpenGL 是一个跨编程语言、跨平台的编程接口，用于生成二维和三维图像。这个接口由近 350 个不同的函数组成，用来将简单的图元绘制成复杂的三维图像。OpenGL 常用于 CAD、虚拟实境、科学可视化程式和电子游戏开发。PyOpenGL 是 OpenGL 针对 Python 语言推出的接口，功能是在 Python 程序中调用 OpenGL，如图 9-1 所示。

图 9-1　OpenGL 和 PyOpenGL

OpenGL 最初是用 C 语言编写的，所以在最初的时候，大多数程序员使用 C/C++开发 OpenGL 游戏项目。但是使用 C/C++开发 OpenGL 游戏的难度太高，并且随着后来 Python、iOS 和 Android 的兴起，越来越多的开发者希望在 Python、iOS 和 Android 中开发游戏程序，所以 OpenGL 分别针对 Python、iOS 和 Android 提供了对应的接口库，其中 PyOpenGL 就是 OpenGL 针对 Python 开发者提供的接口库。

在使用 PyOpenGL 之前，需要先通过如下命令安装 PyOpenGL。

```
pip install PyOpenGL PyOpenGL_accelerate
```

在 Windows 系统中，会默认安装 32 位的 PyOpenGL。如果使用的是 64 位系统，建议下载 64 位的 PyOpenGL 文件和 PyOpenGL_accelerate 文件，然后通过如下命令格式安装这两个文件。

```
python -m pip install --user PyOpenGL 文件和 PyOpenGL_accelerate 文件的路径
```

笔者安装的是 PyOpenGL 3.1.5，还需要在网页https://pypi.org/project/PyOpenGL/#files下载文件"PyOpenGL-3.1.5.tar.gz"。如图 9-2 所示。

Filename, size	File type	Python version	Upload date	Hashes
PyOpenGL-3.1.5-py2-none-any.whl (2.4 MB)	Wheel	py2	Jan 4, 2020	View
PyOpenGL-3.1.5-py3-none-any.whl (2.4 MB)	Wheel	py3	Jan 4, 2020	View
PyOpenGL-3.1.5.tar.gz (1.8 MB)	Source	None	Jan 4, 2020	View

图 9-2 下载文件"PyOpenGL-3.1.5.tar.gz"

解压缩文件"PyOpenGL-3.1.5.tar.gz"，然后将子文件夹"OpenGL\DLLS"复制到安装 Python 环境的"OpenGL"目录下，例如笔者的 Python 环境目录如下所示。

```
C:\ProgramData\Anaconda3
```

所以需要将子文件夹"OpenGL\DLLS"复制到"C:\ProgramData\Anaconda3\Lib\site-packages\OpenGL"目录下。

9.2 OpenGL 的内置函数

OpenGL 作为一个功能强大的三维图形处理库，为开发者提供了多个 API 函数以实现绚丽的 3D 效果。PyOpenGL 作为 Python 的 3D 图形库，功能是帮助 Python 开发者在 Python 程序中使用 OpenGL 的 API 函数。所以 Python 最终调用的是 OpenGL 的 API 函数，PyOpenGL 只是起了中间媒介的作用。

9.2.1 创建第一个 PyOpenGL 程序

实例 9-1	创建第一个 PyOpenGL 程序
源码路径	daima\9\9-2\fff.py

在下面的实例文件 fff.py 中，演示了创建第一个 PyOpenGL 程序的过程。

```
from OpenGL.GL import *
from OpenGL.GLU import *
from OpenGL.GLUT import *
```

```
def drawFunc():
    glClear(GL_COLOR_BUFFER_BIT)
    #glRotatef(1, 0, 1, 0)
    glutWireTeapot(0.5)                      #这是内置函数，能够绘制一个茶壶
    glFlush()

glutInit()
glutInitDisplayMode(GLUT_SINGLE | GLUT_RGBA)
glutInitWindowSize(400, 400)
glutCreateWindow("First".encode('utf-8'))
glutDisplayFunc(drawFunc)
#glutIdleFunc(drawFunc)
glutMainLoop()
```

执行效果如图 9-3 所示。

在上述代码中，前 3 行导入了 OpenGL API 函数。因为
OpenGL 最初是用 C 语言编写的，因此在 OpenGL 程序的绘
图代码中有很多 API 功能函数，而并没对象和类，所以要
把相关的 OpenGL API 函数全部导入。

9.2.2 OpenGL API 的常用内置函数

在前面的实例文件 fff.py 中用到多个 OpenGL API 函
数，例如 glClear、glutInit()和 glutInitWindowSize。
OpenGL 函数的一般命名规则如下。

<前缀><根函数><参数数目><参数类型>

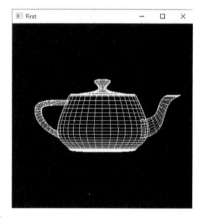

图 9-3 执行效果

OpenGL 函数的常用前缀有 gl、glu、aux、glut、wgl、glx、agl 等，分别表示该函数
属于 OpenGL 哪个开发库等。为什么有那么多开发库，因为原生的 OpenGL 是跨平台的，跨平
台就意味着很多功能是无法实现的，比如 Windows 和 X-Window 的窗口实现机制是不同的，
但 OpenGL 并不关心这些东西，只负责实现画图功能。因此 OpenGL 并没有窗口函数，无法创
建窗口、无法获得输入等，所以需要其他的函数库（开发库）来实现，例如可以用 Pygame
创建窗口，然后用 PyOpenGL 绘图。

在众多 OpenGL API 函数中，我们主要使用两种：一种是 GLU 库，它提供了比较基础的
命令的封装，可以很简单地实现比较多的复杂功能；另外一种是 GLUT，GLUT 是不依赖于窗
口平台的 OpenGL 工具包的，它的目的是隐藏不同窗口平台 API 的复杂度，以便提供更为复
杂的绘制功能。

OpenGL API 函数的参数很好理解，有点像匈牙利命名法，例如 f 说明是个 float，i 说明
是 int 等。对 Python 来说可能不是很重要，不过还是要说明一下，OpenGL 函数有 d(double)版
本，C/C++语言一般默认浮点数就是 double，使用 d 版本函数可能会显得比较简单，但是不推

荐。因为 OpenGL 内部数据都是以 float 的形式存放的，如果使用 double 会对性能有一定的影响。举个例子，glColor3f()表示该函数属于 gl 库，参数是 3 个 float 型参数指针。类似的函数还有 glColor3i，glColor4f 等，我们用 glColor*()来表示这一类函数。

在实例 9-1 的代码中，从 glutInit()开始一直到结束，这部分基本上是固定的，主要涉及了如下所示的 OpenGL API 函数。

- glutInit()：用 glut 来初始化 OpenGL。
- glutInitDisplayMode(GLUT_SINGLE | GLUT_RGBA)：用于告诉系统需要一个怎样的显示模式，其参数 GLUT_RGBA 就是使用(red, green, blue)的颜色系统，GLUT_SINGLE 意味着所有的绘图操作都直接在显示的窗口执行，相对的，我们还有一个双缓冲的窗口，对于制作动画来说非常合适。
- glutInitWindowSize(400, 400)：用于设置出现的窗口的大小。实际上还有个 glutInitWindowPosition()函数也很常用，用来设置窗口出现的位置。
- glutCreateWindow("First".encode('utf-8'))：一旦调用此函数就会出现一个窗口，参数就是窗口的标题。
- glutDisplayFunc(drawfunc)：注册一个函数，用来绘制 OpenGL 窗口，在这个函数中写了很多 OpenGL 的绘图操作命令。
- glutMainLoop()：主循环函数，一旦调用，我们的 OpenGL 就会一直循环运行下去。

而在自定义函数 drawFunc()中，用到了如下所示的 OpenGL API 函数。

- glClear(GL_COLOR_BUFFER_BIT)：可以让 OpenGL 在闲暇之余调用注册的函数，这是产生动画的绝好方法。
- glRotatef(1, 0, 1, 0)：其四个参数中第一个是角度，后三个是一个向量，功能是绕着这个向量旋转，这里的意思是绕着 Y 轴旋转 1°。这一度一度地累加，最后使得茶壶围绕 Y 轴不停地旋转。从这里也能看出来，指定了一个旋转角度后，重新绘制并不会复位，而是在上一次旋转的结果上继续旋转。这是一个非常重要的概念，OpenGL 是一个状态机，一旦指定了某种状态，直到重新指定位置，它会保持那种状态不变。不仅仅是旋转，包括以后的光照贴图等，也都遵循这样的规律。
- glutWireTeapot(0.5)：是 glut 提供的绘制茶壶的工具函数。

glFlush()：用于强制刷新缓冲，保证绘图命令被执行。

实例 9-2	让实例 9-1 的茶壶水平旋转
源码路径	daima\9\9-2\first.py

在下面的实例文件 first.py 中，使用函数 glRotatef()让上面的茶壶水平旋转起来。

```
from OpenGL.GL import *
from OpenGL.GLU import *
from OpenGL.GLUT import *

def Draw():
    glClear(GL_COLOR_BUFFER_BIT)
```

```
    glRotatef(0.5, 0, 1, 0)
    glutWireTeapot(0.5)
    glFlush()

glutInit()
glutInitDisplayMode(GLUT_SINGLE | GLUT_RGBA)
glutInitWindowSize(400, 400)
glutCreateWindow("test".encode('utf-8'))
glutDisplayFunc(Draw)
glutIdleFunc(Draw)
glutMainLoop()

if __name__ == '__main__':
    Draw()
```

执行后会发现茶壶水平旋转了。

9.3 绘制基本的图形

9.3 绘制基本的图形

OpenGL 的基本功能是绘制各种二维和三维图形，在本节的内容中，将讲解在 Python 程序中，通过调用 PyOpenGL 绘制基本二维和三维图形的知识。

9.3.1 绘制一条直线

实例 9-3	绘制一条直线
源码路径	daima\9\9-3\line.py

请看下面的实例文件 line.py，功能是使用自定义函数 lineSegment()绘制一条直线。

```
from OpenGL.GLUT import *
from OpenGL.GLU import *
from OpenGL.GL import *

def lineSegment():
    glClear(GL_COLOR_BUFFER_BIT)
    glColor3f(0.0,0.4,0.2)      #线的颜色为绿色
    glBegin(GL_LINES)
    glVertex2i(180,15)
    glVertex2i(10,145)
    glEnd()
    glFlush()

def init():
    glClearColor(1.0,1.0,1.0,0.0)
```

```
    glMatrixMode(GL_PROJECTION)
    gluOrtho2D(0.0,200.0,0.0,150.0)

if __name__=="__main__":
    glutInit()
    glutInitDisplayMode(GLUT_SINGLE|GLUT_RGB)
    glutInitWindowPosition(50,100)
    glutInitWindowSize(400,300)
    glutCreateWindow('First Program'.encode('utf-8'))

    init()
    glutDisplayFunc(lineSegment)
    glutMainLoop()
```

在上述代码中，设置直线的颜色为绿色，起点为 $(180, 15)$，终点为 $(10, 145)$，窗口背景色为白色，执行效果如图 9-4 所示。

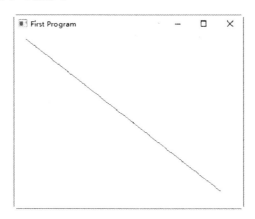

图 9-4 执行效果

9.3.2 绘制点线面图形

实例 9-4	绘制点线面图形
源码路径	daima\9\9-3\dianxian.py

在下面的实例文件 dianxian.py 中，演示了使用 PyOpenGL 绘制点线面图形的过程。

```
def init():
    glClearColor(0.0, 0.0, 0.0, 1.0)
    gluOrtho2D(-1.0, 1.0, -1.0, 1.0)

def drawFunc():
    glClear(GL_COLOR_BUFFER_BIT)
    glBegin(GL_LINES)
    glVertex2f(-1.0, 0.0)
```

```
    glVertex2f(1.0, 0.0)
    glVertex2f(0.0, 1.0)
    glVertex2f(0.0, -1.0)
    glEnd()

①   glPointSize(5.0)                          #指定栅格化点的直径
    glBegin(GL_POINTS)
    glColor3f(1.0, 0.0, 0.0)                   #设置颜色
    glVertex2f(0.3, 0.3)                       #使用函数 glVertex2f()绘制线条
    glColor3f(0.0, 1.0, 0.0)
    glVertex2f(0.6, 0.6)
    glColor3f(0.0, 0.0, 1.0)
    glVertex2f(0.9, 0.9)
②   glEnd()

    glColor3f(1.0, 1.0, 0)                     #设置颜色
    glBegin(GL_QUADS)
    glVertex2f(-0.2, 0.2)                      #使用函数 glVertex2f()绘制线条
    glVertex2f(-0.2, 0.5)
    glVertex2f(-0.5, 0.5)
    glVertex2f(-0.5, 0.2)
    glEnd()
③
    glColor3f(0.0, 1.0, 1.0)
    glPolygonMode(GL_FRONT, GL_LINE)
    glPolygonMode(GL_BACK, GL_FILL)
    glBegin(GL_POLYGON)
    glVertex2f(-0.5, -0.1)
    glVertex2f(-0.8, -0.3)
    glVertex2f(-0.8, -0.6)
    glVertex2f(-0.5, -0.8)
    glVertex2f(-0.2, -0.6)
    glVertex2f(-0.2, -0.3)
    glEnd()
④
    glPolygonMode(GL_FRONT, GL_FILL)           #设置正面为填充模式
    glPolygonMode(GL_BACK, GL_LINE)            #逆时针绘制一个正方形
    glBegin(GL_POLYGON)
    glVertex2f(0.5, -0.1)                      #使用函数 glVertex2f()绘制线条
    glVertex2f(0.2, -0.3)
    glVertex2f(0.2, -0.6)
    glVertex2f(0.5, -0.8)
    glVertex2f(0.8, -0.6)
    glVertex2f(0.8, -0.3)
    glEnd()
⑤
    glFlush()

glutInit()
glutInitDisplayMode(GLUT_RGBA | GLUT_SINGLE)
glutInitWindowSize(400, 400)
glutCreateWindow("Sencond".encode('utf-8'))
```

```
glutDisplayFunc(drawFunc)
init()
glutMainLoop()
```

执行效果如图 9-5 所示。

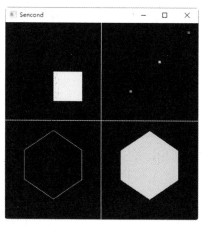

图 9-5　执行效果

在上述代码中没有指定颜色，而是使用 OpenGL 默认的颜色系统，即前景为白色，背景为黑色。①～②之间的代码实现了绘制功能，通过 glPointSize(5.0)指明每个点的大小为 5 个像素（否则默认是一个像素会看不清楚）。而 glColor3f(R，G，B)指定了绘制的颜色，这里的 R、G、B 都是 0～1 之间的浮点数，注意这里的排布，glColorx 是可以放在 glBegin() 和 glEnd()里面的，而 glPointSize()则不是，在此简单画了 3 个不同颜色的点。

在执行结果的左上区域中，使用 GL_QUADS 画了一个黄色的矩形，需要注意的是，这个矩形是填充的。也就是说，OpenGL 在默认情况下，会填充我们画出来的图形。

在执行结果的下半区域中，我们将两个图案结合起来看，这两个图形是完全一样的，代码分别为左（③～④）和右（④～⑤），坐标就是一个正一个负而已，唯一不同的是：

```
glPolygonMode(GL_FRONT, GL_LINE)
glPolygonMode(GL_BACK, GL_FILL)
```

和

```
glPolygonMode(GL_FRONT, GL_FILL)
glPolygonMode(GL_BACK, GL_LINE)
```

函数 glPolygonMode()指定了绘制面的方式，GL_LINE 表示只画线，而 GL_FILL 表示默认的填充。

9.3.3　绘制平滑阴影三角形

在 OpenGL 应用中有 3 种绘制一系列三角形的方式，分别是 GL_TRIANGLES、GL_TRIANGLE_STRIP 和 GL_TRIANGLE_FAN。如图 9-6 所示。

223

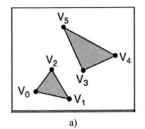 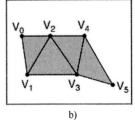 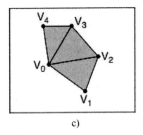

a)   b)   c)

图 9-6 绘制一系列三角形的三种方式

a) GL_TRIANGLES b) GL_TRIANGLE_STRIP c) GL_TRIANGLE_FAN

（1）GL_TRIANGLES

以每 3 个顶点绘制一个三角形，第一个三角形使用顶点 V_0、V_1、V_2，第二个三角形使用 V_3、V_4、V_5，以此类推如图 9-6a 所示。如果顶点的个数 n 不是 3 的倍数，那么最后的 1 个或者 2 个顶点会被忽略。

（2）GL_TRIANGLE_STRIP

这种方式稍微有点复杂，其规律是：构建当前三角形的顶点的连接顺序依赖于要和前面已经出现过的 2 个顶点组成三角形的当前顶点的序号的奇偶性（如果从 0 开始）：

● 如果当前顶点是奇数，组成三角形的顶点排列顺序：T = [n-1 n-2 n]。

● 如果当前顶点是偶数，组成三角形的顶点排列顺序：T = [n-2 n-1 n]。

以图 9-6b 为例，第一个三角形，顶点 V_2 序号是 2，是偶数，则顶点排列顺序是 V_0、V_1、V_2；第二个三角形，顶点 V_3 序号是 3，是奇数，则顶点排列顺序是 V_2、V_1、V_3；第三个三角形，顶点 V_4 序号是 4，是偶数，则顶点排列顺序是 V_2、V_3、V_4，以此类推。

这个顺序是为了保证所有的三角形都是按照相同的方向绘制的，使这个"三角形串"能够正确形成表面的一部分。

注意：顶点个数 n 至少要大于 3，否则不能绘制任何三角形。

（3）GL_TRIANGLE_FAN

与 GL_TRIANGLE_STRIP 类似，不过它的三角形的顶点排列顺序是 T = [n-1 n-2 n]，各三角形形成一个扇形序列。

实例 9-5	绘制平滑阴影的三角形
源码路径	daima\9\9-3\smoon.py

在下面的实例文件 smoon.py 中，演示了使用 GL_TRIANGLES 方式绘制平滑阴影三角形的过程。

```
def init():
    glClearColor(0.0, 0.0, 0.0, 0.0)
    glShadeModel(GL_SMOOTH)

def triangle():
```

```
    glBegin(GL_TRIANGLES)
    glColor3f(1.0, 0.0, 0.0)              #设置颜色
    glVertex2f(5.0, 5.0)                  #使用函数 glVertex2f()绘制线条
    glColor3f(0.0, 1.0, 0.0)
    glVertex2f(25.0, 5.0)
    glColor3f(0.0, 0.0, 1.0)
    glVertex2f(5.0, 25.0)
    glEnd()

def display():                           #清除当前颜色
    glClear(GL_COLOR_BUFFER_BIT)
    triangle()
    glFlush()


def reshape(w, h):
    glViewport(0, 0, w, h)               #设置打开窗口的大小参数
    glMatrixMode(GL_PROJECTION)
    glLoadIdentity()
    if(w <= h):
        gluOrtho2D(0.0, 30.0, 0.0, 30.0 * h/w)
    else:
        gluOrtho2D(0.0, 30.0 * w/h, 0.0, 30.0)
    glMatrixMode(GL_MODELVIEW)

def keyboard(key, x, y):
    if key == chr(27):
        sys.exit(0)
```

执行效果如图 9-7 所示。

图 9-7　执行效果

9.3.4 绘制平方曲线

实例 9-6	绘制 y=x^2 的抛物线
源码路径	daima\9\9-3\ping.py

在下面的实例文件 ping.py 中，演示了使用 PyOpenGL 绘制 y=x^2 的抛物线的过程。

```python
def init():
    glClearColor(1.0, 1.0, 1.0, 1.0)
    gluOrtho2D(-5.0, 5.0, -5.0, 5.0)


def plotfunc():
    glClear(GL_COLOR_BUFFER_BIT)            #清除当前颜色
    glPointSize(3.0)

    glColor3f(1.0, 1.0, 0.0)                #设置颜色
    glBegin(GL_LINES)
    glVertex2f(-5.0, 0.0)                   #使用函数 glVertex2f()绘制线条
    glVertex2f(5.0, 0.0)
    glVertex2f(0.0, 5.0)
    glVertex2f(0.0, -5.0)
    glEnd()

    glColor3f(0.0, 0.0, 0.0)                #设置颜色
    glBegin(GL_LINES)
    # for x in arange(-5.0, 5.0, 0.1):
    for x in (i * 0.1 for i in range(-50, 50)):
        y = x * x
        glVertex2f(x, y)
    glEnd()

    glFlush()

def main():
    glutInit(sys.argv)
    glutInitDisplayMode(GLUT_SINGLE | GLUT_RGB)
    glutInitWindowPosition(50, 50)
    glutInitWindowSize(400, 400)
    glutCreateWindow("Function Plotter".encode('utf-8'))
    glutDisplayFunc(plotfunc)
    init()                                  #注册绘图函数
    glutMainLoop()                          #主循环

main()
```

执行效果如图 9-8 所示。

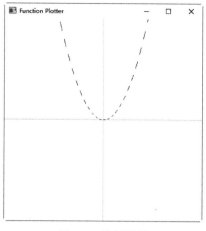

图 9-8　执行效果

9.4　使用 GLFW

9.4　使用 GLFW

GLFW 是一个 OpenGL 的应用框架，支持 Linux 和 Windows。GLFW 主要用来处理特定操作系统下的特定任务，例如 OpenGL 窗口管理、分辨率切换、键盘、鼠标以及游戏手柄、定时器输入、线程创建等。在本节的内容中，将详细讲解在 Python 程序中使用 GLFW 的知识。

9.4.1　第一个 GLFW 程序

要想在 Python 程序中使用 GLFW，首先需要使用以下命令安装 GLFW。

```
pip install glfw
```

实例 9-7	使用 GLFW 创建一个 OpenGL 窗口
源码路径	daima\9\9-4\first.py

在下面的实例文件 first.py 中，使用 GLFW 创建了一个 OpenGL 窗口。

```
import glfw

def main():
    #初始化库
    if not glfw.init():
        return
    #创建窗口及其 OpenGL 上下文
    window = glfw.create_window(640, 480, "Hello World", None, None)
    if not window:
        glfw.terminate()
        return
    #将窗口设置为当前的上下文
    glfw.make_context_current(window)
    #循环打开显示窗口，直到用户关闭窗口为止
```

227

```
    while not glfw.window_should_close(window):
        #开始渲染，使用 PyOpenGL 交换的缓冲区
        glfw.swap_buffers(window)
        #轮询和处理事件
        glfw.poll_events()
    glfw.terminate()

if __name__ == "__main__":
    main()
```

执行效果如图 9-9 所示。

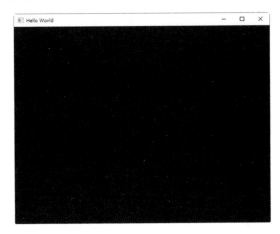

图 9-9　执行效果

9.4.2　模拟钟表指针的转动

实例 9-8	模拟钟表指针的转动
源码路径	daima\9\9-4\second.py

在下面的实例文件 second.py 中，使用 GLFW 实现了模拟钟表指针的转动。

```
#旋转点和矢量

import glfw
from OpenGL.GL import *
import numpy as np

def render(M):
    glClear(GL_COLOR_BUFFER_BIT)
    glLoadIdentity()
    #绘制 X、Y 坐标轴
    glBegin(GL_LINES)
    glColor3ub(255, 0, 0)
    glVertex2fv(np.array([0.,0.]))
    glVertex2fv(np.array([1.,0.]))
```

```python
        glColor3ub(0, 255, 0)
        glVertex2fv(np.array([0.,0.]))
        glVertex2fv(np.array([0.,1.]))
    glEnd()
    glColor3ub(255, 255, 255)                    #颜色
    #绘制点
    glBegin(GL_POINTS)
    #点阵列的第 3 个元素，最后一个排列要素是 1
    glVertex2fv((M @ np.array([.5, 0.,1.]))[:-1] )
    glEnd()
    #绘制矢量
    glBegin(GL_LINES)
    #实现向量数组的第 3 个元素是 0 ，最后一个排列要素是 0
    glVertex2fv(np.array([0., 0.]))
    glVertex2fv((M @ np.array([.5, 0.,0.]))[:-1] )
    glEnd()


def main():
    if not glfw.init():
        return
    window = glfw.create_window(480,480, 'rotating point&vector', None,None)
    if not window:
        glfw.terminate()
        return

    glfw.make_context_current(window)
    glfw.swap_interval(1)

    while not glfw.window_should_close(window):
        glfw.poll_events()
        t = glfw.get_time()
        #逆时针旋转
        R = np.array([[np.cos(t), -np.sin(t), 0.],
                    [np.sin(t), np.cos(t), 0.],
                    [0., 0., 1.]])
        #在 X 轴上平移 0.5
        T = np.array([[1.,0.,.5],
                    [0.,1.,0.],
                    [0.,0.,1.]])
        #第 1 次旋转和第 2 次旋转
        render(R@T)
        glfw.swap_buffers(window)

    glfw.terminate()

if __name__ == "__main__":
    main()
```

执行效果如图 9-10 所示。

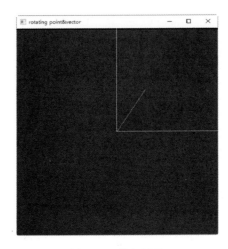

图 9-10　执行效果

9.4.3　模拟钟表指针转动的三角形

实例 9-9	模拟钟表指针转动的三角形
源码路径	daima\9\9-4\third.py

在下面的实例文件 third.py 中，首先绘制了不同颜色的 *X* 轴和 *Y* 轴，然后使用 GL_TRIANGLES 方式创建了一个白色的三角形，最后让这个三角形逆时针旋转起来。

```python
import glfw
from OpenGL.GL import *
import numpy as np

def render(T):
    glClear(GL_COLOR_BUFFER_BIT)
    glLoadIdentity()
    #绘制 X 轴和 Y 轴
    glBegin(GL_LINES)    #绘制线条选项
    glColor3ub(255, 0, 0)    #红色的 Y 轴
    glVertex2fv(np.array([0.,0.]))    #二维（2fv）
    glVertex2fv(np.array([1.,0.]))
    glColor3ub(0, 255, 0)    #绿色的 X 轴
    glVertex2fv(np.array([0.,0.]))
    glVertex2fv(np.array([0.,1.]))
    glEnd()
    #绘制三角形
    glBegin(GL_TRIANGLES)    #使用 GL_TRIANGLES 方式绘制三角形
    glColor3ub(255, 255, 255)    #白色的三角形
    glVertex2fv( (T @ np.array([.0,.5,1.]))[:-1] )    #二维
    glVertex2fv( (T @ np.array([.0,.0,1.]))[:-1] )    #用三角形矩阵乘(0,0),
(0,0.5),(0.5,0)乘以 transform
    glVertex2fv( (T @ np.array([.5,.0,1.]))[:-1] )    #后除去最后的点
    glEnd()
```

```
def main():
    if not glfw.init():
        return
    window = glfw.create_window(480,480,"rotating_triangle", None,None)  #窗
口尺寸的大小 480*480
    if not window:
        glfw.terminate()
        return
    glfw.make_context_current(window)
    #glfw.swap_interval : 在调用 glfw.swap_buffer()前，调整刷新参数 screen,设置时
间间隔
    #如果 refresh 的值是 60Hz，那么每 1/60 秒重复一次 while 循环
    glfw.swap_interval(1)
    while not glfw.window_should_close(window):  #直到窗口关闭，才停止循环
        glfw.poll_events()
        t = glfw.get_time()  #小时
        #以 rad/t 角度进行旋转
        th = t
        R = np.array([[np.cos(th), -np.sin(th), 0.],
                      [np.sin(th), np.cos(th), 0.],
                      [0., 0., 1.]])
        #依据 (.5, 0.) / (0.5, 0)移动
        T = np.array([[1., 0., .5],
                      [0., 1., 0.],
                      [0., 0., 1.]])
        #第 1 次平移和第 2 次旋转
        render(R @ T)
        glfw.swap_buffers(window)    #交换缓冲区
    glfw.terminate()

if __name__ == "__main__":
    main()
```

执行效果如图 9-11 所示。

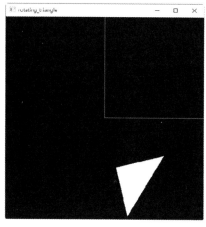

图 9-11　执行效果

9.4.4 使用键盘按键移动三角形

在下面的实例文件 fourth.py 中，首先绘制了不同颜色的 X 轴和 Y 轴，然后使用 GL_TRIANGLES 方式创建了一个白色的三角形，最后通过如下 4 个键盘按键控制三角的移动。

- 〈Q〉：按下〈Q〉键，在 X 轴上平移-0.1。
- 〈E〉：按下〈E〉键，在 X 轴上平移 0.1。
- 〈A〉：按下〈A〉键，逆时针旋转 10°。
- 〈D〉：按下〈D〉键，逆时针旋转-10°。

实例 9-10	使用键盘按键移动三角形
源码路径	daima\9\9-4\fourth.py

实例文件 fourth.py 的具体实现代码如下所示。

```python
import glfw
from OpenGL.GL import *
import numpy as np

gkey=[]

def render():
    global gkey  #修改全局变量
    glClear(GL_COLOR_BUFFER_BIT)
    glLoadIdentity()
#绘制 X、Y 轴
    glBegin(GL_LINES)
    glColor3ub(255, 0, 0)
    glVertex2fv(np.array([0.,0.]))
    glVertex2fv(np.array([1.,0.]))
    glColor3ub(0, 255, 0)
    glVertex2fv(np.array([0.,0.]))
    glVertex2fv(np.array([0.,1.]))
    glEnd()

    glColor3ub(255, 255, 255)    #重置为白色

    for i in range(len(gkey)):                #按照顺序遍历所有的位置帧
        if gkey[len(gkey)-i-1]==2:            #按下<Q>键，在 X 轴平移-0.1
            glTranslatef(-0.1, 0, 0)
        elif gkey[len(gkey)-i-1]==3:          #按下<E>键，在 X 轴上平移 0.1
            glTranslatef(0.1, 0, 0)
        elif gkey[len(gkey) - i - 1] == 4:    #按下<A>键，逆时针旋转 10°
            glRotatef(10, 0, 0, 1)
        elif gkey[len(gkey)-i-1]==5:          #按下<D>键，逆时针旋转-10°
```

```
        glRotatef(-10,0,0,1)

    drawTriangle()   #三角函数

def drawTriangle():  #固定三角形坐标
    glBegin(GL_TRIANGLES)                    #使用 GL_TRIANGLES 方式绘制三角形
    glVertex2fv(np.array([0.,.5]))
    glVertex2fv(np.array([0.,0.]))
    glVertex2fv(np.array([.5,0.]))
    glEnd()

def key_callback(window, key, scancode, action, mods):
    global gkey                          #修改全局变量
    if action==glfw.PRESS or action==glfw.REPEAT:
        if key==glfw.KEY_1:              #如果按键值为 glfw.KEY_1
            gkey= []
        elif key==glfw.KEY_Q:
            gkey= gkey + [2]             #在列表中添加按键<Q>的操作
        elif key==glfw.KEY_E:
            gkey= gkey + [3]             #在列表中添加按键<E>的操作
        elif key==glfw.KEY_A:
            gkey= gkey + [4]             #在列表中添加按键<A>的操作
        elif key==glfw.KEY_D:
            gkey= gkey + [5]             #在列表中添加按键<D>的操作
def main():
    if not glfw.init():
        return
    window = glfw.create_window(480,480, 'triangle movement', None,None)
    if not window:
        glfw.terminate()
        return

    glfw.make_context_current(window)
    glfw.set_key_callback(window, key_callback)

    while not glfw.window_should_close(window):
        glfw.poll_events()
        render()
        glfw.swap_buffers(window)

    glfw.terminate()

if __name__ == "__main__":
    main()
```

执行效果如图 9-12 所示。

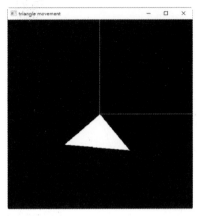

图 9-12　执行效果

9.5　开发一个 3D 游戏

9.5　开发一个 3D 游戏

在 Python 应用中，经常联合使用 PyOpenGL 和 Pygame 开发 3D 游戏。在本节的内容中，将通过一个综合实例的实现过程，详细讲解联合使用 PyOpenGL 和 Pygame 开发一个 3D 游戏的过程。

9.5.1　渲染游戏场景和纹理

实例 9-11	渲染游戏场景和纹理
源码路径	daima\9\9-5\graphics.py

实例文件 graphics.py 的功能是载入预先准备好的素材文件，渲染游戏中需要的场景和纹理。文件 graphics.py 的主要实现代码如下所示。

```
def load_texture(filename):
    """ 此函数将返回纹理的 ID"""
    textureSurface = pygame.image.load(filename)
    textureData = pygame.image.tostring(textureSurface,"RGBA",1)
    width = textureSurface.get_width()
    height = textureSurface.get_height()
    ID = glGenTextures(1)
    glBindTexture(GL_TEXTURE_2D,ID)
    glTexParameteri(GL_TEXTURE_2D, GL_TEXTURE_MAG_FILTER, GL_LINEAR)
    glTexParameteri(GL_TEXTURE_2D, GL_TEXTURE_MIN_FILTER, GL_LINEAR)
    glTexImage2D(GL_TEXTURE_2D,0,GL_RGBA,width,height,0,GL_RGBA,GL_UNSIGNED_
BYTE,textureData)
    return ID

class ObjLoader(object):
    def __init__(self,filename):
        self.vertices = []
        self.triangle_faces = []
```

```python
        self.quad_faces = []
        self.polygon_faces = []
        self.normals = []
        #---------------------
        try:
            f = open(filename)                           #打开素材文件
            n = 1
            for line in f:
                if line[:2] == "v ":                      #遍历文件内容
                    index1 = line.find(" ") +1            #第1个数字索引
                    index2 = line.find(" ",index1+1)      #第2个数字索引
                    index3 = line.find(" ",index2+1)      #第3个数字索引

                    vertex = (float(line[index1:index2]),float(line[index2:
index3]),float(line[index3:-1]))
                    vertex = (round(vertex[0],2),round(vertex[1],2),round
(vertex[2],2))
                    self.vertices.append(vertex)

                elif line[:2] == "vn":
                    index1 = line.find(" ") +1            #第1个数字索引;
                    index2 = line.find(" ",index1+1)      #第2个数字索引;
                    index3 = line.find(" ",index2+1)      #第3个数字索引;

                    normal = (float(line[index1:index2]),float(line[index2:
index3]),float(line[index3:-1]))
                    normal = (round(normal[0],2),round(normal[1],2),round
(normal[2],2))
                    self.normals.append(normal)

                elif line[0] == "f":
                    string = line.replace("//","/")         #将//换成/
                    #----------------------------------------------------
                    i = string.find(" ")+1
                    face = []
                    for item in range(string.count(" ")): #遍历空格
                        if string.find(" ",i) == -1:
                            face.append(string[i:-1])
                            break
                        face.append(string[i:string.find(" ",i)])
                        i = string.find(" ",i) +1
                    #----------------------------------------------------
                    if string.count("/") == 3:              #如果/的数量是3
                        self.triangle_faces.append(tuple(face))
                    elif string.count("/") == 4:            #如果/的数量是4
                        self.quad_faces.append(tuple(face))
                    else:
                        self.polygon_faces.append(tuple(face))
            f.close()
        except IOError:
            print ("Could not open the .obj file...")
```

```python
def render_scene(self):
    if len(self.triangle_faces) > 0:
        #-------------------------------
        glBegin(GL_TRIANGLES)
        for face in (self.triangle_faces):
            n = face[0]
            normal = self.normals[int(n[n.find("/")+1:])-1]
            glNormal3fv(normal)
            for f in (face):
                glVertex3fv(self.vertices[int(f[:f.find("/")])-1])
        glEnd()
        #-------------------------------

    if len(self.quad_faces) > 0:
        #-------------------------------
        glBegin(GL_QUADS)
        for face in (self.quad_faces):
            n = face[0]
            normal = self.normals[int(n[n.find("/")+1:])-1]
            glNormal3fv(normal)
            for f in (face):
                glVertex3fv(self.vertices[int(f[:f.find("/")])-1])
        glEnd()
    if len(self.polygon_faces) > 0:
        #-------------------------------
        for face in (self.polygon_faces):
            #---------------------
            glBegin(GL_POLYGON)
            n = face[0]
            normal = self.normals[int(n[n.find("/")+1:])-1]
            glNormal3fv(normal)
            for f in (face):
                glVertex3fv(self.vertices[int(f[:f.find("/")])-1])
            glEnd()
```

9.5.2 监听用户的鼠标和按键动作

实例 9-12	根据动作用不同的角度显示场景
源码路径	daima\9\9-5\opengl_tutorial.py

通过文件 opengl_tutorial.py 渲染生成 3D 场景，并监听用户的鼠标和按键动作，根据动作用不同的角度显示场景。文件 opengl_tutorial.py 的主要实现代码如下所示。

```python
class Cube(object):
    left_key = False
    right_key = False
    up_key = False
    down_key = False
    angle = 0
    cube_angle = 0
```

```python
    #-----------------------------------
    def __init__(self):
        self.vertices = []
        self.faces = []
        self.rubik_id = graphics.load_texture("rubik.png")
        self.surface_id = graphics.load_texture("ConcreteTriangles.png")
        #---协调----[x,y,z]----------------------------
        self.coordinates = [0,0,0]
        self.ground = graphics.ObjLoader("plane.txt")
        self.pyramid = graphics.ObjLoader("scene.txt")
        self.cube = graphics.ObjLoader("cube.txt")

    def render_scene(self):
        glClear(GL_COLOR_BUFFER_BIT|GL_DEPTH_BUFFER_BIT)
        glMatrixMode(GL_MODELVIEW)
        glLoadIdentity()

        #添加环境光
        glLightModelfv(GL_LIGHT_MODEL_AMBIENT,[0.2,0.2,0.2,1.0])

        #添加定位光
        glLightfv(GL_LIGHT0,GL_DIFFUSE,[2,2,2,1])
        glLightfv(GL_LIGHT0,GL_POSITION,[4,8,1,1])

        glTranslatef(0,-0.5,0)

        gluLookAt(0,0,0, math.sin(math.radians(self.angle)),0,math.cos(math.
radians(self.angle)) *-1, 0,1,0)

        glTranslatef(self.coordinates[0],self.coordinates[1],self.coordinates[2])

        self.ground.render_texture(self.surface_id,((0,0),(2,0),(2,2),(0,2)))
        self.pyramid.render_scene()

        glTranslatef(-7.5,2,0)
        glRotatef(self.cube_angle,0,1,0)
        glRotatef(45,1,0,0)
        self.cube.render_texture(self.rubik_id,((0,0),(1,0),(1,1),(0,1)))

        #self.monkey.render_scene()

    def move_forward(self):
        self.coordinates[2] += 0.1 * math.cos(math.radians(self.angle))
        self.coordinates[0] -= 0.1 * math.sin(math.radians(self.angle))
    #向后移动
    def move_back(self):
        self.coordinates[2] -= 0.1 * math.cos(math.radians(self.angle))
        self.coordinates[0] += 0.1 * math.sin(math.radians(self.angle))
    #向左移动
    def move_left(self):
        self.coordinates[0] += 0.1 * math.cos(math.radians(self.angle))
        self.coordinates[2] += 0.1 * math.sin(math.radians(self.angle))
```

```
#向右移动
def move_right(self):
    self.coordinates[0] -= 0.1 * math.cos(math.radians(self.angle))
    self.coordinates[2] -= 0.1 * math.sin(math.radians(self.angle))
#旋转
def rotate(self,n):
    if self.angle >= 360 or self.angle <= -360:
        self.angle = 0
    self.angle += n
#更新位置
def update(self):
    if self.left_key:
        self.move_left()
    elif self.right_key:
        self.move_right()
    elif self.up_key:
        self.move_forward()
    elif self.down_key:
        self.move_back()

    pos = pygame.mouse.get_pos()
    if pos[0] < 75:
        self.rotate(-1.2)
    elif pos[0] > 565:
        self.rotate(1.2)

    if self.cube_angle >= 360:
        self.cube_angle = 0
    else:
        self.cube_angle += 0.5
#监听按下动作
def keyup(self):
    self.left_key = False
    self.right_key = False
    self.up_key = False
    self.down_key = False
#删除纹理
def delete_texture(self):
    glDeleteTextures(self.rubik_id)
    glDeleteTextures(self.surface_id)
```

执行效果如图 9-13 所示。

图 9-13 执行效果

第 10 章
使用 Panda3D 开发 3D 游戏

Panda3D 是由迪士尼公司开发的 3D 游戏引擎，并由卡内基梅隆大学娱乐技术中心负责维护。使用 C++ 编写，针对 Python 进行了完全的封装。在编写 Python 程序的过程中，可以使用库 Panda3D 调用 Panda3D API，从而开发出精美的 3D 程序。在本章的内容中，将详细讲解在 Python 中使用 Panda3D 开发 3D 程序的知识，并通过具体实例的实现过程讲解这些知识点的使用方法。

10.1 Panda3D
基础

10.1 Panda3D 基础

Panda3D 是一款开源的、完全免费的引擎，可用于实时 3D 游戏、可视化、模拟和实验。其丰富的功能可以根据特定的工作流程和开发需求轻松定制。

10.1.1 Panda3D 的优点

（1）快速简洁

Panda3D 结合了 C++的速度和 Python 的易用性，可以在不牺牲性能的情况下提供快速的开发速度。

（2）成本低

Panda3D 完全免费使用，没有版税、许可证付款、注册和其他任何类型的费用，甚至可以免费用于商业用途。根据 BSD 许可条款的规定，任何人都可以使用其源代码进行学习和修改。

（3）跨平台

Panda3D 是一款跨平台引擎，广泛支持新旧硬件。随附的部署工具可以轻松地在所有支持的平台上部署应用程序。Panda3D 的核心是用便携式 C++编写的，结合适当的平台支持代码，将随处的运行 Panda3D。

（4）灵活性

Panda3D 是一款极具灵活性的引擎，虽然大多数的引擎都会规定一个用户必须遵循的且非常具体的工作流程，但是 Panda3D 可以提供我们需要的东西并让我们自由地进行创新和扩展。

（5）库集成

Panda3D 为许多流行的第三方库提供了开箱即用的支持，例如 Bullet 物理引擎、Assimp 模型加载器、OpenAL 和 FMOD 声音库等。

（6）可扩展性

Panda3D 将其所有底层图形基元都暴露给应用程序，方便我们开发自己的图形技术和渲染管道。

10.1.2　安装 Panda3D

Panda3D 为不同的操作系统提供了对应的 SDK 安装包，在笔者写作本书时，Windows 系统的最新版本是 Panda3D1.10.6。下面以安装 Panda3D1.10.6 为例进行讲解。

1）登录 Panda3D1.10.6 页面 https://www.panda3d.org/download/sdk-1-10-6/，在里面列出了 SDK、例子源码、工具和素材模型的下载链接，如图 10-1 所示。

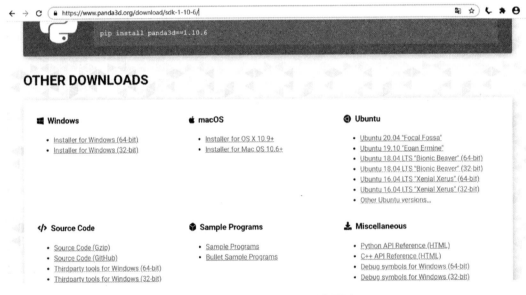

图 10-1　Panda3D1.10.6 下载页面

2）因为笔者的计算机是 64 位操作系统，所以单击"Installer for Windows（64-bit）"链接进行下载，下载后得到 SDK 安装文件"Panda3D-SDK-1.10.6-x64.exe"。

3）双击文件 Panda3D-SDK-1.10.6-x64.exe 进行安装，首先弹出欢迎界面，在此单击"Next"按钮，如图 10-2 所示。

4）在弹出的同意安装协议界面中单击"I Agree"按钮，如图 10-3 所示。

5）在弹出的选择安装路径界面中设置安装路径，例如笔者选择的是"C:\Panda3D-1.10.6-x64"，然后单击"Next"按钮，如图 10-4 所示。

图 10-2　欢迎界面

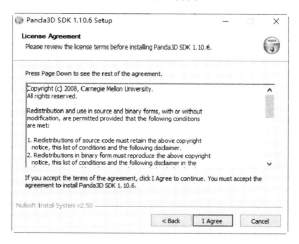

图 10-3　单击"I Agree"按钮

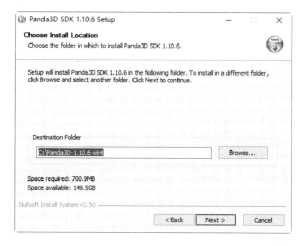

图 10-4　选择安装路径

6）在弹出的选择安装组件界面中选择需要的组件，建议完全安装，然后单击"Install"按钮，如图 10-5 所示。

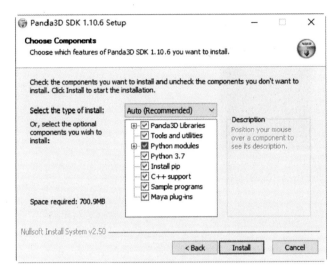

图 10-5　选择完全安装组件

7）在弹出的安装进度条显示界面中显示安装进度，如图 10-6 所示。

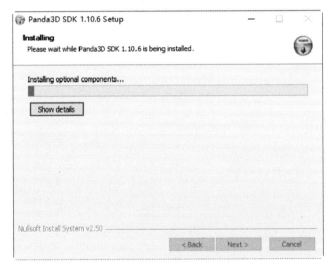

图 10-6　安装进度界面

8）安装完成后弹出安装完成界面，单击"Finish"按钮完成整个安装，如图 10-7 所示。

要想在 Python 程序中使用 Panda3D，还需要通过如下命令安装 Panda3D。

```
pip install panda3D
```

图 10-7　完成安装

10.1.3　创建第一个 Panda3D 程序

实例 10-1	创建第一个 Panda3D 程序
源码路径	daima\10\10-1\first.py

在下面的实例文件 first.py 中，演示了创建第一个 Panda3D 程序的过程。

```python
from direct.showbase.ShowBase import ShowBase

class MyApp(ShowBase):

    def __init__(self):
        ShowBase.__init__(self)

app = MyApp()
app.run()
```

在上述代码中，ShowBase 是一个基类，它承载了大多数 Panda3D 的模块。函数 run() 是一个 Panda3D 的主循环，它会渲染帧、执行后台任务、再渲染、再执行……一直循环下去。由于 run() 不是一个正常的返回命令，所以只需执行一次，并且必须在程序的末尾执行，因此上述代码可以简化为如下两行。

```python
import direct.directbase.DirectStart
run()
```

执行后会生成一个黑色的框，执行效果如图 10-8 所示。

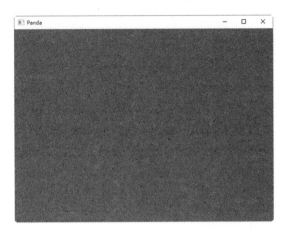

图 10-8　执行效果

10.2　Panda3D 的内置成员

10.2 Panda3D 的
内置成员

　　经过上一节内容的学习，读者已经掌握了搭建 Panda3D 开发环境和开发并运行第一个 Panda3D 程序的方法。在本节的内容中，将详细讲解使用 Panda3D 内置成员的知识。

10.2.1　加载游戏场景

　　在 Panda3D 包含了一个表示场景图的数据结构，这个场景图是一棵包含很多需要渲染对象的树。在树的根部有一个名为 render 的对象。我们需要先将对象 render 插入到场景图，否则不会渲染任何内容。

　　（1）节点树

　　许多简单的 3D 引擎负责维护 3D 模型的列表以渲染每一帧。在这些简单的引擎中，必须分配 3D 模型（或从磁盘加载模型），然后将其插入模型列表以进行渲染。在将模型插入列表之前，该模型对渲染器不"可见"。

　　但是现在所学习的 Panda3D 引擎会稍微复杂一些，它并没有维护要渲染对象的列表，而是维护了要渲染的对象树。直到将对象插入树中，该对象才对渲染器可见。该树由 class 对象组成 PandaNode。这实际上是许多其他类的父类，这些其他类有 ModelNode、GeomNode、LightNode 等。在本书中将这些类的对象称为节点，而由这些节点组成的树称为场景图。

　　一个游戏程序中可能会有很多个场景图，从技术上讲，任何存在的节点树都是一个场景图。但是出于渲染 3D 模型的目的，我们通常谈论的标准 3D 场景图，其根节点被称为 render。

　　（2）分层场景图

　　Panda3D 引擎是基于分层场景图实现的，关于场景图的层次结构知识，读者需要了解下面 4 点。

1）我们可以控制对象在树中的位置，将对象插入到树中后可以指定将对象插入到何处。我们可以移动树枝，可以根据需要使树的颜色变深或变浅。

2）在树中可以相对于其父对象指定对象的位置。例如，如果已经有了帽子的 3D 模型，则可能需要指定帽子始终保持在某个人头部 3D 模型上方的五个单位的位置。将帽子作为头部的一个子项插入，并将帽子的位置设置为（0，0，5）。

3）当将模型排列在树中时，我们分配给节点的所有渲染属性都将传播到其子级。例如，如果设置让某个节点使用深度雾渲染，则其子节点也将使用深度雾渲染，除非在子级中使用了覆盖功能。

4）Panda3D 为树中的每个节点生成边界框，良好的组织层次结构可以提高程序的性能。

（3）节点路径

在 Panda3D 引擎中，类 NodePath（节点路径）是一个非常小的对象，其中包含指向节点的指针以及一些管理信息。Panda3D 设计者的意图是：将 NodePath 视为节点的句柄。任何创建节点的函数都将返回 NodePath，它将引用新创建的节点。

NodePath 并不完全是指向节点的指针，它是对节点的"处理"。从概念上讲，这几乎是没有区别的。但是，某些 API 函数希望传递 NodePath，还有其他 API 函数希望传递节点指针。因此，尽管它们之间在概念上几乎没有区别，但是仍然需要知道这两者的存在。

我们可以随时调用 nodePath.node()将 NodePath 转换为"常规"指针，但是，没有明确的方法可以转换回来。这一点非常重要，例如有时需要一个 NodePath，有时需要一个节点指针。因此，建议读者存储 NodePath，而不是节点指针。传递参数时应该传递 NodePath，而不是节点指针。被调用方始终可以根据需要将 NodePath 转换为节点指针。

（4）NodePath 方法和 Node 方法

读者可以在 NodePath 上调用许多方法，这些方法适用于任何类型的节点。专用节点类型（例如 LODNODE 和 CAMERANODE）提供了仅适用于该类型节点的方法，我们必须在这些节点中调用这些方法，例如下面是一些常用的方法。

```
#NodePath 方法
myNodePath.setPos(x, y, z)
myNodePath.setColor(banana)

#LODNODE 方法
myNodePath.node().addSwitch(1000, 100)
myNodePath.node().setCenter(Point3(0, 5, 0))

#CAMERA NODE 方法
myNodePath.node().setLens(PerspectiveLens())
myNodePath.node().getCameraMask()
```

在上面的示例中，我们首先通过将 NodePath 转换为节点，然后立即调用该节点的方法，这是 Panda3D 官方推荐的使用方法。开发者应该记住，在调用 NodePath 的方法时，实际上是在它指向的节点上执行操作。

（5）加载场景图

在 Panda3D 应用中，使用函数 loader.loadModel() 加载静态几何图形。

```
m = loader.loadModel("mymodel.egg")
```

在 loadModel() 中指定的路径名可以是绝对路径，也可以是相对路径，Panda3D 官方建议使用相对路径。如果使用相对路径，则 Panda3D 将搜索其模型路径以找到 egg 文件。模型路径由 Panda 的配置文件控制。

在将模型插入场景图时，不要忘记加载模型本身使模型可见。要想使用 Panda3D 渲染模型时，必须将其插入场景图。

```
m.reparentTo(render)
```

在加载调用模型时使用的路径必须遵守 Panda3D 规定的文件名约定。为了便于移植，即使在 Microsoft Windows 上，Panda3D 也必须使用 Unix 样式的路径名。这意味着目录分隔符始终是正斜杠字符，而不是 Windows 的反斜杠字符，并且没有前导驱动器号前缀（Panda 使用单字母开头的目录名来表示驱动器，而不是前导驱动器号）。

将 Windows 文件名转换为 Panda3D 文件名的方法非常简单，在使用 Panda3D 库函数或其中的案例程序时，请务必使用 Panda 文件名的语法格式。

```
#下面是错误的
loader.loadModel("c:\\Program Files\\My Game\\Models\\Model1.egg")
#下面是正确的
loader.loadModel("/c/Program Files/My Game/Models/Model1.egg")
```

Panda 使用 Filename 类存储 Panda 样式的文件名。许多 Panda 函数都希望使用 Filename 对象作为参数。Filename 类还包含用于路径操作、文件访问以及在 Windows 样式文件名和 Panda 样式文件名之间转换的几种有用方法。有关 Filename 完整列表，请参见 API 参考中的页面。

如果将 Windows 文件名转换为 Panda 文件名，请使用类似于下面的代码实现。

```
from panda3d.core import Filename
winfile = "c:\\MyGame\\Model1.egg"
pandafile = Filename.fromOsSpecific(winfile)
print(pandafile)
```

如果要将 Panda 文件名转换为 Windows 文件名，请使用如下代码实现。

```
from panda3d.core import Filename
pandafile = Filename("/c/MyGame/Model1.egg")
winfile = pandafile.toOsSpecific()
print(winfile)
```

类 Filename 也可以与 Python 的内置路径操作机制结合使用。假设要加载一个模型，并且该模型位于"模型"目录中,该目录与程序的主文件位于同一目录中。下面是加载模型的方式。

```
import sys,os
import direct.directbase.DirectStart
from panda3d.core import Filename

#获取 Python 文件的位置
mydir = os.path.abspath(sys.path[0])

#将其转换为 Panda 的 Unix 风格符号
mydir = Filename.fromOsSpecific(mydir).getFullpath()

#现在开始加载模型
model = loader.loadModel(mydir + "/models/mymodel.egg")
```

Panda3D 提供了一个现成的模型"草地",使用方法 reparentTo()可以将这个模型安装到场景图中。此时需要设置模型的父级,从而在场景图中为其指定一个位置,这样做可以使这个模型在场景中可见。

实例 10-2	加载 Panda3D 提供的内置游戏场景模型——草地
源码路径	daima\10\10-2\Grassy.py

请看下面的实例文件 Grassy.py,功能是加载 Panda3D 提供的内置的游戏场景模型。

```
from direct.showbase.ShowBase import ShowBase

class MyApp(ShowBase):

    def __init__(self):
        ShowBase.__init__(self)

        #创建窗口并加载场景
        self.scene = self.loader.loadModel("models/environment")
        #重新绘制要渲染的模型
        self.scene.reparentTo(self.render)
        #在模型上使用缩放和位置变换操作
        self.scene.setScale(0.25, 0.25, 0.25)
        self.scene.setPos(-8, 42, 0)

app = MyApp()
app.run()
```

在上述代码中,使用方法 setScale()和 setPos()调整了模型的位置和比例。在现实应用中,有时候场景模型太大,有些偏离了我们的预想。此时可以使用方法 setScale()和 setPos()重新调整场景和模型的坐标。Panda3D 使用"地理"坐标系,假设某个点的坐标位置是(-8,42,0),则表示这个点的二维地图坐标是(8,42),高度是 0。如果读者习惯使用 OpenGL/Direct3D 坐标，则可使用右手法则：右手拇指朝向 X，手指朝向 Y，手掌朝向 Z 的位置；然后向后倾斜，直到手与手指齐平并且手掌朝上。在 Panda3D 坐标系中，"向前"移动是指沿着 Y 坐标的正向变化的。执行本实例后会加载显示游戏场景，如图 10-9 所示。

图 10-9　执行效果

通过本实例的执行效果能看出岩石和树木似乎在盘旋。如果重新定位相机的位置，整个地形看起来会更好一些。

10.2.2　任务处理：移动 3D 摄像机

任务是一种特殊的功能，在执行应用程序时每帧都会调用一次任务。从概念上来看，任务与线程相似。但是，在 Panda3D 中，任务通常不是单独的线程。相反，所有的任务都一次性地在主线程中协同运行。通过消除保护代码的关键部分，这样可以避免编写相互访问的要求，这种设计方式大大简化了游戏编程的工作量。在通过 ShowBase 初始化启动 Panda3D 时，在默认情况下会创建一些任务，我们也可以随意添加任意数量的其他任务。

注意：如果确实要使用线程来开发 Panda3D，此时可以使用任务链。

（1）任务的功能

任务是通过函数或类定义的，此函数是任务的主要入口点，在任务运行每一帧时调用一次。在默认情况下，该函数会接收一个参数，即任务对象。任务对象携带有关任务本身的信息，例如这个任务的已运行时间。

当完成对框架的处理后，应该返回这个 Task 函数。因为所有任务都在同一线程中运行，所以不必花费太多时间来处理任何一个任务功能。在任务运行期间，整个应用程序将被锁定，直到函数返回为止。

任务函数会返回 Task.cont，用于指示在下一帧中再次调用该任务或者通过 Task.done 指示不应该再次调用该任务。如果任务函数返回 None（也就是说，它不返回任何东西），则默认为是停止这个任务。

我们可以通过 task.time 来检查当前任务运行了多长时间，还可以检查已经运行了多少次 task.frame。例如在下面的代码中，演示了导入 Task 模块并在任务中使用 Task 的功能。

```
from direct.task import Task

#此任务运行两秒，然后打印输出"Done"
def exampleTask(task):
    if task.time < 2.0:
        return Task.cont

    print('Done')
    return Task.done
```

（2）任务的返回值

任务返回的值会影响任务管理器处理该任务的方式，不同返回值的具体说明见表 10-1。

表 10-1　任务的返回值

变　　量	功　　能
Task.done	设置任务已完成并将其从任务管理器中删除
Task.cont	在下一帧中再次执行任务
Task.again	使用与最初设置相同的延迟后再次执行任务

（3）事后处理任务

事后处理是一种有用的特殊任务：它不是在每一帧中都被调用，而是在经过一定的时间（以秒为单位）之后才被调用一次。当然，我们可以使用常规任务来实现后续任务，而常规任务只是在经过一定时间后才执行某操作。但是对于开发者来说，使用后续任务使实现这一功能的过程会更加简单，尤其是在有许多这样的任务等待时优势更是巨大，例如下面的代码。

```
taskMgr.doMethodLater(delayTime, myFunction, 'Task Name')
```

在上述代码中，myFunction 必须接受任务变量。如果希望使用不接受任务变量的函数，可采用下面的代码。

```
taskMgr.doMethodLater(delayTime,  myFunction,  'Task  Name',  extraArgs =
[variables])
```

读者需要注意，如果要调用不带任何变量的函数，只需传递"extraArgs = []"即可。

可以通过 Task.again 重复执行以后的任务，还可以通过 task.delayTime 来更改"稍后工作"任务的延迟，但是更改此延迟不会对任务的实际延迟时间产生任何影响，直到下次将其添加到"以后工作"列表中。例如在下面的代码中，此任务本身会逐渐增加，在任务执行期间的延迟会随着时间的推移逐渐增加。如果不改变任务，通过 delayTime 可设置每 2 秒重复一次。

```
def myFunction(task):
    print("Delay: %s" % task.delayTime)
    print("Frame: %s" % task.frame)
    task.delayTime += 1
    return task.again

myTask = taskMgr.doMethodLater(2, myFunction, 'tickTask')
```

如果希望在任务功能本身之外更改 delayTime 并使其立即生效，则可以手动删除并重新添加任务，例如下面的代码。

```
taskMgr.remove(task)
task.delayTime += 1
taskMgr.add(task)
```

另外还有一个只读的公共成员 task.wakeTime，用于存储我们希望查询该任务的时间。

（4）任务对象

任务对象可以被传递到所有任务函数中，各任务对象成员的具体说明见表 10-2。

表 10-2　任务对象的成员

成　员	返　回　值
task.time	一个浮点数，指示此任务函数自首次执行以来已运行了多长时间。即使未执行任务功能，计时器也正在运行
task.frame	一个整数，用于计算自添加此功能以来经过的帧数。计数可以从 0 或 1 开始
task.id	一个整数，提供由任务管理器分配给此任务的唯一 ID
task.name	分配给任务功能的名称

如果想要删除任务并阻止其从任务功能外部执行，请调用函数 task.remove() 实现。

（5）任务管理器

在 Panda3D 中，所有任务都是通过全局任务管理器（taskMgr，在 Panda3D 中调用）处理的，在任务管理器中保留了所有当前正在运行任务的列表。要将任务功能添加到任务列表，请使用 taskMgr.add() 函数添加这个任务的名称，例如下面的代码添加的任务名称是 MyTaskName。函数 taskMgr.add() 会返回一个 Task，接下来可以删除这个任务。

```
taskMgr.add(exampleTask, 'MyTaskName')
```

我们可以通过设置参数 extraArgs，在调用函数 taskMgr.add() 时设置其他参数。当执行添加任务操作时，在默认情况下，不会再将参数 Task 发送到函数。如果仍然需要，需要将 appendTask 设置为 True，这样会使任务成为发送给函数的最后一个参数，例如下面的代码。

```
taskMgr.add(exampleTask, 'MyTaskName', extraArgs=[a,b,c], appendTask=True)
```

尽管通常每个任务都有一个唯一的名称，但是我们也可以使用相同的名称创建多个不同的任务，这对于同时查找或删除许多任务功能来说会很方便。每个任务都保持独立，即使它们具有相同的名称；这意味着返回"完成"状态的任务功能不会影响任何其他任务功能。

如果要删除任务并停止执行，可以通过函数 taskMgr.remove()实现，在删除时需要设置任务名称或任务对象。

```
taskMgr.remove('MyTaskName')
```

我们可以使用 onDeath 将删除函数添加到任务函数。与任务功能相似，onDeath 将任务对象作为参数。每当任务完成时都会调用 cleanup 函数，代码如下所示。

```
return Task.donetaskMgr.remove()
taskMgr.add(exampleTask, 'TaskName', uponDeath=cleanupFunc)
```

如果要控制任务的执行顺序，可以使用 sort 或 priority 参数。如果仅使用排序或优先级，则赋予较小值的任务将能更快地执行。

```
taskMgr.add(task2, "second", sort=2)
taskMgr.add(task1, "first", sort=1)
```

或者：

```
taskMgr.add(task2, "second", priority=2)
taskMgr.add(task1, "first", priority=1)
```

在这两种情况下，将在 task2（"second"）之前执行名为 first 的 task1。

如果同时使用 sort 和 priority 参数，则将首先执行具有较低 sort 值的任务。但是，如果有多个任务具有相同的排序值，但优先级不同，则将优先执行具有较高优先级的任务。例如下面的演示代码，任务按照执行顺序命名。

```
taskMgr.add(task1, "first", sort=1, priority=2)
taskMgr.add(task2, "second", sort=1, priority=1)
taskMgr.add(task3, "third", sort=2, priority=1)
taskMgr.add(task4, "fourth", sort=3, priority=13)
taskMgr.add(task5, "fifth", sort=3, priority=4)
```

如果要打印当前正在运行的任务列表，只需打印出 taskMgr 即可。在我们自己的任务中可能会看到以下列出的系统任务。

- dataloop：数据循环，处理键盘和鼠标输入。
- tkloop：处理 Tk GUI 事件。
- eventManager：事件管理器，处理由 C++代码生成的事件，例如碰撞事件。
- igloop：绘制场景。

这样可以便于查看正在运行的任务。

```
taskMgr.popupControls()
```

（6）任务时间

如果要在打印 taskMgr 时查看每个任务的特定计时信息，请将以下代码添加到配置文件

Config.prc 中：

```
task-timer-verbose #时间
```

例如下面的代码演示了任务 uponDeath（死亡时）的用法。

```
taskAccumulator = 0

def cleanUp(task):
    global taskAccumulator
    print("Task func has accumulated %d" % taskAccumulator)
    #重新设置 accumulator 为 0
    taskAccumulator = 0

#永远运行的任务
def taskFunc(task):
    global taskAccumulator
    taskAccumulator += 1
    return task.cont

def taskStop(task):
    taskMgr.remove('Accumulator')

#在 taskFunc 函数中使用参数 uponDeath
taskMgr.add(taskFunc, 'Accumulator', uponDeath=cleanUp)
#在 2 秒后停止任务
taskMgr.doMethodLater(2, taskStop, 'Task Stop')
```

在默认情况下，在运行一个 Panda3D 游戏程序后，会允许我们使用鼠标移动 3D 摄像机。各鼠标按键的功能如下。
- 左键：左右平移摄像机。
- 右键：向前和向后移动摄像机。
- 中键：绕应用程序的原点旋转摄像机。

实例 10-3	移动摄像机展示游戏场景的各个角落
源码路径	daima\10\10-2\Camera.py

请看下面的实例文件 Camera.py，功能是通过任务移动摄像机展示游戏场景的各个角落。

```
from math import pi, sin, cos
from direct.showbase.ShowBase import ShowBase
from direct.task import Task

class MyApp(ShowBase):
    def __init__(self):
        ShowBase.__init__(self)

        #加载场景模型
```

```
self.scene = self.loader.loadModel("models/environment")
#重新绘制要渲染的模型
self.scene.reparentTo(self.render)
#在模型上使用缩放和位置变换操作
self.scene.setScale(0.25, 0.25, 0.25)
self.scene.setPos(-8, 42, 0)

#通知任务管理器调用 SpinCameraTask 控制摄像机
self.taskMgr.add(self.spinCameraTask, "SpinCameraTask")

#设置摄像机的移动过程
def spinCameraTask(self, task):
    angleDegrees = task.time * 6.0
    angleRadians = angleDegrees * (pi / 180.0)
    self.camera.setPos(20 * sin(angleRadians), -20 * cos(angleRadians), 3)
    self.camera.setHpr(angleDegrees, 0, 0)
    return Task.cont

app = MyApp()
app.run()
```

在上述代码中，通过函数 taskMgr.add()告诉 Panda3D 的任务管理器：在每一帧都会调用 spinCameraTask()移动摄像机。只要函数 spinCameraTask()返回常量 AsyncTask.DS_cont，任务管理器就会设置在每一帧中继续调用 spinCameraTask()。在代码中，函数 spinCameraTask()根据经过的时间来计算摄像机的期望位置：设置摄像机每秒旋转 6°。前两行计算摄像机的所需方向：首先是度数，然后是弧度，实际上函数 setPos()设置了摄像机的位置。读者需要注意，Y 是水平的位置，Z 是垂直的位置，所以通过在 X 和 Y 上设置参数来改变位置，而 Z 保持固定在离地面 3 个单位的位置。调用函数 setHpr()的目的是设置摄像机的方向。执行本实例后可移动摄像机展示游戏场景的各个角落，执行效果如图 10-10 所示。

图 10-10　移动的摄像机

10.2.3 使用 Actor 添加动画模型

在 Python 的 Panda3D 库中，类 Actor 表示动画模型，也就是可以动的模型。注意，只有能改变形状的几何模型才被视为动画模型。例如，一个飞出去的棒球并不会被视为动画，因为它的形状没有变化。一个棒球只被当作模型，而不是演员。

通过使用类 Actor，可以向场景中添加不同的动画模型，例如添加一个行走的熊猫、老虎等。Panda3D 支持骨骼动画和变形动画功能，Python 类 Actor 的目的是在场景中容纳制作动画的模型和一组动画。由于类 Actor 继承自类 NodePath，因此所有的 NodePath 函数都适用于 Actor。

在使用类 Actor 之前必须先通过如下代码导入 Actor。

```
from direct.actor.Actor import Actor
```

在加载模型后必须构造 actor 对象，并且必须加载模型和动画。在加载每个动画时需要一个元组，在元组中有多个值，其中之一就是动画的名字和动画的路径。整个过程可以简化为下面的命令。

```
actor = Actor('Model Path', {
    'Animation Name 1': 'Animation Path 1',
    'Animation Name 2': 'Animation Path 2',
})
```

注意，也可以将动画和模型存储在同一文件中。在这种情况下，只需使用模型作为参数来创建 Actor 即可。当希望从场景中移除 Actor 时，则需要调用 cleanup() 函数实现。

实例 10-4	向游戏场景中添加一个正在行走的熊猫动画模型 1
源码路径	daima\10\10-2\Actor.py

请看下面的实例文件 Actor.py，功能是使用 Actor 向游戏场景中添加一个正在行走的熊猫动画模型。

```
from direct.showbase.ShowBase import ShowBase  #基本显示模块
from math import pi, sin, cos
from direct.task import Task  #任务模块
from direct.actor.Actor import Actor  #动态模块

class MyApp(ShowBase):
    def __init__(self):  #场景初始化
        ShowBase.__init__(self)
        self.environ = self.loader.loadModel(r'models/environment')
        self.environ.reparentTo(self.render)  #self.render 渲染树根节点，设置之
后才能对所有元素进行渲染
        self.environ.setScale(0.25, 0.25, 0.25)
        self.environ.setPos(-8, 42, 0)
        self.taskMgr.add(self.spinCameraTask, 'SpinCameraTask')        #调用任务
spinCameraTask()
```

```
        self.panda()

    def spinCameraTask(self, task):  #摄像机设置
        angleDegrees = task.time * 6
        angleRadians = angleDegrees * (pi / 180)
        self.camera.setPos(20 * sin(angleRadians), -20 * cos(angleRadians), 3)
        self.camera.setHpr(angleDegrees, 0, 0)
        return Task.cont

    def panda(self):   #添加动态的熊猫动画模型
        self.pandaActor = Actor('models/panda-model', {'walk': 'models/panda-
walk4'})
        self.pandaActor.setScale(0.005, 0.005, 0.005)
        self.pandaActor.reparentTo(self.render)  #self.render 渲染树根节点，设
置以后才能对所有元素进行渲染
        self.pandaActor.loop('walk')

    def box(self):
        pass


app = MyApp()
app.run()
```

在上述代码中，使用 Actor() 向场景中添加了行走的熊猫，并使用代码 loop('walk') 循环播放行走的熊猫动画。

- 在 Panda3D 引擎中，通过 task 来显式地控制摄像机的位置，task 就是一个每一帧都会调用的东西。
- 方法 taskMgr.add() 告诉 Panda3D 的任务管理器在每一帧调用 spinCameraTask() 方法，这个方法用来控制摄像机。尽管会有返回值，但任务管理器还是会每一帧地去调用该方法。
- spinCameraTask() 方法会计算摄像机的位置（根据时间的流逝），摄像机每秒转动 6°，前两行计算最佳的摄像机角度，先是角度，然后是弧度，setPos() 设置了摄像机的位置。setHpr() 设置方向。
- Actor 是一个动画模型的类，之前用的 loadModel() 是为静态模型建立的。Actor 类的两个构造函数需要的参数是：模型的路径；模型的文件名，也包括动画的文件名。
- self.pandaActor.loop('walk') 使得这个行走的动画一直循环下去。

执行效果如图 10-11 所示。

实例 10-5	向游戏场景中添加一个正在行走的熊猫动画模型 2
源码路径	daima\10\10-2\Actor02.py

下面的实例文件 Actor02.py 来自于官网，功能和执行效果跟实例文件 Actor.py 相同。

图 10-11　执行效果

```python
from math import pi, sin, cos
from direct.showbase.ShowBase import ShowBase
from direct.task import Task
from direct.actor.Actor import Actor

class MyApp(ShowBase):
    def __init__(self):
        ShowBase.__init__(self)

        self.scene = self.loader.loadModel("models/environment")
        self.scene.reparentTo(self.render)
        self.scene.setScale(0.25, 0.25, 0.25)
        self.scene.setPos(-8, 42, 0)

        self.taskMgr.add(self.spinCameraTask, "SpinCameraTask")

        self.pandaActor = Actor("models/panda-model",
                                {"walk": "models/panda-walk4"})
        self.pandaActor.setScale(0.005, 0.005, 0.005)
        self.pandaActor.reparentTo(self.render)
        self.pandaActor.loop("walk")

    def spinCameraTask(self, task):
        angleDegrees = task.time * 6.0
        angleRadians = angleDegrees * (pi / 180.0)
        self.camera.setPos(20 * sin(angleRadians), -20 * cos(angleRadians), 3)
        self.camera.setHpr(angleDegrees, 0, 0)
        return Task.cont

app = MyApp()
app.run()
```

10.2.4　使用间隔和序列

Panda3D 游戏引擎运行中的两个重要概念是"幕"和"情节",在官方文档中被称为间隔和序列。"幕"是按照给定的时间间隔修改属性值的任务,一般通过后台进程完成。"情节"是一"幕"接一"幕"地执行一系列任务。"幕"和"情节"分别表示为 Interval 和 Sequence,通过"幕"和"情节",游戏开发人员能够实现不同的关卡。

（1）Interval

Interval（间隔）是指在指定的时间段内将属性从一个值更改为另一个值的任务。启动间隔实际上是启动了一个后台进程,该进程在指定的时间段内修改属性。

Panda3D 的 Interval 系统是一种复杂的脚本行为回放机制。使用 Interval,我们可以建立复杂的相互关联的动画、声音效果或者其他行为,并按需执行脚本。Interval 系统的核心是类 Interval,每个 Interval 都表示在一段有限的时间内发生的一个行为（或一系列行为）。

Interval 系统的作用来自 Sequence（顺序）和 Parallel（并行）,它们是一种特殊的 Interval,可以嵌套包含任意种类的 Interval（包括其他 Sequence 或 Parallel）。使用不同的 Interval 使我们能够用基本的行为装配出复杂的脚本。

在 Panda3D 程序中使用 Interval 之前,应该首先导入 Interval 模块。

```
from direct.interval.IntervalGlobal import *
```

有如下多种启动 Interval 的代码。

```
interval.start()
interval.start(startT, endT, playRate)
interval.loop()
interval.loop(startT, endT, playRate)
```

在上述代码中的 3 个参数都是可选的。参数 startT 和 endT 表示 Interval 的持续时间,以秒为单位,从 Interval 启动时计时。如果给出了参数 playRate,就可以使 Interval 的运行比现实时间更快或更慢,默认值为 1,快慢和现实时间一样。

一般来说,Interval 运行到结尾就会自己停止,也可以使用如下方法提前终止它

```
interval.finish()
```

函数 finish() 将停止 Interval,把它的状态移到最终状态,就像已经运行到结尾一样。这一点很重要,我们可以在 Interval 内部定义关键的清除（cleanup）行为,这样就保证清除行为在 Interval 结束时能够执行。

我们可以使用如下方法临时暂停或继续运行一个 Interval。

```
interval.pause()
interval.resume()
```

如果暂停 Interval 却没有继续或完成它,余下的行为将不会被执行。

257

也可以通过如下方法在 Interval 内部实现跳跃。

```
interval.setT(time)
```

这让 Interval 跳到指定的时间，该时间从 Interval 开头计时，以秒为单位。Interval
将执行从当前时间到新的时间之间的所有行为，它无法跳过中间这些行为。

把时间设置为一个比当前更早的时间是合法的，Interval 将重新回到先前的状态。在
某些情况下也是不可行的（特别是涉及函数 Interval（Function Interval）时）。

另外，在 Interval 中还提供了如下所示的方法。

- interval.getDuration()：返回 Interval 的持续时间，以秒为单位。
- interval.getT()：返回当前已经经历的时间，从 Interval 开始时计时。
- interval.isPlaying()：当 Interval 正在运行时返回 True，False 表示还没开始，
  或已经运行完毕，或被暂停和终止。
- interval.isStopped()：当 Interval 还没开始，或已经运行完毕，或被 finish()终
  止时返回 True，它与 interval.isPlaying()不完全相同，因为在 Interval 被暂停
  时不返回 True。

（2）Sequence 和 Parallel（平行）

Sequence（序列）有时被称为元替换，是一种包含其他间隔的间隔类型。播放一个序列
将导致每个包含的间隔按顺序执行，一个接一个。在使用 Sequence 和 Parallel 之前，需要
先通过如下 import 语句导入 IntervalGlobal。

```
from direct.interval.IntervalGlobal import *
```

通过 Sequence 和 Parallel 可以控制播放间隔的时间，按照 Sequence 依次播放间隔，
实际上是"按顺序执行"命令。Parallel 是"一起做"的意思，表示同时播放所有间隔。两
者都具有简单的格式，并且可以使用各种间隔。

```
mySequence = Sequence(myInterval1, ..., myIntervaln, name="Sequence Name")
myParallel = Parallel(myInterval1, ..., myIntervaln, name="Parallel Name")
```

在创建序列或并行之后，可以使用方法 append()添加间隔。

```
mySequence.append(myInterval)
myParallel.append(myInterval)
```

Sequence 和 Parallel 也可以组合使用，以便实现更强的控制功能。同样，在使用等待
间隔后可能会增加序列延迟，请看下面的代码。

```
delay = Wait(2.5)
pandaWalkSeq =
    Sequence(
        Parallel(pandaWalk, pandaWalkAnim),
        delay,
        Parallel(pandaWalkBack, pandaWalkAnim),
```

258

```
        Wait(1.0),
        Func(myFunction, arg1)
    )
```

在上述代码中，使用 Parallel 创建了等待间隔，这是由多个间隔组成的 Sequence（序列），并在 Sequence 中生成了对函数 myFunction()的调用。但是因为这样的序列通常会很大，因此在创建主序列之前定义内部 Parallels 和 Sequences 是谨慎的。

使用 Sequence 和 Parallel 也可以完成非常强大的功能，例如下面的实例它会生成淡入图像效果，然后播放声音，等到声音停止后再淡出图像。这时候需要用一个类来存储状态，用一个任务来检查时间并生成混合效果的代码，具体代码如下。

```
s = OnscreenImage('wav_is_playing.png')
s.reparentTo(aspect2d)
s.setTransparency(1)
fadeIn = s.colorScaleInterval(3, (1, 1, 1, 1), (1, 1, 1, 0))
fadeOut = s.colorScaleInterval(3, (1, 1, 1, 0))
sound = loader.loadSfx('sound.wav')

Sequence(
    fadeIn,
    SoundInterval(sound),
    fadeOut
).start()

base.run()
```

实例 10-6	控制熊猫间隔动画来回移动
源码路径	daima\10\10-2\Intervals.py

请看下面的实例文件 Intervals.py，功能是通过 Sequence 和 Parallel 来控制熊猫间隔动画的来回移动。

```
from math import pi, sin, cos
from direct.showbase.ShowBase import ShowBase
from direct.task import Task
from direct.actor.Actor import Actor
from direct.interval.IntervalGlobal import Sequence
from panda3d.core import Point3

class MyApp(ShowBase):
    def __init__(self):
        ShowBase.__init__(self)
        #禁用摄像机
        self.disableMouse()
        #创建窗口并加载场景
        self.scene = self.loader.loadModel("models/environment")
        #重新绘制要渲染的模型
```

```
        self.scene.reparentTo(self.render)
        #在模型上使用缩放和位置变换操作
        self.scene.setScale(0.25, 0.25, 0.25)
        self.scene.setPos(-8, 42, 0)
        #将 spinCameraTask 过程添加到任务管理器
        self.taskMgr.add(self.spinCameraTask, "SpinCameraTask")
        #加载并转换熊猫 Actor
        self.pandaActor = Actor("models/panda-model",
                                {"walk": "models/panda-walk4"})
        self.pandaActor.setScale(0.005, 0.005, 0.005)
        self.pandaActor.reparentTo(self.render)
        #循环播放动画
        self.pandaActor.loop("walk")

        #创建熊猫来回行走所需的 4 个间隔
        posInterval1 = self.pandaActor.posInterval(13,
                                        Point3(0, -10, 0),
                                        startPos=Point3(0, 10, 0))
        posInterval2 = self.pandaActor.posInterval(13,
                                        Point3(0, 10, 0),
                                        startPos=Point3(0, -10, 0))
        hprInterval1 = self.pandaActor.hprInterval(3,
                                        Point3(180, 0, 0),
                                        startHpr=Point3(0, 0, 0))
        hprInterval2 = self.pandaActor.hprInterval(3,
                                        Point3(0, 0, 0),
                                        startHpr=Point3(180, 0, 0))

        #创建间隔的序列并播放
        self.pandaPace = Sequence(posInterval1, hprInterval1,
                            posInterval2, hprInterval2,
                            name="pandaPace")
        self.pandaPace.loop()

    #定义移动摄像机的函数
    def spinCameraTask(self, task):
        angleDegrees = task.time * 6.0
        angleRadians = angleDegrees * (pi / 180.0)
        self.camera.setPos(20 * sin(angleRadians), -20 * cos(angleRadians), 3)
        self.camera.setHpr(angleDegrees, 0, 0)
        return Task.cont

app = MyApp()
app.run()
```

在上述代码中，当间隔 posInterval1 开始时，它将在 13 秒的时间内将熊猫的位置从（0，10，0）逐渐调整为（0，-10，0）。同样，当间隔 hprInterval1 开始时，熊猫将在 3 秒内旋转 180°。通过序列 pandaPace 使熊猫沿直线移动、转弯、沿相反的直线移动，最后再次转弯。通过函数 pandaPace.loop() 使 Sequence 在循环模式下启动。执行后将使熊猫两棵树之间来回走动，执行效果如图 10-12 所示。

图 10-12 执行效果

实例 10-7	在游戏场景中控制熊猫的移动
源码路径	daima\10\10-2\mu.py

请看下面的实例文件 mu.py，功能也是使用 Sequence 和 Parallel 在游戏场景中控制熊猫的移动，执行效果跟实例文件 Intervals.py 类似。

```python
from math import pi, sin, cos
from direct.showbase.ShowBase import ShowBase
from direct.task import Task
from direct.actor.Actor import Actor
from direct.interval.IntervalGlobal import Sequence
from panda3d.core import Point3

class MyApp(ShowBase):
    def __init__(self):
        ShowBase.__init__(self)

        #禁用鼠标
        self.disableMouse()
        #载入环境模型
        self.environ = self.loader.loadModel("models/environment")
        #设置环境模型的父实例
        self.environ.reparentTo(self.render)
        #对模型进行缩放及位置变换操作
        self.environ.setScale(0.25, 0.25, 0.25)
        self.environ.setPos(-8, 42, 0)

        #通知任务管理器调用 SpinCameraTask 控制摄像机
```

```
self.taskMgr.add(self.spinCameraTask, "SpinCameraTask")

#载入熊猫角色
self.pandaActor = Actor("models/panda-model",
{"walk": "models/panda-walk4"})
self.pandaActor.setScale(0.005, 0.005, 0.005)
self.pandaActor.reparentTo(self.render)

#动画循环
self.pandaActor.loop("walk")

#创建 4 个间隔
PosInterval1 = self.pandaActor.posInterval(13,
Point3(0, -10, 0),
startPos=Point3(0, 10, 0))
PosInterval2 = self.pandaActor.posInterval(13,
Point3(0, 10, 0),
startPos=Point3(0, -10, 0))
HprInterval1 = self.pandaActor.hprInterval(3,
Point3(180, 0, 0),
startHpr=Point3(0, 0, 0))
HprInterval2 = self.pandaActor.hprInterval(3,
Point3(0, 0, 0),
startHpr=Point3(180, 0, 0))

#创建序列并运行 4 个间隔
self.pandaPace = Sequence(PosInterval1,
HprInterval1,
PosInterval2,
HprInterval2,
name="pandaPace")
self.pandaPace.loop()

#定义旋转摄像机
def spinCameraTask(self, task):
angleDegrees = task.time * 6.0
angleRadians = angleDegrees * (pi / 180.0)
self.camera.setPos(20 * sin(angleRadians), -20.0 * cos(angleRadians), 3)
self.camera.setHpr(angleDegrees, 0, 0)
return Task.cont

app = MyApp()
app.run()
```

在上述代码中,间隔 PosInterval1 开始后,熊猫将用 13 秒时间从位置(0, 10, 0)移动到(0, -10, 0);间隔 PosInterval2 开始后,熊猫将用 13 秒时间从位置(0, -10, 0)移回到(0, 10, 0);间隔 HprInterval1 开始后,熊猫将用 3 秒时间从方向(0, 0, 0)转动到(180, 0, 0);间隔 HprInterval2 开始后,熊猫将用 3 秒时间从方向(180, 0, 0)转回到(0, 0,

0）。整个序列由这 4 个间隔依次构成，命名为 pandaPace。序列由 pandaPace.loop()启动。

10.3　开发常见的 3D 游戏程序

10.3　开发常见
的 3D 游戏程序

经过上一节内容的学习，读者已经掌握了使用 Panda3D 的基本知识，了解了常用的 Panda3D 内置方法的具体用法。在本节的内容中，将进一步讲解使用 Panda3D 开发常见 3D 游戏程序的知识。

10.3.1　迷宫中的小球游戏

实例 10-8	迷宫中的小球游戏
源码路径	daima\10\10-3\10.3.1

在下面的实例文件 main.py 中，演示了实现一个迷宫中的小球游戏的过程。这是一个经典的 3D 碰撞检测游戏，通过移动鼠标来控制 3D 场景的移动，从而实现移动小球的功能。实例文件 main.py 的具体实现流程如下所示。

1）准备系统中用到的常量，设置加速度和最大速度的初始值，对应实现代码如下所示。

```
#常量设置
ACCEL = 70          #加速度
MAX_SPEED = 5       #最大速度
MAX_SPEED_SQ = MAX_SPEED ** 2  #平方
#Instead of length
```

2）设置在游戏窗体中显示的内容，包括左上角的移动鼠标提示文本和右下角的标题文本，通过函数 loadModel 加载迷宫场景文件 "models/maze"，对应实现代码如下所示。

```
class BallInMazeDemo(ShowBase):

    def __init__(self):
        #初始化 SkyBASE 类，它将创建一个窗口并设置需要渲染到其中的所有内容
        ShowBase.__init__(self)

        #将标题和指令文本置于屏幕上
        self.title = \
            OnscreenText(text="Panda3D: 碰撞检测",
                        parent=base.a2dBottomRight, align=TextNode.ARight,
                        fg=(1, 1, 1, 1), pos=(-0.1, 0.1), scale=.08,
                        shadow=(0, 0, 0, 0.5))
        self.instructions = \
            OnscreenText(text="用鼠标指针倾斜木板",
                        parent=base.a2dTopLeft, align=TextNode.ALeft,
                        pos=(0.05, -0.08), fg=(1, 1, 1, 1), scale=.06,
                        shadow=(0, 0, 0, 0.5))

        self.accept("escape", sys.exit)  #离开程序
```

```
#禁用默认的基于鼠标的摄像机控制。这是我们继承 SkyBASE 类的一种方法
self.disableMouse()
camera.setPosHpr(0, 0, 25, 0, -90, 0)    #设置摄像机位置

#加载迷宫并将其放置在场景中
self.maze = loader.loadModel("models/maze")
self.maze.reparentTo(render)
```

3）在大多数时候，我们希望通过不可见的几何形状来测试碰撞，而不是测试每个多边形。这是因为对场景中的每一个多边形的测试通常都太慢。在下面的代码中开始实现碰撞检测功能。

```
#查找名为 Walth-CulrDE 的碰撞节点
self.walls = self.maze.find("**/wall_collide")

#使用位图对冲突对象进行排序，准备检查球是否发生碰撞
self.walls.node().setIntoCollideMask(BitMask32.bit(0))
#碰撞节点通常是看不见的，将碰撞触发器设置为 0


self.loseTriggers = []
for i in range(6):
    trigger = self.maze.find("**/hole_collide" + str(i))
    trigger.node().setIntoCollideMask(BitMask32.bit(0))
    trigger.node().setName("loseTrigger")
    self.loseTriggers.append(trigger)


#地面碰撞边界线是与迷宫中的地面相同平面上的一个多边形，我们将用一个射线来与球碰撞
#这样就能准确地知道发生碰撞的高度
self.mazeGround = self.maze.find("**/ground_collide")
self.mazeGround.node().setIntoCollideMask(BitMask32.bit(1))

#加载球并将它附加到场景上，它是在虚拟根节点上，这样我们就可以旋转球本身而不旋转附着在它身
上的光线
self.ballRoot = render.attachNewNode("ballRoot")
self.ball = loader.loadModel("models/ball")
self.ball.reparentTo(self.ballRoot)

#找到在 egg 文件中创建的碰撞球，因为这是一个 0 位碰撞掩码，所以意味着球只能碰撞
self.ballSphere = self.ball.find("**/ball")
self.ballSphere.node().setFromCollideMask(BitMask32.bit(0))
self.ballSphere.node().setIntoCollideMask(BitMask32.allOff())

#创建一个从球上面开始向下投射的光线，这样做的目的是为了确定球的高度和与地板的角度
self.ballGroundRay = CollisionRay()                #创建光线
self.ballGroundRay.setOrigin(0, 0, 10)             #设置原点
```

```
self.ballGroundRay.setDirection(0, 0, -1)      #设置方向
#小球进入碰撞节点并创建命名节点
self.ballGroundCol = CollisionNode('groundRay')
self.ballGroundCol.addSolid(self.ballGroundRay)   #添加光线
self.ballGroundCol.setFromCollideMask(
    BitMask32.bit(1))   #设置光罩
self.ballGroundCol.setIntoCollideMask(BitMask32.allOff())
#将两球在底部连接，使光线与球相对应
self.ballGroundColNp = self.ballRoot.attachNewNode(self.ballGroundCol)

self.cTrav = CollisionTraverser()

self.cHandler = CollisionHandlerQueue()
#现在我们添加碰撞节点，这些冲突节点可以向遍历器创建冲突
#遍历器将这些节点与场景中的其他节点进行比较
self.cTrav.addCollider(self.ballSphere, self.cHandler)
self.cTrav.addCollider(self.ballGroundColNp, self.cHandler)


#使用内置工具来帮助实现可视化碰撞
ambientLight = AmbientLight("ambientLight")
ambientLight.setColor((.55, .55, .55, 1))
directionalLight = DirectionalLight("directionalLight")
directionalLight.setDirection(LVector3(0, 0, -1))
directionalLight.setColor((0.375, 0.375, 0.375, 1))
directionalLight.setSpecularColor((1, 1, 1, 1))
self.ballRoot.setLight(render.attachNewNode(ambientLight))
self.ballRoot.setLight(render.attachNewNode(directionalLight))


#增加一个镜面高亮度的球，使它看起来有光泽。通常，这一功能是在 egg 文件中设置的
m = Material()
m.setSpecular((1, 1, 1, 1))
m.setShininess(96)
self.ball.setMaterial(m, 1)


#调用 start 以进行初始化
self.start()
```

4) 定义定位器函数 start()，用于设置在哪里启动球来访问它。对应代码如下所示。

```
def start(self):
    #在迷宫模型中也有一个定位器，用于设置在哪里启动球，在此处使用 find 命令。
    startPos = self.maze.find("**/start").getPos()
    #把球放在起始位置
    self.ballRoot.setPos(startPos)
    self.ballV = LVector3(0, 0, 0)              #初始速度为 0
    self.accelV = LVector3(0, 0, 0)            #初始加速度为 0


    #开始移动，但首先确保它尚未运行
```

```
taskMgr.remove("rollTask")
self.mainLoop = taskMgr.add(self.rollTask, "rollTask")
```

5）编写函数 groundCollideHandler()处理光线与地面之间的碰撞，具体实现代码如下所示。

```
def groundCollideHandler(self, colEntry):
    #为小球设置合适的 z 值，以使其准确地位于地面上
    newZ = colEntry.getSurfacePoint(render).getZ()
    self.ballRoot.setZ(newZ + .4)

    #获取加速度方向。首先将表面法线与上矢量相交，得到垂直于斜率的矢量
    norm = colEntry.getSurfaceNormal(render)
    accelSide = norm.cross(LVector3.up())
    #矢量与曲面的法线相交，得到一个指向斜坡的矢量
    #在 3D 中获得加速度，而不是在 2D 中，这样能够减少每帧的误差量，减少抖动
    self.accelV = norm.cross(accelSide)
```

6）编写函数 wallCollideHandler()处理球与墙之间的碰撞，具体实现代码如下所示。

```
def wallCollideHandler(self, colEntry):
    #通过速度、方向和角度等参数做一个反射
    norm = colEntry.getSurfaceNormal(render) * -1     #墙面标准线
    curSpeed = self.ballV.length()                    #当前速度
    inVec = self.ballV / curSpeed                      #运动方向
    velAngle = norm.dot(inVec)                         #角度
    hitDir = colEntry.getSurfacePoint(render) - self.ballRoot.getPos()
    hitDir.normalize()
    #球与墙标准线之间的夹角
    hitAngle = norm.dot(hitDir)

    #如果球已经从墙上移开，如果碰撞没有当场死亡（避免在拐角处被抓住）就忽略碰撞。
    if velAngle > 0 and hitAngle > .995:
        #下面是标准反射方程
        reflectVec = (norm * norm.dot(inVec * -1) * 2) + inVec

        self.ballV = reflectVec * (curSpeed * (((1 - velAngle) * .5) + .5))
        #计算移动球所需要的向量，正好接触墙壁
        disp = (colEntry.getSurfacePoint(render) -
                colEntry.getInteriorPoint(render))
        newPos = self.ballRoot.getPos() + disp
        self.ballRoot.setPos(newPos)
```

7）编写函数 wallCollideHandler()处理一切滚动的任务。

8）编写函数 loseGame()处理球落洞功能，当球击中了一个洞时被触发，那么它应该落在洞里，执行效果如图 10-13 所示。

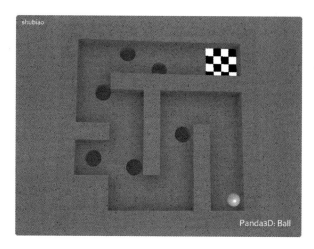

图 10-13　执行效果

10.3.2　拳击赛游戏

实例 10-9	拳击赛游戏
源码路径	daima\10\10-3\10.3.2

在下面的实例文件 main.py 中，实现了一个 3D 拳击赛游戏。本实例程序展示了如何在场景模型中播放 Actors 动画的知识。我们将在模型场景中放置两个拳击手机器人模型。Actors 是带有一些预先生成的动画的特定模型，这些动画可以在同一个 egg 文件中获得，也可以作为它们自己的 egg 文件。只有 Actors 可以播放这些动画，除了播放功能外，Actors 还提供了设置镜头角度的功能。实例文件 main.py 的主要实现代码如下所示。

```
#当两个机器人都没有"重新开始"播放（一个磁头上升）时，也会将时间间隔传递给它
def tryPunch(self, interval):
    if (not self.robot1.resetHead.isPlaying() and
            not self.robot2.resetHead.isPlaying() and
            not interval.isPlaying()):
        interval.start()


#确定是否已成功击中
def checkPunch(self, robot):
    if robot == 1:
        #如果机器人1正在"重新开始"，则不做任何事
        if self.robot1.resetHead.isPlaying():
            return
        #如果机器人1没有击中
        if (not self.robot1.punchLeft.isPlaying() and
                not self.robot1.punchRight.isPlaying()):
            #如果随机数random大于0.85，则设置被打的机器人头在动
            if random() > .85:
```

267

```
            self.robot1.resetHead.start()
        #如果随机数 random 大于 0.95，则设置被打机器人头在动
        elif random() > .95:
            self.robot1.resetHead.start()
    else:
        #拳头指向机器人 2，与上面相同
        if self.robot2.resetHead.isPlaying():
            return
        if (not self.robot2.punchLeft.isPlaying() and
                not self.robot2.punchRight.isPlaying()):
            if random() > .85:
                self.robot2.resetHead.start()
            elif random() > .95:
                self.robot2.resetHead.start()

#此功能设置照明
def setupLights(self):
    ambientLight = AmbientLight("ambientLight")
    ambientLight.setColor((.8, .8, .75, 1))
    directionalLight = DirectionalLight("directionalLight")
    directionalLight.setDirection(LVector3(0, 0, -2.5))
    directionalLight.setColor((0.9, 0.8, 0.9, 1))
    render.setLight(render.attachNewNode(ambientLight))
    render.setLight(render.attachNewNode(directionalLight))
```

执行效果如图 10-14 所示。

图 10-14 执行效果

第11章

综合实战——AI 人机对战版五子棋
游戏（Pygame 实现）

五子棋是智力运动会竞技项目之一，是一种两人对弈的纯策略型棋类游戏。双方分别使用黑白两色的棋子，下在棋盘直线与横线的交叉点上，先形成五子连线者获胜。在本章的内容中，将详细讲解使用 AI 技术开发一个人机对战版 Pygame 五子棋游戏的过程。

11.1 游戏介绍

11.1 游戏介绍

五子棋游戏非常容易上手，老少皆宜，而且趣味十足；它不仅能增强思维能力，提高智力，而且富含哲理，有助于修身养性。

五子棋的游戏规则如下。

1）对局双方各执一色棋子。

2）空棋盘开局。

3）黑先、白后，交替下子，每次只能下一子。为了提高程序的灵活性，也可以规定谁先下。

4）棋子下在棋盘的空白交叉点上，棋子下定后，不得从棋盘上拿掉或拿起另落别处。

5）黑方的第一枚棋子可下在棋盘任意交叉点上。

6）轮流下子是双方的权利，但允许任何一方放弃下子权（即：PASS 权）。

11.2 架构分析

11.2 架构分析

在具体编码之前，需要做好系统架构分析方面的工作。在本节的内容中，将详细分析五子棋的基本棋型，然后根据棋型分析划分整个系统的功能模块，并最终做出编码的依据。

11.2.1 五子棋的基本棋型

对于五子棋游戏来说，常见的基本棋型有连五、活四、冲四、活三、眠三、活二和眠二。

1）连五：顾名思义，连五是指五颗同色棋子连在一起，这表示胜利，如图 11-1 所示。

2）活四：有两个连五点（即有两个点可以形成五），图中白点（小白圆圈）即为连五点。当活四出现的时候，如果对方单纯过来防守的话，是已经无法阻止自己连五了，如图 11-2 所示。

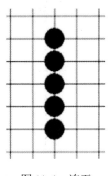
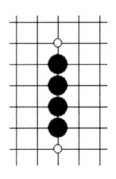

图 11-1　连五　　　　　　　　　　图 11-2　活四

3）冲四：有一个连五点，如图 11-3 所示的 3 种情形均为冲四棋型。图中白点为连五点。相对活四来说，冲四的威胁性就小了很多，因为这个时候，对方只要跟着防守在那个唯一的连五点上，冲四就没法形成连五了。

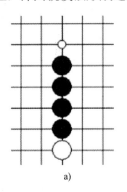
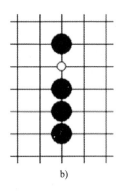
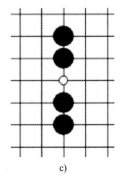

a)　　　　　　　　　　b)　　　　　　　　　　c)

图 11-3　冲四的 3 种棋型

4）活三：可以形成活四的三，如图 11-4 所示的两种最基本的活三棋型，图中白点为活四点。活三棋型是我们进攻中最常见的一种，因为活三之后，如果对方不予理会，将可以下一手将活三变成活四，而我们知道活四是已经无法单纯防守得住了的。所以，当我们面对活三的时候，需要非常谨慎对待。在我们没有更好的进攻手段的情况下，需要对其进行防守，以防止其形成可怕的活四棋型。其中图 11-4b 所示的中间跳着一格的活三，也可以叫作跳活三。

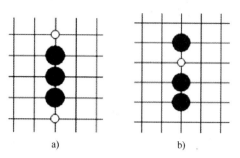

图 11-4 活三的两种棋型

5）眠三：只能够形成冲四的三，如图 11-5 中的 6 种棋型，分别代表最基础的 6 种眠三形状。图中白点代表冲四点。眠三的棋型与活三的棋型相比，危险系数下降不少，因为眠三棋型即使不去防守，下一手它也只能形成冲四，而对于单纯的冲四棋型是可以防守得住的。

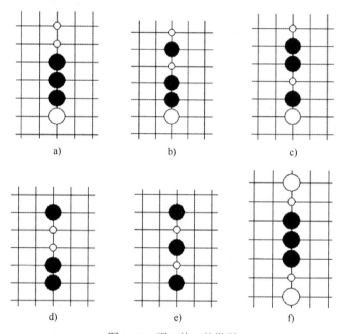

图 11-5 眠三的 6 种棋型

由此可见，眠三的形状是很丰富的。对于初学者，在下棋过程中，很容易忽略不常见的眠三形状，例如图 11-5f 中所示的眠三。可能有新手会提出疑问，活三也可以形成冲四啊，那岂不是也可以叫眠三？眠三的定义是只能够形成冲四的三。而活三可以形成眠三，也能够形成活四。此外，在五子棋中，活四棋型比冲四棋型更具有优势，所以，在既能够形成活四又能够形成冲四时，会选择形成活四。

6）活二：能够形成活三的二，图 11-6 所示是 3 种基本的活二棋型。图中白点为活三点。活二棋型看起来似乎很无害，因为下一手棋才能形成活三，等形成活三，我们再防守也不迟。但其实活二棋型是非常重要的，尤其是在开局阶段，我们形成较多的活二棋型的话，当我们将活二变成活三时，才能有机会获得胜利。

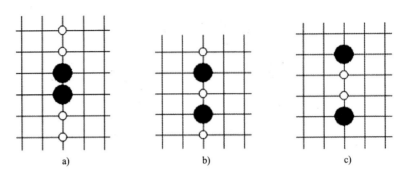

图 11-6　活二的 3 种基本棋型

7）眠二：能够形成眠三的二，图 11-7 中展示了 4 种常见的眠二棋型，我们可以根据眠三介绍中的图 11-5f 找到与下列 4 种基本眠二棋型都不一样的眠二，图中白点为眠三点。

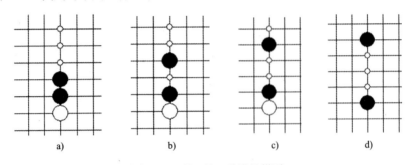

图 11-7　眠二的 4 种常见棋型

11.2.2　功能模块

根据五子棋的游戏规则和上面的基本棋型分析架构项目，最终得出的 AI 版五子棋功能模块结构如图 11-8 所示。

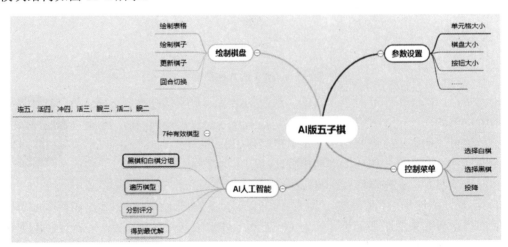

图 11-8　AI 版五子棋功能模块结构图

11.3　具体编码

经过前面的系统分析工作之后，我们规划好了整个项目的功能模块结构。在接下来的工作中，将根据架构设计得出的功能模块结构图来编写代码。

11.3　具体编码

11.3.1　设置基础参数

在实例文件 fiveinrow.py 中会多次用到一些基础参数，例如设置棋盘单元格的大小、棋盘的大小、按钮的位置和大小等信息，对应的实现代码如下。

```
square_size = 40  #单元格的宽度
chess_size = square_size // 2 - 2  #棋子大小
web_broad = 15  #棋盘格数+1（n*n）
map_w = web_broad * square_size  #棋盘长度
map_h = web_broad * square_size  #棋盘高度
info_w = 60  #按钮界面宽度
button_w = 120  #按钮长宽
button_h = 45
screen_w = map_w  #总窗口长宽
screen_h = map_h + info_w
```

11.3.2　绘制棋盘

在实例文件 fiveinrow.py 中，使用类 MAP_ENUM 和 Map 绘制棋盘界面，具体实现流程如下。

1）在类 MAP_ENUM 中使用数字表示当前格的情况，对应的实现代码如下。

```
class MAP_ENUM(IntEnum):
    be_empty = 0,  #无人下
    player1 = 1,   #玩家一，执白
    player2 = 2,   #玩家二，执黑
    out_of_range = 3,  #出界
```

2）创建地图类 Map，使用 self.map 初始化的二维数组表示棋盘大小，数组中的值和前面类 MAP_ENUM 中的值对应：0 表示为空；1 为玩家一下的棋；2 为玩家二下的棋；3 表示超过允许的限制，并且用 self.steps 按顺序保存已下的棋子，对应的实现代码如下。

```
class Map:  #地图类
    def __init__(self, width, height):  #构造函数
        self.width = width
        self.height = height
        self.map = [[0 for x in range(self.width)] for y in range(self.
height)]  #存储棋盘的二维数组
        self.steps = []  #记录步骤先后

    def get_init(self):  #重置棋盘
```

273

```
      for y in range(self.height):
          for x in range(self.width):
              self.map[y][x] = 0
      self.steps = []
```

3）编写函数 intoNextTurn()进入下一回合的比赛中，交换下棋人，对应的实现代码如下。

```
def intoNextTurn(self, turn):
    if turn == MAP_ENUM.player1:
       return MAP_ENUM.player2
    else:
       return MAP_ENUM.player1
```

4）编写函数 getLocate(self, x, y)，功能是根据输入的下标返回棋子的具体位置，对应的实现代码如下。

```
def getLocate(self, x, y):
    map_x = x * square_size
    map_y = y * square_size
    return (map_x, map_y, square_size, square_size)   #返回位置信息
```

5）编写函数 getIndex()，功能是根据输入的具体位置返回下标，对应的实现代码如下。

```
def getIndex(self, map_x, map_y):
    x = map_x // square_size
    y = map_y // square_size
    return (x, y)
```

6）编写函数 isInside()，功能是判断当前位置是否在棋盘的有效范围内，对应的实现代码如下。

```
def isInside(self, map_x, map_y):
    if (map_x <= 0 or map_x >= map_w or
         map_y <= 0 or map_y >= map_h):
        return False
    return True
```

7）编写函数 isEmpty()，功能是判断在当前的格子中是否已经有棋子，对应的实现代码如下。

```
def isEmpty(self, x, y):
    return (self.map[y][x] == 0)
```

8）编写函数 printChessPiece()，功能是在棋盘中绘制已下的棋子，按照下棋的顺序加上序号会区分黑棋和白棋分别进行绘制，对应的实现代码如下。

```
def printChessPiece(self, screen):   #绘制棋子
    player_one = (255, 245, 238)   #象牙白色
    player_two = (41, 36, 33)   #烟灰色
    player_color = [player_one, player_two]
```

```
for i in range(len(self.steps)):
    x, y = self.steps[i]
    map_x, map_y, width, height = self.getLocate(x, y)
    pos, radius = (map_x + width // 2, map_y + height // 2), chess_size
    turn = self.map[y][x]
    pygame.draw.circle(screen, player_color[turn - 1], pos, radius)  #绘制
```

9）编写函数 drawBoard(self, screen)，功能是绘制棋盘，使用两个 for 循环分别绘制棋盘中的横线和竖线，对应的实现代码如下。

```
def drawBoard(self, screen):  #绘制棋盘
    color = (0, 0, 0)  #线色
    for y in range(self.height):
        #绘制横着的棋盘线
        start_pos, end_pos = (square_size // 2, square_size // 2 + square_
size * y), (
            map_w - square_size // 2, square_size // 2 + square_size * y)
        pygame.draw.line(screen, color, start_pos, end_pos, 1)
    for x in range(self.width):
        #绘制竖着的棋盘线
        start_pos, end_pos = (square_size // 2 + square_size * x, square_
size // 2), (
            square_size // 2 + square_size * x, map_h - square_size // 2)
        pygame.draw.line(screen, color, start_pos, end_pos, 1)
```

11.3.3　实现 AI 功能

经过前面基本棋型的介绍可知，在五子棋游戏中有 7 种有效的棋型（连五、活四、冲四、活三、眠三、活二、眠二），我们可以创建黑棋和白棋两个数组，记录棋盘上黑棋和白棋分别形成的所有棋型的个数，然后按照一定的规则进行评分。

究竟如何记录棋盘上的棋型个数呢？例如在本游戏的棋盘上设置有 15 条水平线、15 条竖直线，如果不考虑长度小于 5 的斜线，有 21 条从左上到右下的斜线，21 条从左下到右上的斜线。然后按照每一条线分别对黑棋和白棋查找是否有符合的棋型。这种方法比较直观，但是实现起来不方便。本实例的方法是对整个棋盘进行遍历，对于每一个白棋或黑棋，以它为中心，记录符合的棋型个数，具体实现方式如下。

1）遍历棋盘上的每个点，如果是黑棋或白旗，则对这个点所在 4 个方向形成的 4 条线分别进行评估。4 个方向即水平、竖直，两个斜线（ \、/ ）方面，4 个方向依次按照从左到右、从上到下、从左上到右下、从左下到右上的次序来检测。

2）对于具体的一条线如图 11-9 所示，以选取点为中心，取该方向上前面 4 个点，后面 4 个点，组成一个长度为 9 的数组。

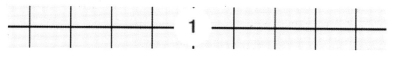

图 11-9　一条线

3）然后找出和中心点相连的同色棋子有几个，比如图 11-10 所示，相连的白色棋子有 3 个，根据相连棋子的个数再分别进行判断，最后得出这行属于前面说的哪一种棋型。具体判断可以看代码中的 analysisLine 函数。在此需要注意的是，在评估白旗 1 的时候，白棋 3 和 5 已经被判断过，所以要标记一下，下次遍历到这个方向的白棋 3 和 5 时，需要跳过，避免重复统计棋型。

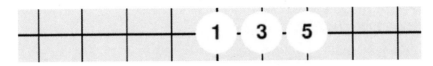

图 11-10　和中心点相连的同色棋子

4）根据棋盘上黑棋和白棋的棋型统计信息，按照一定的规则进行评分。假设形成该棋局的最后一步是黑棋下的，则最后的评分是（黑棋得分 - 白棋得分），在相同棋型、相同个数的情况下，白棋会占优，因为下一步是白棋下。比如黑棋有个冲四，白棋有个冲四，显然白棋占优，因为下一步白棋就能成连五，最后按照下面的规则依次匹配。

- 黑棋连五，评分为 10000。
- 白棋连五，评分为 -10000。
- 黑棋两个冲四可以当成一个活四。
- 白棋有活四，评分为 -9050。
- 白棋有冲四，评分为 -9040。
- 黑棋有活四，评分为 9030。
- 黑棋有冲四和活三，评分为 9020。
- 黑棋没有冲四，且白棋有活三，评分为 9010。
- 黑棋有两个活三，且白棋没有活三或眠三，评分为 9000。

5）最后针对黑棋或白棋的活三、眠三、活二、眠二的个数依次增加分数，具体评分值为（黑棋得分 - 白棋得分）。

有了上面的评估标准后，当轮到 AI 下棋时，就要针对当前的棋局，找到一个最有利的位置来下。AI 会尝试在每个空点下棋，每次都会形成一个新的棋局，然后用评估函数来获取这个棋局的评分，只需在最后从中选取评分最高的位置来下就行了。下面是 AI 获取最有利位置的逻辑。

- 首先遍历棋盘上的每一个空点，并在这个空点下棋，获取新棋局的评分。
- 如果是更高的评分，则保存该位置。
- 然后将这个位置恢复为空点。
- 最后会获得最高评分的位置。

在实例文件 fiveinrow.py 中，通过类 MyChessAI 实现 AI 功能，具体实现流程如下。

1）使用构造函数实现初始化功能，在数组 record 中记录所有位置的 4 个方向是否被检测过，使用二维数组 count 记录黑棋和白棋的棋型个数统计。通过 position_isgreat 给棋盘上每个位置设一个初始分数，越靠近棋盘中心分数越高。在最开始没有任何棋型时，AI 会优先选取靠中心的位置，对应的实现代码如下。

```python
class MyChessAI():
    def __init__(self, chess_len):   #构造函数
        self.len = chess_len   #当前棋盘大小
        #二维数组，每一格存的是：横评分、纵评分、左斜评分、右斜评分
        self.record = [[[0, 0, 0, 0] for i in range(chess_len)] for j in
range(chess_len)]
        #存储当前格具体棋型数量
        self.count = [[0 for i in range(SITUATION_NUM)] for j in range(2)]
        #位置分（同等条件下越靠近棋盘中心分越高）
        self.position_isgreat = [
            [(web_broad - max(abs(i - web_broad / 2 + 1), abs(j - web_broad
/ 2 + 1))) for i in range(chess_len)]
                for j in range(chess_len)]

    def get_init(self):   #初始化
        for i in range(self.len):
            for j in range(self.len):
                for k in range(4):
                    self.record[i][j][k] = 0
        for i in range(len(self.count)):
            for j in range(len(self.count[0])):
                self.count[i][j] = 0
        self.save_count = 0

    def isWin(self, board, turn):   #当前人胜利
        return self.evaluate(board, turn, True)
```

2）编写函数 genmove()，功能是返回所有未下棋的位置（位置从好到坏）。也就是说，函数 genmove()能够获取棋盘上所有的空点，然后依次尝试，获得评分最高的位置并返回，对应的实现代码如下。

```python
def genmove(self, board, turn):
    moves = []
    for y in range(self.len):
        for x in range(self.len):
            if board[y][x] == 0:
                score = self.position_isgreat[y][x]
                moves.append((score, x, y))
    moves.sort(reverse=True)
    return moves
```

3）编写函数 search()，功能是返回当前最优解的坐标，此函数是上面 AI 逻辑的代码实现。先通过函数 genmove()获取棋盘上所有的可以走的位置，然后依次尝试，获得评分最高的位置并返回，对应代码如下。

```python
def search(self, board, turn):
    moves = self.genmove(board, turn)
```

```
bestmove = None
max_score = -99999   #无穷小
for score, x, y in moves:
    board[y][x] = turn.value
    score = self.evaluate(board, turn)
    board[y][x] = 0
    if score > max_score:
        max_score = score
        bestmove = (max_score, x, y)
return bestmove
```

4）编写函数 findBestChess()，此函数是 AI 的入口函数，对应的实现代码如下。

```
def findBestChess(self, board, turn):
    #time1 = time.time()
    score, x, y = self.search(board, turn)
    #time2 = time.time()
    #print('time:%f (%d, %d)' % ((time2 - time1), x, y))
    return (x, y)
```

5）编写函数 getScore()，功能是获取对黑棋和白棋的评分，对应的实现代码如下。

```
#直接列举所有棋型
def getScore(self, mychess, yourchess):
    mscore, oscore = 0, 0
    if mychess[FIVE] > 0:
        return (10000, 0)
    if yourchess[FIVE] > 0:
        return (0, 10000)
    if mychess[S4] >= 2:
        mychess[L4] += 1
    if yourchess[L4] > 0:
        return (0, 9050)
    if yourchess[S4] > 0:
        return (0, 9040)
    if mychess[L4] > 0:
        return (9030, 0)
    if mychess[S4] > 0 and mychess[L3] > 0:
        return (9020, 0)
    if yourchess[L3] > 0 and mychess[S4] == 0:
        return (0, 9010)
    if (mychess[L3] > 1 and yourchess[L3] == 0 and yourchess[S3] == 0):
        return (9000, 0)
    if mychess[S4] > 0:
        mscore += 2000
    if mychess[L3] > 1:
        mscore += 500
    elif mychess[L3] > 0:
        mscore += 100
    if yourchess[L3] > 1:
```

```
            oscore += 2000
        elif yourchess[L3] > 0:
            oscore += 400
        if mychess[S3] > 0:
            mscore += mychess[S3] * 10
        if yourchess[S3] > 0:
            oscore += yourchess[S3] * 10
        if mychess[L2] > 0:
            mscore += mychess[L2] * 4
        if yourchess[L2] > 0:
            oscore += yourchess[L2] * 4
        if mychess[S2] > 0:
            mscore += mychess[S2] * 4
        if yourchess[S2] > 0:
            oscore += yourchess[S2] * 4
        return (mscore, oscore)    #返回评分列表
```

6）编写函数 evaluate()，功能是对上述得分进行进一步的处理。checkWin 是游戏用来判断是否有一方获胜，对应的实现代码如下。

```
def evaluate(self, board, turn, checkWin=False):
    self.get_init()
    if turn == MAP_ENUM.player1:
        me = 1
        you = 2
    else:
        me = 2
        you = 1
    for y in range(self.len):
        for x in range(self.len):
            if board[y][x] == me:
                self.evaluatePoint(board, x, y, me, you)
            elif board[y][x] == you:
                self.evaluatePoint(board, x, y, you, me)
    mychess = self.count[me - 1]
    yourchess = self.count[you - 1]
    if checkWin:
        return mychess[FIVE] > 0    #检查是否已经胜利
    else:
        mscore, oscore = self.getScore(mychess, yourchess)
        return (mscore - oscore)    #返回评分列表
```

7）编写函数 evaluatePoint()，功能是对某一个位置的 4 个方向分别进行检查，对应的实现代码如下。

```
def evaluatePoint(self, board, x, y, me, you):
    direction = [(1, 0), (0, 1), (1, 1), (1, -1)]    #4 个方向
    for i in range(4):
        if self.record[y][x][i] == 0:
```

```
            #检查当前方向棋型
            self.getBasicSituation(board, x, y, i, direction[i], me, you, self.
count[me - 1])
        else:
            self.save_count += 1
```

8）编写函数 getLine()，功能是把当前方向棋型存储下来，方便后续使用。此函数能够根据棋子的位置和方向，获取前文说的长度为 9 的线。如果线上的位置超出了棋盘范围，就将这个位置的值设为对手的值，因为超出范围和被对手棋挡着，对棋型判断的结果都是一样的，对应的实现代码如下。

```
def getLine(self, board, x, y, direction, me, you):
    line = [0 for i in range(9)]
    #"光标"移到最左端
    tmp_x = x + (-5 * direction[0])
    tmp_y = y + (-5 * direction[1])
    for i in range(9):
        tmp_x += direction[0]
        tmp_y += direction[1]
        if (tmp_x < 0 or tmp_x >= self.len or tmp_y < 0 or tmp_y >= self.len):
            line[i] = you  #出界
        else:
            line[i] = board[tmp_y][tmp_x]
    return line
```

9）编写函数 getBasicSituation()，功能是把当前方向的棋型识别成具体情况，例如把 MMMMX 识别成活四冲四、活三眠三等，对应的实现代码如下。

```
def getBasicSituation(self, board, x, y, dir_index, dir, me, you, count):
    #record 赋值
    def setRecord(self, x, y, left, right, dir_index, direction):
        tmp_x = x + (-5 + left) * direction[0]
        tmp_y = y + (-5 + left) * direction[1]
        for i in range(left, right):
            tmp_x += direction[0]
            tmp_y += direction[1]
            self.record[tmp_y][tmp_x][dir_index] = 1

    empty = MAP_ENUM.be_empty.value
    left_index, right_index = 4, 4
    line = self.getLine(board, x, y, dir, me, you)
    while right_index < 8:
        if line[right_index + 1] != me:
            break
        right_index += 1
    while left_index > 0:
        if line[left_index - 1] != me:
            break
        left_index -= 1
```

```
left_range, right_range = left_index, right_index
while right_range < 8:
    if line[right_range + 1] == you:
        break
    right_range += 1
while left_range > 0:
    if line[left_range - 1] == you:
        break
    left_range -= 1
chess_range = right_range - left_range + 1
if chess_range < 5:
    setRecord(self, x, y, left_range, right_range, dir_index, dir)
    return SITUATION.NONE
setRecord(self, x, y, left_index, right_index, dir_index, dir)
m_range = right_index - left_index + 1
if m_range == 5:
    count[FIVE] += 1
#活四冲四
if m_range == 4:
    left_empty = right_empty = False
    if line[left_index - 1] == empty:
        left_empty = True
    if line[right_index + 1] == empty:
        right_empty = True
    if left_empty and right_empty:
        count[L4] += 1
    elif left_empty or right_empty:
        count[S4] += 1
#活三眠三
if m_range == 3:
    left_empty = right_empty = False
    left_four = right_four = False
    if line[left_index - 1] == empty:
        if line[left_index - 2] == me:  #MXMMM
            setRecord(self, x, y, left_index - 2, left_index - 1, dir_index, dir)
            count[S4] += 1
            left_four = True
        left_empty = True
    if line[right_index + 1] == empty:
        if line[right_index + 2] == me:  #MMMXM
            setRecord(self, x, y, right_index + 1, right_index + 2, dir_index, dir)
            count[S4] += 1
            right_four = True
        right_empty = True
    if left_four or right_four:
        pass
    elif left_empty and right_empty:
        if chess_range > 5:  #XMMMXX, XXMMMX
            count[L3] += 1
        else:  #PXMMMXP
```

```
                    count[S3] += 1
            elif left_empty or right_empty:  #PMMMX, XMMMP
                count[S3] += 1
#活二眠二
    if m_range == 2:
        left_empty = right_empty = False
        left_three = right_three = False
        if line[left_index - 1] == empty:
            if line[left_index - 2] == me:
                setRecord(self, x, y, left_index - 2, left_index - 1, dir_index, dir)
                if line[left_index - 3] == empty:
                    if line[right_index + 1] == empty:  #XMXMMX
                        count[L3] += 1
                    else:  #XMXMMP
                        count[S3] += 1
                    left_three = True
                elif line[left_index - 3] == you:  #PMXMMX
                    if line[right_index + 1] == empty:
                        count[S3] += 1
                        left_three = True
            left_empty = True
        if line[right_index + 1] == empty:
            if line[right_index + 2] == me:
                if line[right_index + 3] == me:  #MMXMM
                    setRecord(self, x, y, right_index + 1, right_index + 2, dir_index, dir)
                    count[S4] += 1
                    right_three = True
                elif line[right_index + 3] == empty:
                    #setRecord(self, x, y, right_index+1, right_index+2, dir_index, dir)
                    if left_empty:  #XMMXMX
                        count[L3] += 1
                    else:  #PMMXMX
                        count[S3] += 1
                    right_three = True
                elif left_empty:  #XMMXMP
                    count[S3] += 1
                    right_three = True
            right_empty = True
        if left_three or right_three:
            pass
        elif left_empty and right_empty:  #XMMX
            count[L2] += 1
        elif left_empty or right_empty:  #PMMX, XMMP
            count[S2] += 1
#特殊活二眠二（有空格）
    if m_range == 1:
        left_empty = right_empty = False
        if line[left_index - 1] == empty:
```

```
        if line[left_index - 2] == me:
            if line[left_index - 3] == empty:
                if line[right_index + 1] == you:  #XMXMP
                    count[S2] += 1
        left_empty = True
    if line[right_index + 1] == empty:
        if line[right_index + 2] == me:
            if line[right_index + 3] == empty:
                if left_empty:  #XMXMX
                    count[L2] += 1
                else:  #PMXMX
                    count[S2] += 1
        elif line[right_index + 2] == empty:
            if line[right_index + 3] == me and line[right_index + 4] ==
empty:  #XMXXMX
                count[L2] += 1
    #以上都不是，则为 none 棋型
    return SITUATION.NONE
```

11.3.4 实现按钮功能

在本项目的棋盘下方会显示 4 个按钮，具体说明如下。

● Pick White：选择白棋。

● Pick Black：选择黑棋。

● Surrender：投降。

● Multiple：暂时不可用。

在实例文件 fiveinrow.py 中，实现上述按钮功能的流程如下。

1）编写控制游戏的按钮类 Button，这是一个父类，通过函数 draw(self) 根据按钮的 enable 状态填色，对应的实现代码如下。

```
class Button:
    def __init__(self, screen, text, x, y, color, enable):  #构造函数
        self.screen = screen
        self.width = button_w
        self.height = button_h
        self.button_color = color
        self.text_color = (255, 255, 255)  #纯白
        self.enable = enable
        self.font = pygame.font.SysFont(None, button_h * 2 // 3)
        self.rect = pygame.Rect(0, 0, self.width, self.height)
        self.rect.topleft = (x, y)
        self.text = text
        self.init_msg()

    #重写 Pygame 内置函数，初始化按钮
    def init_msg(self):
        if self.enable:
```

```
            self.msg_image = self.font.render(self.text, True, self.text_color,
self.button_color[0])
        else:
            self.msg_image = self.font.render(self.text, True, self.text_color,
self.button_color[1])
        self.msg_image_rect = self.msg_image.get_rect()
        self.msg_image_rect.center = self.rect.center

    #根据按钮 enable 状态填色，具体颜色由后续子类控制
    def draw(self):
        if self.enable:
            self.screen.fill(self.button_color[0], self.rect)
        else:
            self.screen.fill(self.button_color[1], self.rect)
        self.screen.blit(self.msg_image, self.msg_image_rect)
```

2）编写类 WhiteStartButton 实现选择白棋功能，对应的实现代码如下。

```
class WhiteStartButton(Button):    #游戏开始按钮（选白棋）
    def __init__(self, screen, text, x, y):    #构造函数
        super().__init__(screen, text, x, y, [(26, 173, 25), (158, 217, 157)],
True)

    def click(self, game):    #单击，Pygame 内置方法
        if self.enable:    #启动游戏并初始化，变换按钮颜色
            game.start()
            game.winner = None
            game.multiple = False
            self.msg_image = self.font.render(self.text, True, self.text_color,
self.button_color[1])
            self.enable = False
            return True
        return False

    def unclick(self):    #取消单击
        if not self.enable:
            self.msg_image = self.font.render(self.text, True, self.text_color,
self.button_color[0])
            self.enable = True
```

3）编写类 BlackStartButton 实现选择黑棋功能，对应的实现代码如下。

```
class BlackStartButton(Button):    #游戏开始按钮（选黑棋）
    def __init__(self, screen, text, x, y):    #构造函数
        super().__init__(screen, text, x, y, [(26, 173, 25), (158, 217, 157)],
True)

    def click(self, game):    #单击，Pygame 内置方法
        if self.enable:    #启动游戏并初始化，变换按钮颜色，安排 AI 先手
            game.start()
```

```
            game.winner = None
            game.multiple = False
            game.useAI = True
            self.msg_image = self.font.render(self.text, True, self.text_color,
self.button_color[1])
            self.enable = False
            return True
        return False

    def unclick(self):  #取消单击
        if not self.enable:
            self.msg_image = self.font.render(self.text, True, self.text_color,
self.button_color[0])
            self.enable = True
```

4）编写类 GiveupButton 实现投降功能，对应的实现代码如下。

```
class GiveupButton(Button):  #投降按钮（任何模式都能用）
    def __init__(self, screen, text, x, y):
        super().__init__(screen, text, x, y, [(230, 67, 64), (236, 139, 137)],
False)

    def click(self, game):  #结束游戏，判断赢家
        if self.enable:
            game.is_play = False
            if game.winner is None:
                game.winner = game.map.intoNextTurn(game.player)
            self.msg_image = self.font.render(self.text, True, self.text_color,
self.button_color[1])
            self.enable = False
            return True
        return False

    def unclick(self):  #保持不变，填充颜色
        if not self.enable:
            self.msg_image = self.font.render(self.text, True, self.text_color,
self.button_color[0])
            self.enable = True
```

11.3.5　重写功能

为了更好地在主函数中规划和控制整个游戏的代码，编写类 Game，在里面调用上面的功能函数，然后分别绘制棋盘、菜单按钮和判断哪一方获胜。类 Game 的具体实现流程如下。

1）通过函数__init__(self, caption)实现初始化处理，设置菜单内容和按钮的可用性。

```
class Game:  #Pygame 类,以下所有功能都是根据需要重写的
```

```
    def __init__(self, caption):
        pygame.init()
        self.screen = pygame.display.set_mode([screen_w, screen_h])
        pygame.display.set_caption(caption)
        self.clock = pygame.time.Clock()
        self.buttons = []
        self.buttons.append(WhiteStartButton(self.screen, 'Pick White', 20, map_h))
        self.buttons.append(BlackStartButton(self.screen, 'Pick Black', 190, map_h))
        self.buttons.append(GiveupButton(self.screen, 'Surrender', 360, map_h))
        self.buttons.append(MultiStartButton(self.screen, 'Multiple', 530, map_h))
        self.is_play = False
        self.map = Map(web_broad, web_broad)
        self.player = MAP_ENUM.player1
        self.action = None
        self.AI = MyChessAI(web_broad)
        self.useAI = False
        self.winner = None
        self.multiple = False
```

2）定义函数 start(self)开始游戏，默认白棋先下，对应的实现代码如下。

```
    def start(self):
        self.is_play = True
        self.player = MAP_ENUM.player1    #白棋先手
        self.map.get_init()
```

3）定义函数 play(self)绘制出棋盘和按钮，对应的实现代码如下。

```
    def play(self):
        #绘制棋盘
        self.clock.tick(60)
        wood_color = (210, 180, 140)
        pygame.draw.rect(self.screen, wood_color, pygame.Rect(0, 0, map_w,
screen_h))
        pygame.draw.rect(self.screen, (255, 255, 255), pygame.Rect(map_w, 0,
info_w, screen_h))
        #绘制按钮
        for button in self.buttons:
            button.draw()
        if self.is_play and not self.isOver():
            if self.useAI and not self.multiple:
                x, y = self.AI.findBestChess(self.map.map, self.player)
                self.checkClick(x, y, True)
                self.useAI = False
            if self.action is not None:
                self.checkClick(self.action[0], self.action[1])
                self.action = None
            if not self.isOver():
                self.changeMouseShow()
        if self.isOver():
```

```
            self.showWinner()
            #self.buttons[0].enable = True
            #self.buttons[1].enable = True
            #self.buttons[2].enable = False
        self.map.drawBoard(self.screen)
        self.map.printChessPiece(self.screen)
```

4）定义函数 changeMouseShow(self)，在开始游戏的时候把鼠标预览切换棋子，对应的实现代码如下。

```
def changeMouseShow(self):
    map_x, map_y = pygame.mouse.get_pos()
    x, y = self.map.getIndex(map_x, map_y)
    if self.map.isInside(map_x, map_y) and self.map.isEmpty(x, y):  #在棋盘
内且当前无棋子
        pygame.mouse.set_visible(False)
        smoke_blue = (176, 224, 230)
        pos, radius = (map_x, map_y), chess_size
        pygame.draw.circle(self.screen, smoke_blue, pos, radius)
    else:
        pygame.mouse.set_visible(True)

def checkClick(self, x, y, isAI=False):  #后续处理
    self.map.click(x, y, self.player)
    if self.AI.isWin(self.map.map, self.player):
        self.winner = self.player
        self.click_button(self.buttons[2])
    else:
        self.player = self.map.intoNextTurn(self.player)
        if not isAI:
            self.useAI = True
```

5）定义函数 mouseClick(self, map_x, map_y)处理下棋动作，将某个棋子放在棋盘中的某个位置，对应的实现代码如下。

```
def mouseClick(self, map_x, map_y):
    if self.is_play and self.map.isInside(map_x, map_y) and not self.
isOver():
        x, y = self.map.getIndex(map_x, map_y)
        if self.map.isEmpty(x, y):
            self.action = (x, y)
```

6）定义函数 isOver(self)，如果一方获胜则中断游戏，对应的实现代码如下。

```
def isOver(self):  #中断条件
    return self.winner is not None
```

7）定义函数 showWinner(self)，功能是打印输出胜者，对应的实现代码如下。

```
def showWinner(self):  #输出胜者
```

```
    def showFont(screen, text, location_x, locaiton_y, height):
        font = pygame.font.SysFont(None, height)
        font_image = font.render(text, True, (255, 215, 0), (255, 255, 255))
#金黄色
        font_image_rect = font_image.get_rect()
        font_image_rect.x = location_x
        font_image_rect.y = locaiton_y
        screen.blit(font_image, font_image_rect)

    if self.winner == MAP_ENUM.player1:
        str = 'White Wins!'
    else:
        str = 'Black Wins!'
    showFont(self.screen, str, map_w / 5, screen_h / 8, 100)    #居上中, 字号100
    pygame.mouse.set_visible(True)
```

到此为止，本实例全部介绍完毕。执行后先选择使用黑棋或白棋，按下选择按钮后即可进入游戏界面。例如黑棋获胜的界面效果如图 11-11 所示。

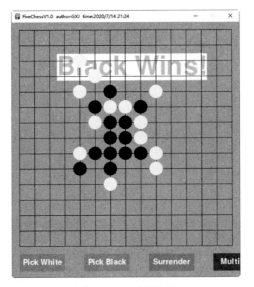

图 11-11　界面效果

第 12 章
综合实战——水果连连看游戏
（Cocos2d 实现）

水果连连看是一款由 Loveyuki 开发的休闲游戏，是果蔬连连看的一个分支，在 iPhone/Android 手机和平板计算机中曾风靡一时。在本章的内容中，将详细讲解使用 Cocos2d 技术开发一个水果连连看游戏的过程。

12.1 游戏介绍

12.1 游戏介绍

水果连连看的游戏规则与连连看相同，然而连连看经过多年的演变与创新，游戏规则也越来越多样化，但是它依然保留着简单易上手、男女老少都适合玩的特点。水果连连看游戏主要题材为现实中人们日常饮食必不可少的水果图片。游戏操作简单，将相同的两个水果互连，即可消失。

水果连连看游戏的规则如下。

1）使用鼠标将相同的两张水果图片进行连接。

2）使用鼠标将相同的 3 张或多张水果图片进行碰撞或规律排列达到消除条件。

3）使用鼠标直接单击排放在一起的 3 张或多张相同的水果图片达到消除条件。

12.2 架构分析

12.2 架构分析

在具体编码之前，需要做好系统架构分析方面的工作。在本节的内容中，将详细分析水果连连看的游戏规则，然后根据游戏规则划分整个系统的功能模块，并最终做出编码的依据。

12.2.1 分析游戏规则

在本游戏的同一行或同一列，只要满足大于或等于 3 个相同的水果就会发生碰撞，让这些相同的水果消失，然后在消失的位置随机出现新的水果。图 12-1 所示为水平方向的矩阵。

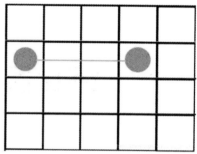

首先判断是否在同一行，然后扫描两点之间是否存在非空（非-1）的点。在最初测试（0，5）和（0，6）这两点的时候，发现其实是可以连接的，但是返回的却是 False。这是因为有以下两种特殊情况。

1）第 1 种特殊情况如果两点相连接，导致在 for 循环一次都不运行。解决方案就是判断同一行的两点是否纵向相邻。如果两个点所对应的矩阵中的值相同，即可以连线。

图 12-1 水平方向的矩阵

2）第 1 种特殊情况会引起第 2 种特殊情况。其中一个点是 -1，另一个点为大于零的数字。解决方案是用"或"运算符对两个点进行判断，若其中一个为 -1，则可以连线。

12.2.2 功能模块

根据水果连连看的游戏规则，最终得出的功能模块结构如图 12-2 所示。

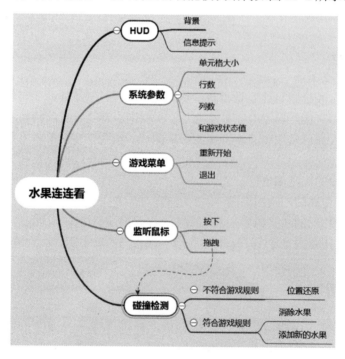

图 12-2 水果连连看的功能模块结构

12.3　具体编码

在本节的内容中，将详细讲解本实例的具体编码过程。

12.3.1　设计 HUD

在一款游戏中，能够用视觉效果向玩家传达信息的元素都可以称为 HUD，HUD 是游戏与玩家交互最有效的方式之一。设计师常用的 HUD 元素是画中画小屏幕以及各种图标，它们负责向玩家传达各种关键信息，告诉玩家应该做什么，应该去哪里。

在本实例中整个游戏的 HUD 分 3 个部分的背景和提示信息。编写实例文件 HUD.py，分别通过不同的类实现上述 HUD 部分。实例文件 HUD.py 的主要实现代码如下所示。

```python
class BackgroundLayer(Layer):                           #创建背景层类
    def __init__(self):
        super(BackgroundLayer, self).__init__()

    def draw(self):                                     #绘制
        pass

class ScoreLayer(Layer):                                #创建分数层类
    objectives = []
    def __init__(self):
        w, h = director.get_window_size()               #获取窗口的大小
        super(ScoreLayer, self).__init__()
        #设置透明层
        self.add(ColorLayer(100, 100, 200, 100, width=w, height=48), z=-1)
        self.position = (0, h - 48)
        #进度条
        progress_bar = self.progress_bar = ProgressBar(width=200, height=20)
        progress_bar.position = 20, 15                  #进度条的位置
        self.add(progress_bar)                          #添加进度条层到背景中
        #设置得分属性,分别设置文字的大小、颜色和对齐方式
        self.score = Label('Score:', font_size=36,
                    font_name='Edit Undo Line BRK',
                    color=(255, 255, 255, 255),
                    anchor_x='left',
                    anchor_y='bottom')
        self.score.position = (0, 0)
        #self.add(self.score)
        self.lvl = Label('Lvl:', font_size=36,
                    font_name='Edit Undo Line BRK',
                    color=(255, 255, 255, 255),
                    anchor_x='left',
                    anchor_y='bottom')
        self.lvl.position = (450, 0)
        #self.add(self.lvl)
        self.objectives_list = []
```

291

```
                self.objectives_labels = []

        def set_objectives(self, objectives):
            w, h = director.get_window_size()
            #清除任何预先设定的目标
            for tile_type, sprite, count in self.objectives:
                self.remove(sprite)
            for count_label in self.objectives_labels:
                self.remove(count_label)
            self.objectives = objectives
            self.objectives_labels = []
            x = w / 2 - 150 / 2                              #水平方向位置
            for tile_type, sprite, count in objectives:
                text_w = len(str(count)) * 7
                #文字属性、字体、颜色、加粗、对齐方式
                count_label = Label(str(count), font_size=14,
                            font_name='Edit Undo Line BRK',
                            color=(255, 255, 255, 255), bold=True,
                            anchor_x='left', anchor_y='bottom')
                count_label.position = x - text_w, 7
                self.add(count_label, z=2)
                self.objectives_labels.append(count_label)
                #文字属性、字体、颜色、加粗、对齐方式
                count_label = Label(str(count), font_size=16,
                            font_name='Edit Undo Line BRK',
                            color=(0, 0, 0, 255), bold=True,
                            anchor_x='left', anchor_y='bottom')
                count_label.position = x - text_w - 1, 8
                self.add(count_label, z=1)
                self.objectives_labels.append(count_label)
                sprite.position = x, 24
                sprite.scale = 0.5
                x += 50
                self.add(sprite)

        def draw(self):                                     #开始绘制元素
            super(ScoreLayer, self).draw()
            self.score.element.text = 'Score:%d' % status.score
            lvl = status.level_idx or 0
            self.lvl.element.text = 'Lvl:%d' % lvl

class MessageLayer(Layer):                                  #提示信息层类
    def show_message(self, msg, callback=None, msg_duration=1):
        w, h = director.get_window_size()

        #提示信息文字的属性，包括文字大小、字体和对齐方式
        self.msg = Label(msg,
                    font_size=52,
                    font_name='Edit Undo Line BRK',
                    anchor_y='center',
```

```
                            anchor_x='center')
        self.msg.position = (w // 2.0, h)

        self.add(self.msg)
        actions = Accelerate(MoveBy((0, -h / 2.0), duration=msg_duration / 2))
        #设置提示信息的动作属性和延时
        actions += \
            Delay(1) + \
            Accelerate(MoveBy((0, -h / 2.0), duration=msg_duration / 2)) + \
            Hide()
        if callback:
            actions += CallFunc(callback)
        self.msg.do(actions)

class HUD(Layer):
    def __init__(self):
        super(HUD, self).__init__()
        self.score_layer = ScoreLayer()
        self.add(self.score_layer)
        self.add(MessageLayer(), name='msg')

    #显示提示信息
    def show_message(self, msg, callback=None, msg_duration=1):
        self.get('msg').show_message(msg, callback, msg_duration)

    def set_objectives(self, objectives):
        self.score_layer.set_objectives(objectives)

    def update_time(self, time_percent):
        self.score_layer.progress_bar.set_progress(time_percent)
```

12.3.2 监听鼠标的移动

编写文件 GameController.py 监听鼠标的移动，分别监听鼠标按下和拖拽移动的位置坐标 x 和 y，具体实现代码如下所示。

```
class GameController(Layer):
    is_event_handler = True  #:启用 yglet 的事件

    def __init__(self, model):
        super(GameController, self).__init__()
        self.model = model

    def on_mouse_press(self, x, y, buttons, modifiers):
        self.model.on_mouse_press(x, y)

    def on_mouse_drag(self, x, y, dx, dy, buttons, modifiers):
        self.model.on_mouse_drag(x, y)
```

12.3.3　显示视图

在文件 GameView.py 中实现显示视图功能，在网格中更新显示各水果元素，并且随着时间推移显示不同的视图，通过制定函数分别实现游戏结束视图和完成一个级别的视图。文件 GameView.py 的具体实现代码如下所示。

```python
class GameView(cocos.layer.ColorLayer):
    is_event_handler = True  #:启用 director.window 事件

    def __init__(self, model, hud):
        super(GameView, self).__init__(64, 64, 224, 0)
        model.set_view(self)
        self.hud = hud
        self.model = model
        self.model.push_handlers(self.on_update_objectives,
                                 self.on_update_time,
                                 self.on_game_over,
                                 self.on_level_completed)
        self.model.start()
        self.hud.set_objectives(self.model.objectives)
        self.hud.show_message('GET READY')

    def on_update_objectives(self):
        self.hud.set_objectives(self.model.objectives)

    #更新时间，进度条递减
    def on_update_time(self, time_percent):
        self.hud.update_time(time_percent)

    #进度条结束，标志着游戏结束
    def on_game_over(self):
        self.hud.show_message('GAME OVER', msg_duration=3, callback=lambda:
director.pop())

    def on_level_completed(self):
        self.hud.show_message('LEVEL COMPLETED', msg_duration=3,
            callback=lambda: self.model.set_next_level())

#开始新的游戏
def get_newgame():
    scene = Scene()
    model = GameModel()
    controller = GameController(model)
    #视图
    hud = HUD()
    view = GameView(model, hud)

    #模型中的控制器
    model.set_controller(controller)
```

```
#添加控制器
scene.add(controller, z=1, name="controller")
scene.add(hud, z=3, name="hud")
scene.add(view, z=2, name="view")

return scene
```

12.3.4　游戏菜单

编写文件 Menus.py 实现游戏界面中的菜单功能，分别添加"New Game"和"Quit"两个菜单。文件 Menus.py 的具体实现代码如下所示。

```
class MainMenu(Menu):
    def __init__(self):
        super(MainMenu, self).__init__('Match3')

        #可以设置标题和项目所使用的字体
        #也可以设置字体大小和颜色
        self.font_title['font_name'] = 'Edit Undo Line BRK'
        self.font_title['font_size'] = 72
        self.font_title['color'] = (204, 164, 164, 255)

        self.font_item['font_name'] = 'Edit Undo Line BRK',
        self.font_item['color'] = (32, 16, 32, 255)
        self.font_item['font_size'] = 32
        self.font_item_selected['font_name'] = 'Edit Undo Line BRK'
        self.font_item_selected['color'] = (32, 100, 32, 255)
        self.font_item_selected['font_size'] = 46

        #菜单可以垂直对齐或水平对齐
        self.menu_anchor_y = CENTER
        self.menu_anchor_x = CENTER
        items = []
        items.append(MenuItem('New Game', self.on_new_game))
        items.append(MenuItem('Quit', self.on_quit))
        self.create_menu(items, shake(), shake_back())
    def on_new_game(self):
        import GameView

        director.push(FlipAngular3DTransition(
            GameView.get_newgame(), 1.5))

    def on_options(self):
        self.parent.switch_to(1)

    def on_scores(self):
        self.parent.switch_to(2)

    def on_quit(self):
        pyglet.app.exit()
```

295

12.4　实现游戏
逻辑

12.4　实现游戏逻辑

　　本游戏的核心程序文件是 GameModel.py，以实现 MVC 模式中的 Model
功能。在此文件中定义了多个函数，分别实现游戏中的各个功能。在本节
的内容中，将详细讲解文件 GameModel.
py 的具体实现流程。

12.4.1　设置系统参数

　　设置单元格大小、行数、列数和游戏状态值等参数，具体实现代码如下所示。

```
CELL_WIDTH, CELL_HEIGHT = 100, 100
ROWS_COUNT, COLS_COUNT = 6, 8

#游戏状态值
WAITING_PLAYER_MOVEMENT = 1
PLAYER_DOING_MOVEMENT = 2
SWAPPING_TILES = 3
IMPLODING_TILES = 4
DROPPING_TILES = 5
GAME_OVER = 6
```

12.4.2　视图初始化

　　编写视图类 GameModel，使用矩阵排列游戏界面中的单元格，然后在单元格中加载
"images" 目录中的水果图片，具体实现代码如下所示。

```
class GameModel(pyglet.event.EventDispatcher):
    def __init__(self):
        super(GameModel, self).__init__()
        self.tile_grid = {}  #用 Dict 仿真稀疏矩阵组成，key 值是 tuple(x,y)，value
值是 tile_type
        self.imploding_tiles = []  #用于保存正在发生碰撞爆破的水果列表 imploding_tiles
        self.dropping_tiles = []   #dropping_tiles 用于保存已经发生碰撞爆炸而删除
的水果列表
        self.swap_start_pos = None #单击第一个水果提醒准备交换位置
        self.swap_end_pos = None    #单击第二个水果以进行交换位置
        script_dir = os.path.join(os.path.dirname(os.path.realpath(__file__)), '..')
        os.chdir(script_dir)
        if isdir('images'):
            image_base_path = join(script_dir, 'images')
        else:
            image_base_path = join(sys.prefix, 'share', 'match3cocos2d', 'images')
        pyglet.resource.path = [image_base_path]
        pyglet.resource.reindex()
        self.available_tiles = [basename(s) for s in glob(join(image_base_path,
'*.png'))]
```

```
        self.game_state = WAITING_PLAYER_MOVEMENT
        self.objectives = []
        self.on_game_over_pause = 0

    def start(self):
        self.set_next_level()
```

12.4.3　开始游戏的下一关

通过函数 set_next_level() 开始游戏的下一关，设置最长等待时间是 60 秒，具体实现代码如下所示。

```
def set_next_level(self):
    self.play_time = self.max_play_time = 60
    for elem in self.imploding_tiles + self.dropping_tiles:
        self.view.remove(elem)
    self.on_game_over_pause = 0
    self.fill_with_random_tiles()
    self.set_objectives()
    pyglet.clock.unschedule(self.time_tick)
    pyglet.clock.schedule_interval(self.time_tick, 1)
```

12.4.4　倒计时

编写函数 time_tick() 实现游戏的倒计时功能，时间结束游戏也结束，具体实现代码如下所示。

```
def time_tick(self, delta):
    self.play_time -= 1
    self.dispatch_event("on_update_time", self.play_time / float(self.max_
play_time))
    if self.play_time == 0:
        pyglet.clock.unschedule(self.time_tick)
        self.game_state = GAME_OVER
        self.dispatch_event("on_game_over")
```

12.4.5　设置随机显示的水果

1）编写函数 set_objectives()，功能是设置随机显示的水果，具体实现代码如下所示。

```
def set_objectives(self):
    objectives = []
    while len(objectives) < 3:
        tile_type = choice(self.available_tiles)
        sprite = self.tile_sprite(tile_type, (0, 0))
        count = randint(1, 20)
        if tile_type not in [x[0] for x in objectives]:
            objectives.append([tile_type, sprite, count])
```

```
        self.objectives = objectives
```

2）然后编写函数 fill_with_random_tiles()，功能是用随机生成的水果填充游戏背景
单元格，具体实现代码如下所示。

```
def fill_with_random_tiles(self):
    """
    用随机 tiles 填充 tile_grid
    """
    for elem in [x[1] for x in self.tile_grid.values()]:
        self.view.remove(elem)
    tile_grid = {}
    #用随机 tile 类型填充数据矩阵
    while True:  #循环，直到有一个有效的表
        for x in range(COLS_COUNT):
            for y in range(ROWS_COUNT):
                tile_type, sprite = choice(self.available_tiles), None
                tile_grid[x, y] = tile_type, sprite
        if len(self.get_same_type_lines(tile_grid)) == 0:
            break
        tile_grid = {}

    #基于指定的 tile 类型构建精灵
    for key, value in tile_grid.items():
        tile_type, sprite = value
        sprite = self.tile_sprite(tile_type, self.to_display(key))
        tile_grid[key] = tile_type, sprite
        self.view.add(sprite)

    self.tile_grid = tile_grid
```

3）编写函数 tile_sprite()，根据单元格的图片 id 显示对应的精灵，具体实现代码如
下所示。

```
def tile_sprite(self, tile_type, pos):
    """
    :param tile_type: 数字 ID 必须在可用图像的范围内
    :param pos:精灵的位置
    :return: 根据 tile_type 编译精灵
    """
    sprite = Sprite(tile_type)
    sprite.position = pos
    sprite.scale = 1
    return sprite
```

4）编写函数 to_display(self, row_col)，功能是根据二维(row, col)阵列的位置返
回对应的坐标，具体实现代码如下所示。

```
def to_display(self, row_col):
```

```
"""
:param row:
:param col:
:return: (x, y)
"""
row, col = row_col
return CELL_WIDTH / 2 + row * CELL_WIDTH, CELL_HEIGHT / 2 + col * CELL_HEIGHT
```

12.4.6 碰撞检测处理

在本实例中，如果交换两个相邻单元格的水果后会构成连续 3 个相同的水果，则这两个水果的位置可以交换，并且在构成连续 3 个相同的水果后产生碰撞动画，完成游戏的一个小关。

1）编写函数 swap_elements()，功能是交换两个水果元素的位置，具体实现代码如下所示。

```
def swap_elements(self, elem1_pos, elem2_pos):
    tile_type, sprite = self.tile_grid[elem1_pos]
    self.tile_grid[elem1_pos] = self.tile_grid[elem2_pos]
    self.tile_grid[elem2_pos] = tile_type, sprite
```

2）编写函数 on_mouse_press()，功能是监听用户是否按下鼠标，具体实现代码如下所示。

```
def on_mouse_press(self, x, y):
    if self.game_state == WAITING_PLAYER_MOVEMENT:
        self.swap_start_pos = self.to_model_pos((x, y))
        self.game_state = PLAYER_DOING_MOVEMENT
```

3）编写函数 on_mouse_drag(self, x, y)，功能是监听用户是否拖拽鼠标。如果是符合游戏规则的拖拽，则启动交换两个位置水果的动画，并在单元格中交换水果，具体实现代码如下。

```
def on_mouse_drag(self, x, y):
    if self.game_state != PLAYER_DOING_MOVEMENT:
        return
    start_x, start_y = self.swap_start_pos
    self.swap_end_pos = new_x, new_y = self.to_model_pos((x, y))

    distance = abs(new_x - start_x) + abs(new_y - start_y)   #水平+垂直网格步长

    #忽略移动，如果不在第 1 步离开初始位置
    if new_x < 0 or new_y < 0 or distance != 1:
        return

    #为两个对象启动交换动画
    tile_type, sprite = self.tile_grid[self.swap_start_pos]
```

```
    sprite.do(MoveTo(self.to_display(self.swap_end_pos), 0.4))
    tile_type, sprite = self.tile_grid[self.swap_end_pos]
    sprite.do(MoveTo(self.to_display(self.swap_start_pos), 0.4) +
        CallFunc(self.on_tiles_swap_completed))

    #在数据网格中交换元素
    self.swap_elements(self.swap_start_pos, self.swap_end_pos)
    self.game_state = SWAPPING_TILES
```

4）编写函数 on_tiles_swap_completed(self)，功能是完成两个相邻单元格水果的交换处理，具体实现代码如下所示。

```
def on_tiles_swap_completed(self):
    self.game_state = DROPPING_TILES
    if len(self.implode_lines()) == 0:
        #没有碰撞爆炸则回滚游戏，并开始准备两个水果对象的交换动画
        tile_type, sprite = self.tile_grid[self.swap_start_pos]
        sprite.do(MoveTo(self.to_display(self.swap_end_pos), 0.4))
        tile_type, sprite = self.tile_grid[self.swap_end_pos]
        sprite.do(MoveTo(self.to_display(self.swap_start_pos), 0.4) +
            CallFunc(self.on_tiles_swap_back_completed))

        #恢复网格
        self.swap_elements(self.swap_start_pos, self.swap_end_pos)
        self.game_state = SWAPPING_TILES
```

5）编写函数 get_same_type_lines()，功能是识别垂直方向和水平方向是否有连续 3 个或 3 个以上的相同水果，具体实现代码如下所示。

```
def get_same_type_lines(self, tile_grid, min_count=3):
    """
    识别由微元连续元素组成的垂直和水平线
    :param min_count: 识别直线中的最小连续元素
    """
    all_line_members = []

    #检查垂直线
    for x in range(COLS_COUNT):
        same_type_list = []
        last_tile_type = None
        for y in range(ROWS_COUNT):
            tile_type, sprite = tile_grid[x, y]
            if last_tile_type == tile_type:
                same_type_list.append((x, y))
            #结束行，因为类型改变或到达边缘
            if tile_type != last_tile_type or y == ROWS_COUNT - 1:
                if len(same_type_list) >= min_count:
                    all_line_members.extend(same_type_list)
                last_tile_type = tile_type
```

```
        same_type_list = [(x, y)]

#检查水平线
for y in range(ROWS_COUNT):
    same_type_list = []
    last_tile_type = None
    for x in range(COLS_COUNT):
        tile_type, sprite = tile_grid[x, y]
        if last_tile_type == tile_type:
            same_type_list.append((x, y))
        #行结束，因为类型改变或到达边缘
        if tile_type != last_tile_type or x == COLS_COUNT - 1:
            if len(same_type_list) >= min_count:
                all_line_members.extend(same_type_list)
            last_tile_type = tile_type
            same_type_list = [(x, y)]

#删除重复
all_line_members = list(set(all_line_members))
return all_line_members
```

6）编写函数 implode_lines(self)，如果在某行或某列有 3 个连续的水果则产生爆炸效果，让相同的水果消失，具体实现代码如下所示。

```
def implode_lines(self):
    """
    :对多于 3 个相同类型的元素进行处理
    """
    implode_count = {}
    for x, y in self.get_same_type_lines(self.tile_grid):
        tile_type, sprite = self.tile_grid[x, y]
        self.tile_grid[x, y] = None
        self.imploding_tiles.append(sprite)   #在 tiles 内爆炸销毁
        #内嵌爆炸动画
        sprite.do(ScaleTo(0, 0.5) | RotateTo(180, 0.5) + CallFuncS(self.on_
tile_remove))
        implode_count[tile_type] = implode_count.get(tile_type, 0) + 1
    #减少匹配目标的 tiles（瓦片）计数器
    for elem in self.objectives:
        if elem[0] in implode_count:
            Scale = ScaleBy(1.5, 0.2)
            elem[2] = max(0, elem[2] - implode_count[elem[0]])
            elem[1].do((Scale + Reverse(Scale)) * 3)
    #删除已完成的目标
    self.objectives = [elem for elem in self.objectives if elem[2] > 0]
    if len(self.imploding_tiles) > 0:
        self.game_state = IMPLODING_TILES   #等待爆炸动画完成
        pyglet.clock.unschedule(self.time_tick)
    else:
        self.game_state = WAITING_PLAYER_MOVEMENT
```

301

```
    pyglet.clock.schedule_interval(self.time_tick, 1)
  return self.imploding_tiles
```

7）编写函数 drop_groundless_tiles(self)，功能是实现 tiles（瓦片）单元格的自由掉落效果。当在某行或某列满足连续 3 个或 3 个以上的水果元素相同时，这些水果爆炸消失，然后再次从游戏上方掉落几个新的水果填充在空白处，具体实现代码如下所示。

```
def drop_groundless_tiles(self):
    """
    在所有列中从下到上进行处理:
    a) 计算空的单元格或向下移动这些空的单元格
    b) 顶部落下的 tiles 与空的单元格一样多
    :return:
    """
    tile_grid = self.tile_grid

    for x in range(COLS_COUNT):
        gap_count = 0
        for y in range(ROWS_COUNT):
            if tile_grid[x, y] is None:
                gap_count += 1
            elif gap_count > 0:   #从 y 移动到 y-gap_count
                tile_type, sprite = tile_grid[x, y]
                if gap_count > 0:
                    sprite.do(MoveTo(self.to_display((x, y - gap_count)), 0.3 *
gap_count))
                tile_grid[x, y - gap_count] = tile_type, sprite
        for n in range(gap_count):   #遍历统计空的单元格的数量
            tile_type = choice(self.available_tiles)
            sprite = self.tile_sprite(tile_type, self.to_display((x, y + n + 1)))
            tile_grid[x, y - gap_count + n + 1] = tile_type, sprite
            sprite.do(
                MoveTo(self.to_display((x, y - gap_count + n + 1)), 0.3 * gap_count) +
                CallFuncS(self.on_drop_completed))
            self.view.add(sprite)
            self.dropping_tiles.append(sprite)
```

8）编写函数 on_drop_completed()检查掉落是否完成，填充空白时不要忘记进行碰撞检测，看是否满足行和列中有 3 个或 3 个以上的相同水果，具体实现代码如下所示。

```
def on_drop_completed(self, sprite):
    self.dropping_tiles.remove(sprite)
    if len(self.dropping_tiles) == 0:   #全部落下的水果
        self.implode_lines()   #检查新的碰撞
```

9）编写函数 on_tile_remove()，功能是满足游戏条件在碰撞后发生爆炸，让爆炸的水果消失，具体实现代码如下。

```
def on_tile_remove(self, sprite):
```

```
status.score += 1
self.imploding_tiles.remove(sprite)
self.view.remove(sprite)
if len(self.imploding_tiles) == 0:    #碰撞爆炸完成，跌落 tile 填补缺口
    self.dispatch_event("on_update_objectives")
    self.drop_groundless_tiles()
    if len(self.objectives) == 0:
        pyglet.clock.unschedule(self.time_tick)
        self.dispatch_event("on_level_completed")
```

12.4.7　进度条

编写文件 ProgressBar.py，绘制一个统计游戏倒计时的进度条，具体实现代码如下所示。

```
class ProgressBar(cocos.cocosnode.CocosNode):

    def __init__(self, width, height):
        super(ProgressBar, self).__init__()
        self.width, self.height = width, height
        self.vertexes_in = [(0, 0, 0), (width, 0, 0), (width, height, 0), (0,
height, 0)]
        self.vertexes_out = [(-2, -2, 0),
            (width + 2, -2, 0), (width + 2, height + 2, 0), (-2, height + 2, 0)]

    def set_progress(self, percent):
        width = int(self.width * percent)
        height = self.height
        self.vertexes_in = [(0, 0, 0), (width, 0, 0), (width, height, 0),
(0, height, 0)]

    def draw(self):
        gl.glPushMatrix()
        self.transform()
        gl.glBegin(gl.GL_QUADS)
        gl.glColor4ub(*(255, 255, 255, 255))
        for v in self.vertexes_out:
            gl.glVertex3i(*v)
        gl.glColor4ub(*(0, 150, 0, 255))
        for v in self.vertexes_in:
            gl.glVertex3i(*v)
        gl.glEnd()
        gl.glPopMatrix()
```

12.4.8　主程序

本实例主程序文件是 Main.py，功能是编写主函数 main()，调用前面的功能函数以显示指定大小的窗体界面。文件 Main.py 的主要实现代码如下所示。

```
def main():
    script_dir = os.path.dirname(os.path.realpath(__file__))
    pyglet.resource.path = [join(script_dir, '..')]
    pyglet.resource.reindex()
    director.director.init(width=800, height=650, caption="Match 3")
    scene = Scene()
    scene.add(MultiplexLayer(
        MainMenu()
    ),
        z=1)
    director.director.run(scene)

if __name__ == '__main__':
    main()
```

本实例执行后的效果如图 12-3 所示。

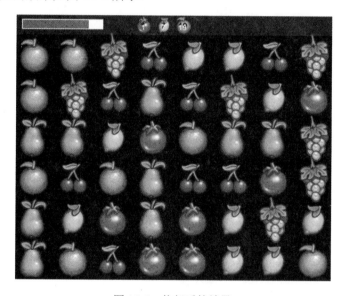

图 12-3　执行后的效果